环境专业课程思政教学设计案例

ZHEJIANG UNIVERSITY PRESS
浙江大学出版社
·杭州·

图书在版编目(CIP)数据

环境专业课程思政教学设计案例 / 孙建强,周珊珊
主编. —杭州:浙江大学出版社,2022.4
ISBN 978-7-308-22510-6

Ⅰ.①环… Ⅱ.①孙… ②周… Ⅲ.①思想政治教育
-教学设计-教案(教育)-高等学校 Ⅳ.①G641

中国版本图书馆 CIP 数据核字(2022)第 059713 号

环境专业课程思政教学设计案例

HUANJING ZHUANYE KECHENG SIZHENG JIAOXUE SHEJI ANLI

孙建强　　周珊珊　主编

责任编辑	柯华杰
文字编辑	沈巧华
责任校对	王　波
封面设计	春天书装
出版发行	浙江大学出版社
	(杭州市天目山路 148 号　邮政编码 310007)
	(网址:http://www.zjupress.com)
排　　版	杭州朝曦图文设计有限公司
印　　刷	杭州宏雅印刷有限公司
开　　本	787mm×1092mm　1/16
印　　张	18.75
字　　数	410 千
版 印 次	2022 年 4 月第 1 版　2022 年 4 月第 1 次印刷
书　　号	ISBN 978-7-308-22510-6
定　　价	68.00 元

主要编写人员

主　编　孙建强　周珊珊

编　委　（按姓氏音序排列）

陈源琛　成卓韦　戴启洲　董飞龙　洪　杰　黄新文

姜理英　金航标　金漫彤　金赞芳　李　睿　陆　涛

马　云　沈　意　孙立伟　王彬斌　王侃鸣　魏秀珍

叶杰旭　於建明　曾　滔　张　明　周红艺　周庆华

　　2016 年 12 月,习近平总书记在全国高校思想政治工作会议上指出:"要用好课堂教学这个主渠道,思想政治理论课要坚持在改进中加强,提升思想政治教育亲和力和针对性,满足学生成长发展需求和期待,其他各门课都要守好一段渠、种好责任田,使各类课程与思想政治理论课同向同行,形成协同效应。"①近年来,全国高校遵循习近平总书记关于教育的重要论述,建立全员、全程、全方位的思政育人体系,着力加强课程思政建设,全面提升课程思政教育实效。为落实立德树人根本任务,全面深入推进课程思政工作,浙江工业大学坚持一体化推进课程思政、专业思政和教师思政协同建设,特别是在思政教育融入专业建设方面,顶层设计了全校层面的课程思政建设方案,深入探索了专业层面的课程思政建设路径,有效推进了课堂层面的课程思政落地实施。

　　浙江工业大学环境学院依托环境工程、环境科学两个本科专业,在专业思政体系建设和课程思政教学实践方面取得了一些进展。课程是实现思政教育目标和专业教学目标的最基础的组成单元,而课程层面的教学设计是教学目标和教学效果之间的最重要纽带。因而,成体系的、可实施的课程思政教学设计有利于提升课程思政目标的达成度。在近几年课程思政的有力推动下,经过"环境保护与生态文明"等国家一流本科课程的先行实践,总结形成了"九维三步"课程思政教学法。该方法结合《高等学校课程思政建设指导纲要》及环境专业人才培养特点,确定了政治认同、生态理念、人文素养、文化自信、工程伦理、科学思维、法治意识、社会责任、家国情怀等九个思政教育的维度,并以"选定知识点作为教育落点、设定思政维度作为教育目标、确定教学方法作为具体路径"三步法开展课程思政教学实践。

　　本书是"九维三步"课程思政教学法应用于主要环境专业课程的教学设计案例汇编,是教师们为课程思政合力探索的重要见证,也希望借此能为相关课程的一线教师

---

　　① 《习近平在全国高校思想政治工作会议上强调 把思想政治工作贯穿教育教学全过程 开创我国高等教育事业发展新局面》,共产党员网,https://news.12371.cn/2016/12/08/ARTI1481194922295483.shtml。

提供一些课程思政实践思路与具体教学案例。每门课程包含四个部分:第 1 部分为"课程思政融入教学大纲",明确本课程思政教学的目标,通过对教学内容的分析指明该课程可融入的思政维度,建立了知识点与思政维度间的联系;第 2 部分为"课程思政融入课堂教学",每门课分章节提供主要思政元素的分析和相关思政元素融于具体知识点的教学逻辑、案例及策略;第 3 部分为"课程思政元素案例总览",概述该课程相应章节的知识点、思政维度、教学内容及目标;第 4 部分为"课程思政融入教学评价",提供了若干可具体操作的课程思政教学评价方法及案例。

由于编者水平有限,本书难免出现疏漏甚至谬误,在相关知识点的课程思政元素分析、教学设计及教学评价中难免存在分析不足、设计不全之处,诚望广大读者朋友和专家给予批评指正。

编　者

2022 年 4 月

目 录

"环境保护概论"课程思政教学设计

第 1 部分　课程思政融入教学大纲

1　课程简介

　　"环境保护概论"是一门为环境科学和环境工程专业本科新生开设的大类基础课。课程从讲述环境问题开始,向学生介绍环境科学和环境工程专业涉及的方方面面,包括环境问题及其产生和发展过程、全球范围内的环境现状、人类活动引起的多介质环境污染及控制污染的基本方法和原理、协调环境与发展的方式与方法。

　　学生通过对本课程的学习,可在学习专业课之前强化环保意识,以可持续发展的观点、辩证的思维和积极的行动措施,熟悉世界范围的环境状况及环境问题,掌握环境学基本理论,了解学科发展的新动向和最新研究成果,从而对环境科学或环境工程专业的内涵有一个初步但全面的了解,进而能够领悟环境专业的工程职业道德、职业规范以及环境工程从业人员的责任,为学习后续课程奠定必要的基础。本课程在系统讲授环境学基本理论的同时,也适度引导学生认识各相关领域的前沿发展,培养学生的自主学习能力,为部分有志于继续深造的学生指出方向。

2　教学目标

2.1　专业教学目标

　　(1)认识环境与环境问题,了解大气环境、水环境、土壤环境、固体废弃物等方面污染的产生、污染控制与防治以及废弃物资源化的基本方法和原理。

　　(2)理解可持续发展的内涵,了解清洁生产、环保法规与标准、环境管理与监测等协调环境与发展的方式与方法。

　　(3)认识环境,了解环境问题的产生和发展,理解、掌握环境科学基本概念和基本理论,明确环境保护的基本方法,能够基于环保法规、标准和环境工程相关背景知识分析工程建设项目对社会、健康、安全及文化方面的影响。

　　(4)理解、掌握环境科学的基本研究内容和方法,并以此分析复杂环境工程问题,能够理解复杂工程实践对环境、社会可持续发展的影响。

2.2　思政教学目标

(1)深刻认识我国污染防治面临的严峻性,从生态角度准确理解环境与发展的关系,激发学生保护环境的责任感和使命感。

(2)科学地理解问题产生原理,全面了解我国环境治理所取得的巨大进步,激发学生的家国情怀和政治认同。

3　思政元素分析

本课程主要从"政治认同""家国情怀""生态理念""科学素养""社会责任""法治意识""工程伦理""文化自信"这八个维度挖掘思政元素。具体分析如下:

1.政治认同

在环境与环境问题、可持续发展等章节的教学中,通过"八大公害"事件、中国能源的可持续发展等问题的讲授和讨论,让学生能够认同我国在环境治理、能源可持续利用方面的独特优势,建立起良好的政治认同,拥护中国共产党领导,坚定中国特色社会主义信念,积极投身社会主义生态文明建设。

2.家国情怀

在大气环境保护、环境管理与监测等章节的教学中,通过全球性大气污染、联合国气候变化大会等事件的介绍,实现使学生在情感和理智上认同、热爱祖国并自觉维护祖国利益的目标。

3.生态理念

在环境和环境问题、清洁生产等章节的教学中,通过对全球面临的环境问题、浙江安吉余村生态建设等问题的讨论,让学生树立尊重自然、顺应自然、保护自然的生态文明理念。

4.科学素养

在生态环境与健康等章节的教学中,通过转基因食品安全性等问题的讲解和讨论,引导学生积极探索,勇于实践,培养其发现、分析和解决问题的能力,全面提高学生的科学素养。

5.社会责任

在水环境保护、噪声污染与防治、城市生活垃圾分类等章节的教学中,通过水体富营养化、广场舞如何避免噪声扰民等问题的讲解和讨论,强化学生的社会责任认知,增强学生的社会责任认同,引导学生自觉履行社会责任。

6.法治意识

重点强调公民、企业、政府部门等应该根据法律进行治理的意识,做守法公民,依法治国。在讲解环境保护和管理的相关法律制度时,充分结合时事和案例对各制度、条款逐一解析。

7.工程伦理

在土壤环境保护等章节的教学中,通过湖南省某县土壤污染导致的儿童血铅超标事件的讲授和讨论,达到使学生明确环境污染修复工程实施中应当遵守工程职业道德和规范,减小甚至消除安全风险的目标。

8.文化自信

在可持续发展章节的教学中,通过中国古代朴素的可持续发展思想的介绍,使学生了解中国古代人文思想的先进,能理解其中所蕴含的认识方式和实践方法,培养学生的民族自豪感和文化自信心。

第2部分　课程思政融入课堂教学

1　环境与环境问题

【专业教学目标】

认识环境和环境问题,明确环境的基本特征,掌握全球环境问题和中国面临的主要环境问题,了解世界和中国的环境保护发展史。

【思政元素分析】

本章以"八大公害"事件为切入点,让学生了解世界发展过程中出现的环境问题,引导学生关注人类面临的全球性环境挑战,重视中国的环境保护,践行"绿水青山就是金山银山"理念。在教学过程中,让学生认识到环境科学和环境工程专业学习的重要性、肩负的环境保护责任和承载的让地球更美好的使命。课程思政教学主要从"政治认同"和"生态理念"展开,具体如下:

1.政治认同

在讲述震惊世界的"八大公害"事件过程中,比较发达国家和我国在经济发展中对待环境的两种态度,发达国家走的是"先污染后治理"的发展道路,我国把保护环境定为基本国策之一,主张"预防为主,防治结合",使学生认识到中国对环境保护的重视,意识到中国政府对人民的高度负责和重视,从而让学生能够认同我国在环境治理方面的独特优势,积极投身社会主义生态文明建设。

2.生态理念

在讲授全球性环境问题时,要让学生认识到中国以切实行动支持区域和全球环境保护,已经从过去的参与者、贡献者,逐渐转变为引领者。同时,中国践行"绿水青山就是金山银山"理念,绿色将成为中国人民幸福的色彩。

【教学设计实例】

案例 1-1

知识点:"八大公害"事件。

思政维度:政治认同。

教学设计:工业发达国家在过去 100 年中,只注意发展经济,不顾环境保护,以牺牲环境为代价去谋求经济的发展,出现了震惊世界的"八大公害"事件,包括洛杉矶光化学烟雾事件、伦敦烟雾事件、水俣病事件和骨痛病事件等。以视频形式呈现伦敦烟雾事件。当污染形成公害,引起广大人民的强烈反对并影响到经济的发展时才被迫去治理,付出了惨痛的代价,被后人称为走了一条"先污染后治理"的发展道路。我国在吸取他国教训的基础上,高度重视环境保护,将保护环境确立为一项基本国策。中国宪法中明确规定:国家保护和改善生活环境和生态环境,防治污染和其他公害。比如,2007 年 5—6 月,江苏的太湖暴发严重的蓝藻污染,造成无锡全城自来水污染,生活用水和饮用水严重短缺,超市、商店里的桶装水被抢购一空。政府坚持从根本上解决太湖水污染问题,把调整经济结构、转变生产方式落实下去,做到既争经济发展之先,又创生态环境之优,有效地控制了太湖的蓝藻,改善了太湖水质。这些年,当地政府一直在为太湖水质的改善努力。

通过对比,使学生认识到中国对环境保护的重视,意识到中国政府"以人民为中心"的理念,对人民高度负责和重视,从而让学生能够认同我国在环境治理方面的独特优势,积极投身社会主义生态文明建设。

案例 1-2

知识点:全球性环境问题。

思政维度:生态理念。

教学设计:在讲授全球性的环境问题——温室效应时,以图片新闻形式,向学生推送 2019 年 2 月 12 日美国国家航空航天局(National Aeronautics and Space Administration, NASA)发布的一则消息,该消息振奋中国人的心。该图片是 NASA 在推上发布的消息的截图,是一张卫星资料图。它证明了一代代中国人为自己美丽家园奋斗取得的成绩。过去的 20 年里地球新增了 5% 的绿化面积,相当于多出了一整块亚马孙雨林,其中四分之一要归功于中国的"三北"防护林工程[在中国三北地区(西北、华北和东北)建设的大型人工林业生态工程]。40 年来,"三北"防护林工程累计完成造林保存面积 3014.3 万公顷,折算成 5 公里宽的防护林带,能绕地球赤道一圈半。

通过案例"NASA 推特截图"的介绍,可以让学生认识到中国以切实行动支持区域和全球环境保护,中国践行"绿水青山就是金山银山"理念,绿色将成为中国人民幸福的色彩。

2 生态环境与健康

【专业教学目标】

认识到生态环境与健康的概念和存在的问题,了解人与自然问题的产生和发展,理解、掌握典型致病物质、环境污染与健康的基本概念和基本理论,明确保障生态环境健康的基本方法,能够基于环保法规、标准和环境工程相关背景知识分析工程项目对社会、健康及生态安全方面的影响;理解、掌握生态环境与健康的基本研究内容和方法,并以此分析复杂环境工程问题,能够理解复杂工程实践对生态环境与健康及可持续发展的影响。

【思政元素分析】

"生态环境与健康"这一章涉及生态环境与健康问题相关的重要概念和意义,蕴含"科学素养"基本思政元素。

本章讲解"转基因食品"知识点,从方某某和崔某某微博论战出发进行讨论,使学生意识到转基因食品的安全问题,学会运用专业知识对转基因食品的正反两派论据进行分析,培养学生的独立思考和判断能力,并学会多角度地用辩证的思维去探讨和分析人与自然环境的相互关系的问题,从而提高学生独立选择和决定的能力。

【教学设计实例】

案例 1-3

知识点:转基因食品。

思政维度:科学素养。

教学设计:在讲授"转基因食品"这个知识点的时候,以方某某和崔某某的微博论战为出发点引出教学内容。2013年9月7日,方某某发起网友采摘并品尝转基因玉米活动,他认为"品尝转基因玉米虽无科学研究价值,但有科普价值,应当创造条件让国人可以天天吃转基因食品"。随后遭到崔某某质疑:"你可以说你懂'科学',我有理由有权利质疑你懂的'科学'到底科学不科学。"二人微博论战引网友关注,再一次掀起对转基因食品安全性的讨论。支持派认为因为转基因和天然基因没有本质区别,转基因不是洪水猛兽。转基因技术在改良农作物,提高农作物的产量、品质和耐逆性等方面"有巨大的潜在的应用价值"。世界卫生组织在2007年《关于转基因食品的20个问题》的文件中曾谨慎地说"目前在国际市场上可获得的转基因食品已通过风险评估,并且可能不会对人类健康产生危险"。反对派则认为转基因食品的安全性评价复杂。早在1998年,英国科学家奥帕·普兹泰博士就在实验中发现,幼鼠在食用过转基因土豆后,内脏和免疫系统受到了伤害。教育部食品营养与安全重点实验室研究员、天津科技大学教授王俊平认为,化学目标物安全性的检测很明确,比如三聚氰胺,而转基因食品安全性的评价非常复杂。

采用专题研讨法,由知识点"转基因食品"引出对转基因食品安全性的讨论,加强对学生"科学素养"的思政教育。这些讨论可以使学生具有问题意识,能运用专业知识,独立思考、独立判断,能多角度、辩证地分析问题,作出选择和决定等。

3 大气环境保护

【专业教学目标】

掌握大气污染、大气污染物、一次污染物、二次污染物等的概念,掌握主要的大气污染物和污染源;理解大气污染的成因及综合防治对策;了解全球性大气环境问题,了解大气污染物的分类、扩散;初步掌握主要的大气污染控制技术。培养学生分析和解决日益严重的环境问题的能力,提高解决大气污染问题的基本能力。

【思政元素分析】

大气环境保护这一章涉及大气污染和大气污染控制技术的重要概念,内容丰富,蕴含着多处可以发掘的课程思政元素,如"政治认同"和"家国情怀"。具体分析如下:

1. 政治认同

在讲述雾霾成因和综合防治时,结合当前雾霾综合治理现状,比如,我国集中全国相关领域的 2000 多名专家,进行大气重污染成因与治理专项攻关,生动体现了我国社会主义制度能够集中力量办大事的制度优势,同时通过与印度大气污染治理的对比,使学生认识到中印两国在国家治理体系和治理能力方面的巨大差异,进一步提高学生对我国制度的政治认同。

2. 家国情怀

温室效应、臭氧层破坏和酸雨是目前主要的全球性大气污染问题,尤其是温室气体排放及其产生的全球气候变化问题。作为负责任的发展中大国,我国一直积极应对气候变化,推动绿色低碳发展,引导构建公平合理、合作共赢的全球气候治理体系。在介绍温室气体排放等全球性大气污染问题时,引导学生以正确的观点看待发达国家和发展中国家在全球性环境问题治理中的责任,宣传我们的大国担当。

【教学设计实例】

案例 1-4

知识点:大气污染综合防治。

思政维度:政治认同。

教学设计:在我国,党中央、国务院高度重视大气污染防治工作。2017 年 4 月,国务院常务会议确定设立大气重污染成因与治理攻关项目,集中优秀科研团队,针对京津冀及周边地区秋冬季大气重污染成因、重点行业和污染物排放管控技术、居民健康防护等难题开展集中攻坚,推动京津冀及周边地区空气质量持续改善。在 2020 年 9 月 11 日举行的国务院政策例行吹风会上,生态环境部副部长赵英民介绍,与 2016 年相比,2019 年京津冀及周边地区"2+26"城市 PM2.5 平均浓度下降了 22%,重污染天气减少了 40%,北京市 PM2.5 浓度由 73 微克/米^3 下降到 42 微克/米^3,重污染天数由 34 天下降到了 4 天。公众的蓝天获得感和幸福感大幅提升。然而在印度,首都新德里和临近的三个邦却不断陷入政治争斗。因为缺乏中央统一协调,面对污染问题,印度出现各种政治乱象。比如,新德里首席部长阿尔温德·凯杰里瓦尔呼吁旁遮普邦、哈里亚纳邦和北方邦政府加大力度帮扶农民处理秸秆,以减少焚烧秸秆造成的大气污染。但是,旁遮普邦首席部长阿马林德尔·辛格却直接指责凯杰里瓦尔"胡说八道",他说农民烧秸秆是成百上千年的传统做法,这么多年都没有造成雾霾,为什么现在却出现雾霾问题? 政治乱象的结果是印度的空气污染问题越来越严重。世界卫生组织2018 年发布的空气污染数据显示,2017 年全球空气污染最严重的 15 座城市中,有 14座在印度。美国两家研究机构 2017 年联合发布的一项全球空气污染研究报告显示,印度已经是世界上空气污染致死率最高的地方。

在讲授本知识点时,让学生深刻理解大气污染治理不仅仅是污染控制技术方面的事情,还需要立足环境问题的区域性、系统性和整体性,结合区域空气质量控制目标,采取多种手段和措施,从而实现综合防治的目的。更重要的是,通过中印两国大气污染治理方式和成效上的对比,让学生认识到中印两国治理能力的巨大差异,深刻领会我们国家"全国一盘棋"政策体现的中国特色社会主义制度的优越性,使学生更加坚定自己的政治认同。

案例 1-5

知识点:全球性大气污染问题。

思政维度:家国情怀。

教学设计:温室效应、臭氧层破坏和酸雨是目前主要的全球性大气污染问题,尤其是温室气体排放及其产生的全球气候变化问题。作为负责任的发展中大国,我国一直积极应对气候变化,推动绿色低碳发展,引导构建公平合理、合作共赢的全球气候治理体系。习近平主席在 2020 年 9 月 22 日召开的第七十五届联合国大会一般性辩论上表示:"中国将提高国家自主贡献力度,采取更加有力的政策和措施,二氧化碳排放力争于 2030 年前达到峰值,努力争取 2060 年前实现碳中和。"[①]这是中国在《巴黎协定》承诺的基础上,对碳排放达峰时间和长期碳中和问题设立的更高目标。中国设立的这一行动目标,是以中国多年来致力于低碳转型的努力和成效为基础的。2010 年,中国政府在哥本哈根气候变化大会前作出自主减排承诺:到 2020 年,单位 GDP 二氧化碳排放比 2005 年下降 40%~45%,非化石能源占一次能源消费的比重达到 15% 左右。截至 2019 年底,中国碳强度较 2005 年降低约 48.1%,非化石能源占一次能源消费比重达 15.3%,均已提前完成中国向国际社会承诺的 2020 年目标。2030 年前实现碳达峰、2060 年前实现碳中和的气候行动目标,展现了中国作为一个负责任的大国,对构建人类命运共同体的担当。

对上述案例的分析,不仅使学生理解全球性大气污染问题,而且引导学生以正确的观点看待发达国家和发展中国家在全球性环境问题治理中的责任,宣传我们的大国担当。

---

① 《习近平在第七十五届联合国大会一般性辩论上的讲话》,共产党员网,https://www.12371.cn/2020/09/23/ARTI1600815270972931.shtml。

4 水环境保护

【专业教学目标】

掌握水质指标的概念和意义(包括化学需氧量、生化需氧量、溶解氧、悬浮固体、pH、粪大肠菌群、重金属等),水体污染物(包括无机物、有机物、病原微生物、放射性物质等)的来源(工业、农业、生活、降雨、交通运输等)、分类和特点,废水处理技术(物理法、生化法、化学法、生态法等)的基本原理与应用原则;了解地表水、地下水、海洋环境、生活污水和工业废水等不同水体中典型的污染问题;从环境工程与环境科学的专业角度认识中国乃至世界水污染问题,认识到水质安全的重要意义;能够根据实际工程问题和情况,初步给出水环境污染的治理与水环境的保护对策。

【思政元素分析】

"水环境保护"这一章涉及水环境和水污染处理技术相关的重要概念,水环境保护与污染治理工作与企业和从业人员的社会责任紧密相关。因此,本章主要围绕"社会责任"解析课程思政元素。具体分析如下:

个人作为社会的最基本单元,须履行保护水环境和水资源的重要社会责任。本专业学生也应充分认识到企业在生产过程中应对水环境和水资源予以充分重视,主动承担起保护水生态和人类用水安全的责任,在获取经济效益的同时兼顾环境利益最大化。通过讲解、分析浒苔暴发的原因、工业废水特征等,使学生理解实践中的工程伦理和责任,增强其社会责任感。作为环境工程和环境科学专业的学生,学习了本章涉及的水处理方法和技术,在日后走上相关工作岗位后,更需要通过组织单位承担起水环境保护相关的安全生产责任,坚守法律和道德底线,保障公众利益,为社会的可持续发展贡献力量。

【教学设计实例】

案例 1-6

知识点:水体富营养化。

思政维度:社会责任。

教学设计:先通过展示水体氮、磷含量测定这一专业基础实验的视频,引入水体富营养化的定义和本质,让学生明确水体富营养化的判断标准,水华对水生态系统、人类健康、国民经济的危害,并介绍工业生产等人类活动与水华暴发的关系。接下来,由案例引入社会责任(尤其是企业和个人的社会责任)这一思政维度。2007—2021 年,我国黄海浒苔绿潮灾害已连续暴发 14 年,对山东、江苏两省的海洋生态环境、沿海城市旅游和海水养殖等造成严重危害。让学生从科学角度认识浒苔的载体和成因——成因可能是江苏北部沿海工业企业密集地区将大量氮磷营养盐排入海洋;而苏北浅滩的紫菜养殖筏架是黄海浒苔漂浮的载体。企业不应只顾追求利益最大化,将无法有效处理的氮磷元素随意排入海洋,增加绿潮暴发的风险。企业和个人在追求利润的过程中所面临的最重要的挑战之一就是在经济活动和环境保护方面的社会责任之间的平衡。引导学生认识到,在生态文明建设中,社会需要企业、个人为环境保护承担更多的责任与义务。青年学生应当充分意识到自己肩负的环保责任,在未来的工作岗位上,更应主动承担并践行环境保护的责任,理解在不同社会角色中需要承担的社会责任。例如,在消除水华这一污染的治理行动过程中,需要公民个人、科研人员、企业、社会组织和政府的齐心努力。由此,激发学生的社会责任感,同时提升自身能力素质,为环境保护事业献计献策。

案例 1-7

知识点:废水生物处理法。

思政维度:社会责任。

教学设计:首先,介绍废水生物处理的基本原理、优缺点及其在废水处理工艺中的应用。以某化工园区的染料、农药、制药和日用化工等精细化工生产过程中产生的高盐高有机物废水为例,其含盐量为3%～10%(以质量计),化学需氧量(COD_{Cr})为50000～150000mg/L。此处须明确指出,此类高盐高有机物的废水不具备回收价值,须经过处理使水质达到行业、地方或国家相关标准后才能排放,使学生认识到作为工业生产活动的主体,企业应当担负起水环境保护的重要责任,保障公众利益。鉴于该废水进入污水处理系统后会对生物处理系统带来一定影响,属极难处理废水,在废水处理过程中,工程人员应当从水质特点出发,制订科学的处理方案,选择最优工艺系统,而这正是企业社会责任的重要体现。向学生强调废水生物处理法虽然是处理高浓度有机废水的重要手段,但仍存在很多问题,该技术还有很多难题需要攻克,如提升废水处理效率、降低废水的有机负荷等。本案例的教学目的,一是使学生理解未来从业过程中需要承担的企业社会责任,二是激发学生的社会责任感。

5 固体废弃物的处理及资源化

【专业教学目标】

本章节通过对国内外固体废弃物处理与处置的政策、法律法规、标准以及固体废弃物的处理技术和资源化利用的介绍,使学生了解固体废弃物的产生及其危害,初步掌握各类固体废弃物处理方法与处理的基本原理、基本概念,熟悉各类处理处置的主要设备和典型工艺;了解典型固体废弃物资源化利用的方法;培养学生分析和解决日益严重的环境问题的能力,提高解决固体废弃物处理与处置的基本能力。

【思政元素分析】

"固体废弃物的处理及资源化"这一章涉及固体废弃物和固体废弃物处理处置的重要概念,内容丰富,蕴含着"社会责任"和"政治认同"等课程思政元素。具体分析如下:

1.社会责任

我国自2019年起在全国地级及以上城市全面启动生活垃圾分类工作。目前,越来越多的人开始关注垃圾分类,越来越多的家庭参与到垃圾分类中。通过对垃圾分类工作的分析,鼓励学生积极参与生活垃圾分类,自觉成为生活垃圾分类的参与者、践行者、推动者。

2.政治认同

在新冠肺炎疫情防控期间,医疗废物的分类收集、安全暂存、及时运输和无害处置,是保障疫情防控效果的重要工作。由讲解医疗废物的处理处置,引申到疫情防控期间无数医疗卫生工作者、科学研究人员、环保技术人员的默默奉献,使学生理解什么是爱国奉献;通过介绍中国政府在疫情暴发后的积极表现,使学生深刻认识到党中央决策的正确性和中国特色社会主义制度的优越性。

【教学设计实例】

案例 1-8

知识点:城市生活垃圾分类。

思政维度:社会责任。

教学设计:以杭州城市生活垃圾分类处理为载体,引入"社会责任"思政教育。我国自2019年起在全国地级及以上城市全面启动生活垃圾分类工作,到2020年底,46个重点城市基本建成垃圾分类处理系统。到2022年,各地级城市至少有1个区实现生活垃圾分类全覆盖,其他各区至少有1个街道基本建成生活垃圾分类示范。2025年底前全国地级及以上城市将基本建成垃圾分类处理系统。目前,虽然我国垃圾分类正处在起步阶段,但是我们可以看到,越来越多的人开始关注垃圾分类,越来越多的家庭参与到垃圾分类中,他们通过自己的行动,带动周围更多的人加入垃圾分类行列,节约资源,变废为宝,改善环境。

在讲解本知识点时,通过案例分析和启发引导,鼓励学生积极参与生活垃圾分类,自觉成为生活垃圾分类的参与者、践行者、推动者。

案例 1-9

知识点:危险废物的分类和处置。

思政维度:政治认同。

教学设计:在讲述城市固体废物的分类和处置时,会讲到医疗废物,由此引申到新冠肺炎疫情防控期间所产生的医疗废物的处理处置。比如,疫情过后,许多城市的街头出现了"废弃口罩专用"的垃圾桶,但这些废弃口罩在进了"专用垃圾桶"之后又去了哪里呢? 疫情防控期间使用的防护服、护目镜等废弃物又去了哪里? 医疗废物的处理和普通垃圾的处理是否一样? 实际上,新冠肺炎疫情暴发后,除了医护人员用过的口罩、一次性手套、防护服等,病人接触过的生活垃圾、床褥甚至呕吐物等都被归为医疗废物。加强疫情防控期间医疗废物的分类收集、安全暂存、及时运输和无害处置,是保障疫情防控效果的重要工作。例如,疫情发生前,武汉的医疗废物生产量约为每天40吨。疫情发生后,武汉作为疫情中心,最高峰时每天有240多吨医疗废物。在得到全国的支援后,武汉市的医废处理能力从疫情前的50吨/天提高到了265.6吨/天。其中,仅火神山医院就配备了3台焚烧炉和32台移动式医废处置设备,处置能力可达49吨/天,占武汉整体的近五分之一。

通过案例剖析和启发引导,让学生理解医疗废物的概念和处理处置方法。同时,通过讲述疫情防控期间无数医疗卫生工作者、科学研究人员、建筑施工人员、环保技术人员的默默奉献,让学生理解什么是责任和爱国奉献;通过介绍中国政府在疫情暴发后的积极表现,使学生更深刻认识到党中央决策的正确性和中国特色社会主义制度的优越性。

6 土壤环境保护

【专业教学目标】

认识土壤污染的类型、特点、现状、危害,了解我国土壤污染控制的相关法规政策,理解物理法、化学法、微生物法、生态法等土壤修复技术方法以及土壤修复过程中可能产生的环境影响。

【思政元素分析】

本章涉及土壤环境,土壤污染的类型、特点、危害、现状(参见 2014 年《全国土壤污染状况调查公报》),污染土壤修复技术(生物修复、物理修复、化学修复和联合修复技术等)以及我国土壤修复行业发展现状与发展前景。本章教学可从"工程伦理"的角度发掘思政元素,具体分析如下:

通过讲解湖南省某县儿童血铅超标事件,让学生明确污染土壤修复工程中应当遵守的工程职业道德和规范,应减小甚至消除安全风险,强调企业和个人在生产活动中对人体与生态健康负有的重要责任。

【教学设计实例】

案例 1-10

知识点:污染土壤修复技术。

思政维度:工程伦理。

教学设计:以 2014 年湖南省某县 300 多名儿童血铅超标事件为例,进行思政教学。该事件的元凶为当地的一家颜料化工有限公司,事件发生后该企业被迅速关闭,相关责任人受到了从检查到撤职等不同程度的处分,并被判处罚款。由此案例,引导学生理解,因企业对生产经营活动中产生的重金属及其他污染物未作处理或者处理不当而引起土壤污染的,企业就是责任主体。在归责原则上,导致土壤污染的行为人必须承担责任;不止一人时,他们应承担连带责任;另外,还可以通过增加土壤重金属污染刑事法律责任、健全行政法律责任等方式建立完整的法律责任追究制度。让学生认识到,在未来的工作岗位上,应当在生产全过程中始终遵从工程伦理,即对生产过程中产生的废弃物尽可能做到无害化排放与最小量化排放,避免对土壤等环境介质造成污染。

7 物理性污染与防治

【专业教学目标】

认识噪声污染与防治,了解噪声污染、放射性污染及电磁辐射污染问题的产生和发展,理解、掌握噪声的概念和分类、噪声控制技术的基本概念和基本理论,能够基于噪声控制相关法规、标准和环境工程相关背景知识分析工程项目对社会、健康及生态安全方面的影响;理解、掌握噪声污染防治的基本研究内容和方法,并以此分析复杂环境工程问题,能够理解复杂工程实践对环境与社会发展的影响。

【思政元素分析】

本章涉及噪声污染的分类、危害和控制技术等概念,主要从"社会责任"的角度发掘思政元素,具体如下:

讲解本章噪声污染与防治知识点时,从杭州某小区中心广场舞引发噪声扰民纠纷出发,进行教学,使学生了解噪声的概念分类,掌握噪声的控制技术和防治法规,分析噪声扰民的控制方法,培养学生的社会责任意识。

【教学设计实例】

案例 1-11

知识点:噪声污染与防治。

思政维度:社会责任。

教学设计:通过"广场舞如何避免噪声扰民?"的讨论,增强学生的社会责任感,让学生明白社会公共生活中人与人之间应该和谐相处,应举止文明,以礼相待。比如,2017年12月3日19时30分许,在杭州某小区中心广场,因为大妈们跳广场舞的音乐声过大,广场舞噪声扰民再起冲突。管理单位以召开广场舞噪声污染座谈会和约谈广场舞蹈队伍负责人的方式,宣讲社会生活噪声的危害、防治及法律责任,形成群众积极参与、噪声污染源所有者自觉服从的良好社会氛围。通过讨论本案例,培养学生的社会责任意识,形成良好和谐的社会氛围。

8 清洁生产

【专业教学目标】

了解清洁生产的产生和发展,理解、掌握清洁生产的基本概念和基本理论,能够基于环保法规、标准和环境工程相关背景知识进行清洁生产审核,了解实施清洁生产对社会、健康及生态安全方面的影响;掌握清洁生产审核的基本流程和方法,理解清洁生产与节能减排的关系,并以此分析节能减排在解决复杂环境工程问题中的应用,能够理解清洁生产对生态环境与健康及可持续发展的影响。

【思政元素分析】

本章涉及清洁生产和节能减排,主要讲授清洁生产和节能减排的概念,要求学生重点掌握清洁生产审核的流程和步骤内容,了解清洁生产的产生背景。主要从"生态理念"的角度来发掘思政元素,具体如下:

本章讲解的清洁生产的背景知识点,从讨论"绿水青山就是金山银山"理念出发,使学生了解日常生活中节能减排的意义,提高学生对自然和社会环境的生态保护概念的认识。

【教学设计实例】

案例 1-12

知识点:清洁生产。

思政维度:生态理念。

教学设计:以一段视频来解说"绿水青山就是金山银山"理念被首次提出的背景:浙江安吉余村由于开山采石造成严重的生态环境恶化,在"钱袋子"还是"绿叶子"的抉择的十字路口,2005 年 8 月,时任浙江省委书记习近平来到余村考察,首次提出"绿水青山就是金山银山"的重要论述①。余村在这一重要理念的引领下,努力修复生态,走出了一条生态美、百姓富的绿色发展之路。这深刻揭示了保护生态环境就是保护生产力,改善生态环境就是发展生产力的道理。离开了绿水青山,人类社会的一切财富都将成为无源之水、无本之木。

在引导学生讨论的过程中,引导学生运用环境科学与工程的思维方式认识事物、解决问题、指导行为;同时对日常生活、学习、科研过程中可能产生的污染给出预防措施,加强学生的科学素养。引导学生认识到需要从源头控制污染物排放,结合多媒体教育,提高学生的节能减排意识和对生态理念的认识。

9 环境法规和标准

【专业教学目标】

掌握我国的环境法规体系:宪法、环境保护基本法、环境保护单项法,政府规章、环境标准和国际公约。熟悉我国的环境标准的分类。

【思政元素分析】

以典型的环境违法案件为切入点进行教学,使学生熟悉环保行业相关的规范、标准,并能在工程实践中准确应用;能够基于环保法规、标准和环境工程相关背景知识分析工程建设项目对社会、健康、安全及文化方面的影响。课程思政教学主要从"法治意识"展开,具体如下:

以"南京某药业有限公司环境违法案件"为切入点,分析该公司的违法行为,使学生熟悉环保行业相关的法律和法规。强化学生法治意识,并鼓励他们向社会宣传环境保护相关法律。

【教学设计实例】

案例 1-13

知识点:我国环境保护法规体系。

思政维度:法治意识。

教学设计:2019 年 3 月 14 日,南京市生态环境局对南京某药业有限公司现场检查发现,该公司正在使用的实验室,未办理建设项目环评审批及竣工环保验收手续,未向

---

① 《为了万物和谐的美丽家园——习近平生态文明思想的世界启示》,共产党员网,https://www.12371.cn/2021/10/09/ARTI1633764910543924.shtml。

生态环境部门单独申报危险废物。3 月 27 日,南京市生态环境局对该公司下达查封决定,对其电力控制柜、药剂储存柜实施查封。6 月 24 日,南京市生态环境局下达行政处罚决定,对该公司处以罚款 37 万元,对该公司法定代表人张某处以罚款 6.4 万元。根据《环境保护法》《环境影响评价法》《建设项目环境保护管理条例》《环境保护违法违纪行为处分暂行规定》等相关要求,该公司的行为属"未批先建"的环评违法行为。另《固体废物污染环境防治法》中明确规定,危险废物是指列入《国家危险废物名录》或者根据危险废物鉴别标准和鉴别方法认定的具有危险特性的固体废物。因此,建议按照《危险废物鉴别技术规范》(HJ 298—2019)对固体废物进行危险废物的危险特性鉴别,确定其危险废物管理属性。

通过分析该公司的违法行为,使学生熟悉环保行业相关的法律和法规。强化学生法治意识,并鼓励他们向社会宣传环境保护相关法律。

10 环境管理与监测

【专业教学目标】

了解全球环境管理原因、内容和原则,掌握中国在环境管理方面的主要制度,如环境影响评价制度、"三同时"制度、环境保护税制度等,熟悉环境监测的目的和程序。

【思政元素分析】

解决全球性的环境问题需要全球环境管理。通过教学,培养学生的全球意识和开放的心态,引导学生关注人类面临的全球性环境挑战,理解人类命运共同体的内涵与价值。环境监测是科学管理环境和环境执法监督的基础,是环境保护必不可少的基础性工作,在讲授环境监测内容时,让学生意识到环境监测的重要性。课程思政教学主要从"家国情怀""法治意识"展开,具体如下:

1. 家国情怀

通过播放视频,展示联合国气候变化大会上中国代表的表现,培养学生的全球意识和开放的心态,让学生了解人类文明进程和世界发展动态,关注人类面临的全球性环境挑战,理解人类命运共同体的内涵与价值;使学生认识到中国对环境保护的重视,这也是 14 亿人口的中国为地区和世界环境保护事业发展做出的重大贡献,此时学生作为中国人的自豪感就会油然而生。

2. 法治意识

环境监测是科学管理环境和环境执法监督的基础,是环境保护必不可少的基础性工作。环境监测的核心目标是提供环境质量现状及变化趋势的数据,判断环境质量,评价当前主要环境问题,为环境管理服务。在讲授环境监测内容时,让学生意识到环境监测的重要性,强化学生法治意识,培养学生的责任心。

【教学设计实例】

案例 1-14

知识点:全球环境管理。

思政维度:家国情怀。

教学设计：以视频展现第 26 届联合国气候变化大会情况。该大会于 2020 年 12 月 2 日在西班牙首都马德里开幕。据测算，2018 年中国单位 GDP 碳排放量比 2005 年下降了 45.8%，提前完成目标，基本扭转了温室气体排放快速增长的局面。同时，中国可再生能源投资位居世界第一，累计减少的二氧化碳排放也居世界首位。通过采取淘汰落后产能、推动散煤替代、关停"散乱污"企业等强有力的措施，中国大力推动产业结构调整、能源结构优化、节能、能效提高、各地低碳转型。在观看视频的过程中，学生认识到中国积极采取了应对气候变化的政策行动，为全球生态文明建设贡献了力量。向学生介绍西班牙埃菲社评论：随着美国启动退出《巴黎协定》程序，国际社会对于中国发挥应对气候变化的领导作用越来越充满期待。使学生认识到近年来，作为最大的发展中国家，中国不仅在本国环境治理、节能减排、发展绿色低碳技术等方面取得骄人成绩，而且在主动承担国际责任、积极参与国际对话、支持发展中国家应对气候变化、推动全球气候谈判、促进新气候协议的达成等方面做出了积极贡献。促使学生关注人类面临的全球性环境挑战，理解人类命运共同体的内涵与价值。使学生认识到中国对环境保护的重视，这也是 14 亿人口的中国为地区和世界环境保护事业发展做出的重大贡献，此时学生作为中国人的自豪感油然而生，激发学生科技报国的家国情怀和使命担当。

案例 1-15

知识点：环境监测。

思政维度：法治意识。

教学设计：通过对环境监测概念和目的的介绍，使学生了解环境监测不仅是了解和掌握环境质量信息的重要手段，更是发现环境质量变化原因的重要依据，也是惩治污染环境违法犯罪行为的必要证据来源。通过联系上一章新老环境保护法区别的讨论，让学生关注在新环境保护法中的有关环境监测规定，2015 年 1 月 1 日起施行的新环境保护法，特别加重了环境监测方面的责任承担，相应的追责力度也进一步加大。有关连带责任的条款，是新环境保护法强化环境监测责任追究的重要内容。新环境保护法第六十五条规定，环境影响评估机构、环境监测机构以及从事环境监测设备和防治污染设施维护、运营的机构，如果在有关环境服务活动中弄虚作假，对造成的环境污染和生态破坏负有责任的，除依照有关法律法规规定给予处罚外，还应当与造成环境污染和生态破坏的其他责任者承担连带责任。存在上述情形的有关机构不仅要面对处罚，还得连带承担民事责任。通过讨论让学生意识到环境监测的重要性，强化学生法治意识，培养学生的工作责任心。

11 可持续发展

【专业教学目标】

了解可持续发展的由来、基本原则，掌握可持续发展的定义、内涵和基本理论。理解中国人口的可持续发展对策与中国资源和能源的可持续发展对策。

【思政元素分析】

本章仍蕴含着多处可以发掘的课程思政元素。课程思政教学主要从"文化自信""政治认同"展开，具体如下：

1. 文化自信

通过中国古代朴素的可持续发展思想的介绍，使学生了解中国古代人文思想的先进，能理解其中所蕴含的认识方式和实践方法，培养学生的民族自豪感和爱国热情。

2. 政治认同

在中国能源可持续发展的讨论中使学生深刻理解中国国情，引导学生认同国家价值观，从而建立起良好的政治认同，拥护中国共产党领导，在中国共产党领导下，为把我国建设成为富强、民主、文明、和谐、美丽的社会主义现代化强国而奋斗。

【教学设计实例】

案例 1-16

知识点：可持续发展。

思政维度：文化自信。

教学设计：公元前春秋战国时期，百家争鸣，众多思想家便已开始思考人与自然应如何相处。《吕氏春秋》《逸周书·大聚解》等著作中就有了正确处理人与自然关系的论述，"竭泽而渔，岂不获得？而明年无鱼；焚薮而田，岂不获得？而明年无兽"；"春三月，山林不登斧，以成草木之长；夏三月，川泽不入网罟，以成鱼鳖之长"。这是强调农业生产要"顺应天时"，客观上反映了合理利用自然资源、保护生态平衡的观点。中华民族向来尊重自然、热爱自然，绵延五千多年的中华文明孕育着丰富的生态文化。生态兴则文明兴，生态衰则文明衰。中国传统文化价值为环境保护提供了朴素的价值取向。

通过中国古代朴素的可持续发展思想的介绍，使学生了解中国古代人文思想的先进，能理解其中所蕴含的认识方式和实践方法，培养学生的民族自豪感和文化自信心。

案例 1-17

知识点：中国能源可持续发展。

思政维度：政治认同。

教学设计：能源既是重要的必不可少的经济发展和社会生活的物质基础，又是现实的重要污染源，解决好我国的能源可持续发展战略问题，是实现我国社会经济可持续发展的重要环节。引导学生就"中国如何实现能源可持续发展"的问题展开讨论。中国政府科学决策：长期坚持节能优先战略，适应终端能源需求的变化趋势，实现能源结构的转变，加快发展天然气；从实际出发，实施煤炭的清洁利用；系统考虑电源结构，水电、核电要实施长期的发展计划；推动环境保护，为可持续发展能源战略的实施创造必要的外部条件；做好可再生能源发展的战略安排，一系列举措促使我国能源可持续发展。在能源可持续发展讨论的结尾，将能源可持续发展扩展到中国的全方位的可持续发展,使学生认识到中国政府科学决策、精准施策,正确处理着经济发展同人口、资源、环境的关系。让学生意识到,中国是唯一一个文明延续五千多年而不中断的国家,我们遇到过很多困难,也遇到过很多战争,但是都一一挺过来了,而且变得越来越强盛。虽然也落败过,但是涅槃成凤,落败之后创造辉煌,没有一帆风顺,但是在困难时期不放弃,中国便是这样,由弱而强,由强变更强。

在教学过程中引导学生认同国家价值观,从而建立起良好的政治认同,拥护中国共产党领导,在中国共产党领导下,为把我国建设成为富强、民主、文明、和谐、美丽的社会主义现代化强国而奋斗。

第3部分　课程思政元素案例总览

章节	知识点	思政维度	教学内容及目标
1.环境与环境问题	"八大公害"事件	政治认同	在讲述震惊世界的"八大公害"事件过程中,比较发达国家和我国在经济发展中对待环境的两种态度,发达国家走的是"先污染后治理"的发展道路,我国把保护环境定为基本国策之一,主张"预防为主,防治结合",使学生认识到中国对环境保护的重视,让学生意识到中国政府对人民高度负责和重视,从而让学生能够认同我国在环境治理方面的独特优势,此时学生作为中国人的自豪感油然而生,由此引导学生积极投身社会主义生态文明建设。
	全球性环境问题	生态理念	在讲授全球性环境问题时,要让学生认识到中国以切实行动支持区域和全球环境保护,已经从过去的参与者、贡献者,逐渐转变为引领者。中国践行"绿水青山就是金山银山"理念,绿色将成为中国人民幸福的色彩。
2.生态环境与健康	转基因食品	科学素养	通过对转基因食品安全性的微博论战中正反两方面的讨论,培养学生的问题意识,使学生能运用专业知识,独立思考、独立判断,能多角度、辩证地分析问题,作出选择和决定等,培养学生的科学素养。
3.大气环境保护	大气污染综合防治	政治认同	我国集中全国相关领域的2000多名专家,进行大气重污染成因与治理专项攻关,体现了我国社会主义制度能够集中力量办大事的制度优势;同时,通过与印度大气污染治理的对比,使学生认识到两国在国家治理体系和治理能力方面的巨大差异,进一步强化学生对我国制度的政治认同。
	全球性大气污染问题	家国情怀	通过讲述我国在温室气体减排和全球气候治理方面的贡献,引导学生以正确的观点看待发达国家和发展中国家在全球性环境问题治理中的责任,宣传我们的大国担当。

章节	知识点	思政维度	教学内容及目标
4. 水环境保护	水体富营养化	社会责任	通过引入黄海浒苔暴发等案例,让学生认识到人类活动与水体富营养化的密切关系,明确企业和个人的社会责任对水环境保护的重要意义。进行案例分析和师生互动,使学生真正懂得,解决水体富营养化问题,需要采取科学措施,更需要个人、科研人员、企业、社会组织和政府的齐心努力。
4. 水环境保护	废水生物处理法	社会责任	以某化工园区的染料、农药、制药和日用化工等精细化工生产过程中产生的高盐高有机物废水为切入点,讲解此类案例,使学生认识到,水环境的保护不仅仅依赖于使用生物处理法等工艺进行废水处理,更应当发挥企业的能动性,通过提升生产技术等方式,降低污染负荷,保证废水处理技术的有效性,这是企业社会责任的重要体现。
5. 固体废弃物的处理及资源化	城市生活垃圾分类	社会责任	通过对垃圾分类工作的分析,鼓励学生积极参与生活垃圾分类,自觉成为生活垃圾分类的参与者、践行者、推动者。
5. 固体废弃物的处理及资源化	危险废物的分类和处置	政治认同	讲解医疗废物的处理处置,特别是新冠肺炎传播初期,在党和国家集中力量支援下,武汉火神山医院建设中注重医疗废物处置,并取得了成功,让学生认识到中国特色社会主义制度的优越性。
6. 土壤环境保护	污染土壤修复技术	工程伦理	介绍我国土壤污染的严重形势、土壤质量监测与调查的重要性、土壤修复的刻不容缓以及企业充分遵循行业规范并保护土壤环境的重要意义。以企业违法排放含铅废弃物致使湖南省某县儿童血铅超标为例进行教学,让学生明确企业和个人在生产活动中对人体与生态健康负有重要责任,遵守工程职业道德和规范具有重要意义。
7. 物理性污染与防治	噪声污染与防治	社会责任	通过"广场舞如何避免噪声扰民?"的讨论,让学生明白社会公共生活中人与人之间应该和谐相处,应举止文明,以礼相待,培养学生的社会责任感。
8. 清洁生产	清洁生产	生态理念	通过讲解"绿水青山就是金山银山"理念的首次提出背景,以浙江安吉余村为例,引导学生讨论,培养学生运用环境科学与工程的思维方式认识事物、解决问题、指导行为,引导学生认识到需要从源头控制污染物排放,结合多媒体教育,培养学生运用环境科学与工程的思维方式认识事物、解决问题、指导行为,提高学生的科学素养和对生态理念的认识。
9. 环境法规和标准	我国环境保护法规体系	法治意识	以典型的环境违法案件为切入点进行教学,使学生熟悉环保行业相关的规范、标准,并能在工程实践中准确应用;能够基于环保法规、标准和环境工程相关背景知识分析工程建设项目对社会、健康、安全及文化方面的影响。

章节	知识点	思政维度	教学内容及目标
10.环境管理与监测	全球环境管理	家国情怀	通过播放视频,展示联合国气候变化大会上中国代表的表现,培养学生的全球意识和开放的心态,让学生了解人类文明进程和世界发展动态,关注人类面临的全球性挑战,理解人类命运共同体的内涵与价值。
	环境监测	法治意识	环境监测是科学管理环境和环境执法监督的基础,是环境保护必不可少的基础性工作,在讲授环境监测内容时,让学生意识到环境监测的重要性,强化学生法治意识,培养学生的责任心。
11.可持续发展	可持续发展	文化自信	介绍中国古代朴素的可持续发展思想,使学生了解中国古代人文思想的先进,能理解其中所蕴含的认识方式和实践方法,培养学生的民族自豪感和文化自信心。
	中国能源可持续发展	政治认同	在中国能源可持续发展的讨论中使学生深刻理解中国国情,引导学生认同国家价值观,从而建立起良好的政治认同,拥护中国共产党领导,在中国共产党领导下,为把我国建设成为富强、民主、文明、和谐、美丽的社会主义现代化强国而奋斗。

第4部分　课程思政融入教学评价

1　教学效果评价方法

本课程思政教学效果的评价主要针对社会责任、政治认同、家国情怀、生态理念等方面的思政教育目标,通过以下三种形式进行。

1.课堂互动与讨论

以案例研讨、主题讨论、课堂辩论等形式,引导学生从不同的思政维度分析当前重要的环境问题及其危害,讨论环境工程实践中涉及的职业道德规范及责任。

2.课后作业

本课程课后作业以问答题为主要形式,教师鼓励学生从"专业"和"思政"思考并解析作业中所涉及的环境科学和环境工程问题,就回答的专业性和思政深度进行评分。

3.课程小论文

学生通过查阅资料、自主学习等方式,对某一环境问题或环境事件展开深入讨论并撰写课程小论文,需通过不同的维度发掘相关思政内涵。教师针对学生的归纳总结能力、发散思维能力、专业和思政两者间的联系的相关性,以及语言表达能力等进行综合评价。

2 教学效果评价案例

案例 1-18

　　世界气象组织报告显示,2020 年全球平均温度较工业化前高出约 1.2℃,2011 年至 2020 年是有记录以来最暖的 10 年。气候变化正在影响地球上每一个地区,对全球粮食、水、生态、能源、基础设施以及民众生命财产安全构成长期重大威胁,应对气候变化刻不容缓。习近平主席 2021 年 4 月 22 日出席领导人气候峰会并发表重要讲话,指出发达国家应该展现更大雄心和行动,同时切实帮助发展中国家提高应对气候变化的能力和韧性,为发展中国家提供资金、技术、能力建设等方面支持,避免设置绿色贸易壁垒,帮助他们加速绿色低碳转型。① 结合上述案例,请谈一谈:应对气候变化、温室气体减排等全球性大气环境问题,发达国家应承担更多的责任,还是发展中国家要担负和发达国家一样的责任?

案例 1-19

　　2021 年 4 月,日本政府决定将福岛第一核电站上百万吨核污水经过滤并稀释后排入大海,排放在 2023 年后开始。该核污水排入海洋计划一经公布,立即引起国际社会对放射性物质等核废料对水体污染的广泛关注。请就此案例,提出含铯、锶、氚等放射性物质污染水体的处理方法和措施,并请阐述核电站及政府部门在水环境保护中的重要作用及应当承担的责任。

案例 1-20

　　党的十八大以后,浙江省委作出了"五水共治"的战略决策,发出治水总动员令,要求以壮士断腕的决心限时整治黑河、臭河、垃圾河,保护好我们的绿水青山,经过近 10 年努力,浙江各水系水质明显改善,实现了水资源的长远的绿色发展、持续发展。请就以上案例,详述"五水共治"的内容,并针对其中"一水"提出可行的防治措施。同时,谈谈你所知道的"五水共治"中的政府担当、中国智慧。

---

　　① 《习近平在"领导人气候峰会"上的讲话（全文）》,共产党员网,https://www.12371.cn/2021/04/22/ARTI1619098849642316.shtml.

"水污染控制工程"课程思政教学设计

第1部分　课程思政融入教学大纲

1　课程简介

"水污染控制工程"课程教学围绕污/废水水质和污/废水处理的工程任务,通过对污/废水的物理化学处理(如水量与水质的调节、过滤、混凝、沉降与气浮、吸附与离子交换、膜分离、中和与化学沉淀、氧化与还原等)、生物处理(生物处理的基本理论、活性污泥法、生物膜法、厌氧生化法等)、生态处理、深度处理和污泥的处理处置,以及污水处理厂的设计等内容的系统教学,使学生掌握污/废水处理各种方法的基本理论和各单元运行的基本原理,具备水污染控制工程的工艺设计、设备开发、调试运行以及初步的科学研究能力。

在环境问题日益受到关注的前提下,水污染控制工程相关技术和设备的发展日新月异,引进和发展了很多全新的技术手段。课程教学中在系统讲授工程应用技术的同时,适度引导学生认识各相关领域的前沿进展,培养学生的自主学习能力,为有志于继续深造的学生指出方向。

2　教学目标

2.1　专业教学目标

(1)熟悉污/废水的物理化学处理、生物处理、生态处理、深度处理和污泥的处理处置的基本原理和技术。

(2)掌握污/废水处理各单元的工艺和设计计算。

(3)在水污染控制工程设计中,能够根据不同的水质选择合理的处理工艺,具备优选合理的单元工艺并进行设计计算的能力。

(4)具备水污染控制工程的工艺设计、设备开发、调试运行以及初步的科学研究能力。

2.2　思政教学目标

(1)培养学生环境工程师的职业素养,引导学生遵守工程职业道德和规范,增强学生社会责任感,促进知识、能力、素质的协调发展。

（2）理解绿色发展理念的内涵,牢固树立生态文明的意识。

3 思政元素分析

本课程主要从"家国情怀""科学素养""法治意识""工程伦理""生态理念"这五个维度挖掘思政元素。具体分析如下:

1. 家国情怀

向学生介绍我国在污水治理方面取得成功的案例和污水处理相关研究领域取得的成就,如浙江在"五水共治"中设置隔油池截留油污、我国成功新建大型污水处理厂,从而向学生展示我国大力做好环境保护工作的决心;通过介绍彭永臻在污水脱氮除磷方面的工作成就,让学生体会到我国近年来在基础科学和应用科学研究中取得的巨大进步,增强学生对祖国的热爱之情,培养学生的家国情怀。

2. 科学素养

基于污水处理的原理设计、污水处理设施,分析污水处理中存在的问题,通过介绍活性污泥法的发明过程和让学生自主查询文献总结前沿"生物膜法处理工艺",向学生强调要具有追根溯源和探索未知的科学精神,培养学生严谨理性、实证求真、实践创新的科学素养。

3. 法治意识

介绍水污染控制和污泥处置涉及的国家标准和法律法规,引入污水处理厂借助使用"COD 去除剂"数据造假和企业违法排放废水、污泥违规处置等案例,让学生体会到环境保护法律法规对于环境保护的重要性,使学生树立遵守环境法律法规的意识。

4. 工程伦理

在讲解"厌氧生物处理的工艺"知识点时,通过介绍厌氧罐材质不规范选择和管理不善导致厌氧罐倒塌的案例,向学生强调在今后的工作中要做到严谨细致,遵循相应的规范进行操作,避免安全事故的发生,使学生树立正确的职业道德观。

5. 生态理念

将污水的厌氧生物处理高效低能耗、污水的中水回用等水污染控制知识与可持续发展相结合,让学生比较厌氧污水处理与好氧污水处理,总结厌氧污水处理的优缺点。结合我国及新加坡和以色列等的污水回用案例和污泥处置资源化,强化学生绿色发展的理念和"环境保护与经济发展相辅相成"的意识。

第2部分　课程思政融入课堂教学

1　污水水质和污水出路

【专业教学目标】

通过污/废水水质指标体系的理论学习,掌握污/废水水质管理的标准体系,了解水质指标的相关测定标准,着重掌握国家标准、行业标准与地方标准之间的区别及联系。

【思政元素分析】

本章内容为污水水质和污水出路,主要涉及污水性质与污染指标(污水的来源、污染物的分类、污水水质)、污染物在水体环境中的迁移与转化、污水出路与排放标准。其中,针对污水水质特点和排放标准等知识点进行"法治意识"思政元素的挖掘。具体分析如下:

利用知识点"污水水质特点和排放标准",引导学生了解各种污水的指标(物理性指标、化学性指标和生物指标)和排放标准,在讲解各种排放标准时融入近年来超标排放的一些案例,让学生体会到排放标准对于环境保护的重要性,树立遵守环境法律法规的意识。

【教学设计实例】

案例 2-1

知识点:污水水质特点和排放标准。

思政维度:法治意识。

教学设计:在讲授"污水水质特点"和"污水排放标准"知识点时,描述和讲解物理性指标、化学性指标和生物性指标以及《污水综合排放标准》(GB 8978—1996)中各种指标相应的排放标准。

(1)污水处理厂使用"COD 去除剂"被认定为数据造假。

2021 年 1 月,生态环境部通报了全国首例通过使用"COD 去除剂"对水质监测数据进行造假的案例。陕西某水环境有限公司运营的神木市污水处理厂使用一种"COD 去除剂"处理污水,该行为被认定为"通过篡改、伪造监测数据逃避监管的方式违法排放污染物"和不正常运行水污染防治设施,地方生态环境局已对该污水处理厂的违法行为进行立案处罚,处以罚款并责令立即停止违法行为,同时将该污水处理厂涉嫌环境违法的问题移送公安部门。

生态环境部对该去除剂进行模拟实验,分析研究组分及 COD 去除功效,组织相关行业专家论证,并咨询法律专家后,综合认定:"COD 去除剂"主要组分为氯酸钠,该物质并不能真正去除水中的 COD,只是掩蔽了 COD 的测定过程,使得 COD 的测定结果偏低。该污水处理厂使用氯酸钠处理水,应认定为"通过篡改、伪造监测数据的方式逃避监管违法排放污染物"。

(2)5.2 亿元!环保史上最惊人的罚单:偷排废水,篡改数据。

2014 年 10 月至 2017 年 4 月 18 日期间,南京某水务公司在高浓度废水处理系统未运行、序批式反应器(sequencing batch reactor,SBR)无法正常使用的情况下,仍多次接收排污企业(管线进水、槽罐车进水)的高浓度废水并利用暗管违法排放;人为篡改在线监测仪器数据,逃避环保部门监管,致使废水处理系统长期超标排放污水;在无危险废物处理资质情况下,接收某染料公司遗留的危险废物 18.94 吨;上述非法排放的废水、污泥、危险废物均排放到长江,共造成生态环境损害数额达 2.5 亿元。此外,南京检察机关还对该污水处理企业提起刑事附带民事公益诉讼,要求涉事污水处理公司赔偿 4.7 亿元环境修复费用,获得法院支持。最终,这家公司的罚款金额加上环境修复费用达 5.2 亿元。

基于视频展示法和案例分析法,通过介绍污水中使用"COD 去除剂"数据造假和南京某水务公司非法排放废水、污泥、危险废物到长江的案例,让学生体会到排放标准对于环境保护的重要性,向学生灌输今后作为企业环保工程师要坚守职业道德底线的思想,可以在潜移默化中使学生树立正确的法治意识。

2 污水的物理处理

【专业教学目标】

通过污水的物理处理理论学习,掌握污水处理的重要工作单元格栅和筛网、沉淀池、沉沙池、隔油池及气浮池,掌握沉淀理论的基本原理,具备沉淀池设计计算的能力。

【思政元素分析】

本章内容主要包括污水处理的重要工作单元格栅和筛网、沉淀池、沉沙池、隔油池及气浮池的介绍。其中,针对隔油池知识点进行"家国情怀"思政元素的挖掘。具体分析如下:

讲解"隔油池"知识点时,重点讲解近年来浙江在"五水共治"过程中,对于餐饮企业实行隔油池"一户一装"的措施,将责任落实到户,截堵餐厨油污乱排行为,从源头上减少了污水管道油脂污堵的发生,取得了较好的成效。向学生展示我国近年来在水污染控制工程方面取得的成绩,培养学生的家国情怀。

【教学设计实例】

案例 2-2

知识点:隔油池特点。

思政维度:家国情怀。

教学设计:由"隔油池"的知识点引入浙江目前在"五水共治"行动中,对餐饮企业实行隔油池"一户一装"措施,将责任落实到户,截堵餐厨油污乱排行为。讲解若干新闻报道和案例,例如杭州黄龙商圈的沿街餐饮店都装上了隔油池,家住附近的赵阿姨直夸"这是个好东西";杭州灵隐街道针对全辖区餐饮店的隔油池规范安装工作,确保将厨余污物截堵在岸上;《浙江日报》报道的金华婺城区在全国文明城市创建的过程中,在餐饮污水处理中设置隔油池,从源头上减少了污水管道油脂污堵的发生,彻底整改了沿街店面的污水排放问题。

向学生展示我国近年来在水污染控制工程方面取得的成绩,培养学生的家国情怀。

3 污水生物处理的生化反应动力学基础

【专业教学目标】

通过对污水的生物处理的基本原理、微生物生长规律和生长环境、反应速率和反应级数、微生物生长与底物降解动力学和脱氮除磷基本原理的学习,掌握污水生物处理和脱氮除磷的基本原理、污水生物处理的反应速率及反应动力学,具备反应速率与动力学的计算的能力。

【思政元素分析】

本章内容主要包括污水生物处理的基本原理、污水生物脱氮除磷的基本原理、微生物生长规律和生长环境、反应速率和反应级数、微生物生长与底物降解动力学,学生通过对这些理论的学习,应掌握污水生物处理的基本原理、污水生物处理的反应速率及反应动力学。其中,针对"污水生物脱氮除磷基本原理"的知识点进行"家国情怀"思政元素的挖掘。具体分析如下:

由知识点"污水生物脱氮除磷基本原理"引出我国污水脱氮除磷专家彭永臻院士的故事,通过介绍彭院士在污水脱氮除磷方面的工作成就,让学生体会到我国近年来在基础和应用科学研究中的巨大进步,培养学生的爱国主义情怀。

【教学设计实例】

案例 2-3

知识点:污水生物脱氮除磷基本原理。

思政维度:家国情怀。

教学设计:由知识点"污水生物脱氮除磷基本原理"引出我国污水脱氮除磷领域的专家彭永臻院士带领团队在污水脱氮除磷方面取得卓越成就的事迹。彭永臻院士是污水处理领域的知名专家,他教书育人、科研探索 40 余载,培养了一大批污水处理行业的技术骨干,其主要研究方向是污水生物处理及其自动控制与智能控制、污水脱氮除磷的新工艺与新技术(例如厌氧氨氧化)。

在彭院士的带领下,根据中科院与科睿唯安联合发布的《2020 研究前沿》报告,我国在厌氧氨氧化技术及其在污水处理中的应用这一方向的核心论文产出国家中排名第一,彭院士在厌氧氨氧化领域的研究中做出了中国科学家的积极贡献。

通过案例分析法对彭永臻院士带领团队在厌氧氨氧化方面的研究事迹进行讲解,让学生体会到我国近年来在基础科学和应用科学研究中取得的巨大进步,逐渐在国际科学研究中占一席之地。

4　活性污泥法

【专业教学目标】

通过污水生化处理、生物脱氮和生物除磷理论的学习,掌握污水生化处理的基本概念和理论基础,具备利用活性污泥法去除有机物、脱氨除磷工艺、二次沉淀池、曝气量的设计计算能力。

【思政元素分析】

本章的内容主要包括活性污泥的基本概念、活性污泥的发展历程、活性污泥数学模型基础、气体传递原理和曝气设备、活性污泥法去除有机物、生物脱氨除磷工艺、二次沉淀池工艺及其设计计算。其中,针对"活性污泥的发展历程"知识点进行"科学素养"思政元素的挖掘。具体分析如下:

本章涉及活性污泥法污水处理,在讲解"活性污泥的发展历程"知识点时,通过介绍英国克拉克和盖奇将活性污泥放在玻璃瓶中,经过求证论证和实践创新,最终发现活性污泥污水处理法的案例,引导学生对于身边的一些实验现象要追根溯源,培养学生严谨理性、实证求真、实践创新的科学素养。

【教学设计实例】

案例 2-4

知识点: 活性污泥的发展历程。

思政维度: 科学素养。

教学设计: 由"活性污泥的发展历程"引入"科学素养"的思政教育。让学生查阅资料分析活性污泥法发现和发明的过程。活性污泥法的研究工作最早可以追溯到 19 世纪 80 年代,英国化学家史密斯于 1882 年对污水进行曝气研究,发现在任何情况下对污水进行曝气都会将腐败延迟。1912 年英国克拉克和盖奇将污水装在玻璃瓶中进行实验。他们发现对污水长时间曝气,玻璃瓶中会出现污泥,水质也得到明显改善。他们并没有就此停止,将那些没有洗干净而附着污泥的瓶子用作污水曝气实验材料进行实验,发现污水处理效果更好,他们把这种自己生长的污泥称为"活性污泥"。让曝气后的污水静止沉淀,倒出上层已经净化的清水,留着瓶底的污泥供第二天使用,这样可以大大缩短污水处理的时间。在此基础上,1914 年第一座活性污泥法污水处理厂在英国曼彻斯特建立。提出问题"从活性污泥法的发明过程中,你能学到什么?",让学生体会到要对身边的一些实验现象追根溯源,培养学生严谨理性、实证求真、实践创新的科学素养。

以上利用了引导法进行教学,可以在潜移默化中培养学生严谨理性、实证求真、实践创新的科学素养。

5　生物膜法

【专业教学目标】

通过本章学习,掌握污水处理生物膜法的基本概念,掌握生物滤池、生物转盘、生物接触氧化池、曝气生物滤池和生物流化床的工艺、设计和运行,具备生物膜法工艺的设计计算能力。

【思政元素分析】

本章内容主要包括污水生物膜法基本理论,基于生物膜法的生物滤池、生物转盘、生物接触氧化池、曝气生物滤池和生物流化床的工艺和设计计算。其中,针对"生物膜法处理工艺"的知识点进行"科学素养"思政元素的挖掘。具体分析如下:

本课堂涉及生物膜法污水处理,对常规的生物滤池、生物转盘、生物接触氧化池、曝气生物滤池和生物流化床等工艺进行介绍,并让学生自主完成前沿生物膜法[例如,曝气膜生物反应器(membrane aeration bioreactor,MABR)和移动床生物膜反应器(moving bed biofilm reactor,MBBR)]的研究进展报告,培养学生的科学思维方法,提升学生探索未知的科学素养。

【教学设计实例】

案例 2-5

知识点:生物膜法处理工艺。

思政维度:科学素养。

教学设计:在讲解"生物膜法处理工艺"时,分别对生物滤池、生物转盘、生物接触氧化池、曝气生物滤池和生物流化床工艺的发展进行介绍,并让学生完成生物膜法前沿工艺[例如,曝气膜生物反应器(MABR)和移动床生物膜反应器(MBBR)]的研究进展报告。让学生自主研究和总结汇报,向学生强调可以通过查阅文献跟踪科学研究的前沿进展,了解社会经济、科学技术、环保行业等发展动态,以培养学生的科学思维和探索未知的科学素养。

以上内容基于自主学习法和互动教学法,让学生查阅相关文献资料,汇报基于生物膜法新工艺的研究进展,引导学生追逐科技前沿,培养学生的科学思维和探索未知的科学素养。

6 污水的厌氧生物处理

【专业教学目标】

通过污水的厌氧生物处理的理论学习,掌握污水厌氧生物处理的基本原理、污水厌氧生物处理的工艺,具备升流式厌氧污泥床反应器(upflow anaerobic sludge blanket,UASB)的结构及设计计算能力。

【思政元素分析】

本章内容主要包括厌氧生物处理的基本理论(三阶段理论)、影响厌氧生物处理的因素,污水厌氧生物处理的工艺(着重介绍 UASB 反应器),污水厌氧生物处理的设计计算。其中,针对"厌氧生物处理的特点"和"厌氧生物处理的工艺"知识点分别进行"生态理念"和"工程伦理"思政元素的挖掘。具体分析如下:

1. 生态理念

本章讲解的是厌氧污水处理。让学生比较好氧污水处理和厌氧污水处理,总结厌氧污水处理能耗低并且产生生物沼气清洁能源的特点,使学生牢固树立可持续发展理念,认识到利用厌氧生物处理技术处理污水有利于缓解能源紧张,促进人与自然和谐发展。

2.工程伦理

在讲解"厌氧生物处理的工艺"时,引入海宁厌氧罐坍塌事件,介绍该事件是由罐体厚度选择不当和后期管理不善导致的,向学生强调在今后的工作中要做到严谨细致,遵循相应的规范进行操作,避免安全事故的发生,引导学生树立正确的职业道德观。

【教学设计实例】

案例 2-6

知识点:厌氧生物处理的特点。

思政维度:生态理念。

教学设计:由"厌氧生物处理的特点"知识点引入"生态理念"的思政教育。引导学生以小组为单位对比厌氧生物处理与好氧生物处理的优缺点,并制作对比表格。让学生对厌氧污水处理优缺点进行总结,了解厌氧污水处理相比于好氧污水处理具有能耗低(无需好氧曝气)、产生的甲烷气体可作为清洁能源和剩余污泥产量低等优点,使学生认识到利用厌氧生物处理技术处理污水有利于缓解能源紧张,有助于"碳达峰、碳中和"目标的实现,促进人与自然和谐发展。

以上内容基于问题引导法和互动教学法,让学生自主总结厌氧污水处理的优缺点,引导学生认识到厌氧污水处理是一种能耗更低的绿色污水处理技术,强化学生的生态理念。

案例 2-7

知识点:厌氧生物处理的工艺。

思政维度:工程伦理。

教学设计:在教学"厌氧生物处理的工艺"知识点时,讲解海宁污水罐体坍塌事件。2019 年 12 月 3 日,海宁市某工业园区发生一起污水厌氧罐倒塌的事故,经查是某印染公司污水厌氧罐倒塌,压垮附近两家企业的车间,共搜救出 22 人,但其中 9 人经全力抢救无效死亡。该厌氧塔作为印染废水前置处理工艺设备,用于水解酸化难降解有机物。经过现场勘查和分析,厌氧塔倒塌可能是由于使用了质量不过关的产品,且未做到定期安全检查。

通过该案例分析,向学生强调今后在工作中要谨慎选择工艺和设备,对于生产安全问题要提高防范意识,培养学生正确的职业道德观。

7 城市污水回用

【专业教学目标】

学习城市污水回用途径、回用水质标准和回用系统、回用技术方法,掌握城市污水回用的途径和回用标准,具备比选城市污水回用的技术方法的能力。

【思政元素分析】

本章内容包括城市污水回用的途径、标准、回用系统。重点讲授城市污水回用的方法。其中,针对"城市污水回用类型"知识点进行"生态理念"思政元素的挖掘,具体分析如下:

本章讲解的城市污水回用,主要包括城市污水、建筑中水和小区中水的回用。在讲解城市污水回用过程中,让学生查阅相关新闻和文献资料,总结中水回用的案例,树立循环利用水资源的可持续发展理念。

【教学设计实例】

案例 2-8

知识点:城市污水回用类型。

思政维度:生态理念。

教学设计:由知识点"城市污水回用类型"引出"生态理念"的思政教育。让学生自主查阅新闻和文献资料,总结中水回用的案例。例如,扬州城市用水通过雨水收集、中水循环使用,节约了新鲜水达 4300 万吨,并通过中水回用改善了部分河流生态。从用水结构上看,未来扬州市工业用水虽然总量有所增加,但由于节水工作和节水技改项目实施,用水总量总体平稳。新加坡人均水资源只有 $211m^3$,居世界倒数第二,是水资源极为匮乏的国家,长期以来不得不依靠进口水资源来解决问题。新加坡通过大力发展水处理技术,将市政污水处理厂的出水经过微滤—反渗透—紫外消毒工艺,大力发展和生产新生水。以色列地处中东,超过 60% 的国土面积为沙漠与旱地,是世界上淡水资源最稀缺的国家之一。以色列通过开发新淡水资源、提高水资源利用效率、避免水资源污染和浪费的方法,逐渐成为世界上水资源开发和管理最成功的国家之一,其农业灌溉用水中 80%~85% 来源于污水再生利用和地下苦咸水的净化。

对以上内容基于学生自主学习法和案例分析法进行教学,让学生深刻认识到节约用水、充分利用水资源的重要性,增强其环境保护意识。

8 污泥的处理和处置

【专业教学目标】

掌握污泥的性质以及处理处置的方法,具备计算污泥含水率和选择污水脱水工艺的能力。

【思政元素分析】

本章主要内容是城市污水处理厂污泥的来源、性质和数量;污泥的处置及其前处理,包括污泥浓缩、污泥消化、污泥稳定、污泥调理以及污泥脱水和污泥的最终处置。其中,针对"污泥稳定处理"和"污泥处置"知识点分别进行"生态理念"和"法治意识"思政元素的挖掘,具体分析如下:

1. 生态理念

在讲解"污泥稳定处理"知识点时,介绍污泥的资源化利用,包括制煤、制建筑用材、制饲料添加剂、厌氧消化、好氧发酵、深度脱水、热干化、焚烧、卫生填埋、土地利用等。学生通过自主学习,查阅相关资料,总结污泥资源化利用的途径,树立将废弃物资源化能源化利用的绿色发展理念。

2. 法治意识

"污泥处置"知识点包括农业利用、填埋、焚烧、投放海洋或废矿等。在讲解中通过引入污泥处置利用的标准,例如《城镇污水处理厂污泥处置 制砖用泥质》(GB/T 25031—2010)标准等,引导学生熟悉环保行业相关的规范、标准,树立较强的法治意识。此外,通过介绍污泥违法倾倒和非法处置的案例,例如"北京商人何某经营的公司承包了北京排水集团几家污水处理厂的污泥处置业务"等案例,引导学生认识到污泥经处理后的最终处置关系到各种处置途径要求的法律法规,要求学生熟悉环保行业相关的规范、标准,意识到自己对社会、国家、人类负有义务和责任。

【教学设计实例】

案例 2-9

知识点:污泥稳定处理。

思政维度:生态理念。

教学设计:介绍污泥的资源化利用,包括制煤、制建筑用材、制饲料添加剂、厌氧消化、好氧发酵、深度脱水、热干化、焚烧、卫生填埋、土地利用等。让学生通过自主学习,查阅相关资料,总结污泥资源化利用的途径,树立将废弃物资源化能源化利用的绿色发展理念。

对以上内容基于学生自主学习法进行教学,让学生深刻认识污泥资源化利用的多种途径,树立资源回收利用的生态理念。

案例 2-10

知识点:污泥处置。

思政维度:法治意识。

教学设计:我国很多污水处理厂的规划设计往往存在"重水轻泥"的现象,成千吨的污泥常常得不到妥善处理,被大规模弃置在河湖、堤岸、沟壑、田地中,有机质逐渐腐败,对环境造成严重的二次污染。

"北京商人何某经营的公司承包了北京排水集团几家污水处理厂的污泥处置业务"案例:2006 年 10 月至 2007 年 7 月期间,商人何某经营的公司在北京市某地的砂石坑内倾倒污泥,总量约 6000 吨。污泥造成当地空气、土壤严重污染,地下水受到严重威胁,经评估污染损失达上亿元。此次污泥乱排案主犯何某以重大环境污染事故罪,被判处有期徒刑三年六个月,并处罚金 3 万元。

"南京某再生资源回收利用有限公司倾倒污泥"案例:2013 年 3 月 19 日至 20 日,该公司两次将约 120 吨污泥倾倒在南京某地的荒山上,引发投诉。事件发生后,当地环保局赴现场检查发现,污泥已基本清除,对该公司倾倒污泥事件作出立案处理,事件7名相关责任人分别被依纪问责。

"海宁某公司等制革生产污泥非法倾倒污染饮用水"案例:海宁某公司等4家公司将制革生产过程中产生的5000余吨污泥委托嘉兴市某环保服务有限公司处理。该环保服务有限公司将污泥倾倒在附近的池塘内,对饮用水源造成了严重污染。2011年4月8日,环保部门认定该环保服务有限公司的倾倒行为违反了国家相关规定,要求该环保服务有限公司限期清除上述污泥,并作出罚款5万元的行政处罚。

对以上内容基于案例分析法进行教学,强调污泥非法弃置于环境中,导致周围环境(空气、土壤、饮用水等)二次污染的巨大危害,强调污泥合法处理和处置的必要性,强化学生的法治意识。

9 污水处理厂的设计

【专业教学目标】

掌握城市污水处理厂的设计依据和资料、设计原则、厂址选择,重点掌握城市污水处理厂的工艺流程选择,掌握污水处理厂平面图和高程布置。

【思政元素分析】

本章主要内容是城市污水处理厂设计依据和资料、设计原则、厂址选择,重点要求学生掌握城市污水处理厂的工艺比选,并要求学生掌握污水处理厂平面图和高程布置。在"污水处理厂的设计和建设程序"知识点中涉及"法治意识"课程思政元素,在"污水处理厂的工艺比选"中涉及"家国情怀"课程思政元素,具体分析如下:

1.法治意识

本章讲解的污水处理厂的设计和建设程序包括:项目建议书提交、项目可行性研究报告提交、初步设计、施工图设计、土建施工设备安装和调试运行等。在讲解污水处理厂的设计和建设程序时,强调项目设计和建设需要按照法律规定的相关流程进行,从而确保工程实施的质量,并通过"2016年长春一湿地园内污水处理厂未批先建"等案例,向学生灌输即使是如污水处理厂等之类的环保设施也要严格按照建设工程的规范进行审批的思想,培养学生的法治意识。

2.家国情怀

讲解污水处理厂的工艺比选时,通过介绍城市大型污水处理厂、城市污水资源概念厂和全地埋式污水处理厂等项目,全方位地向学生展示我国在污水处理领域近年来取得的成就,例如上海白龙港污水处理厂、杭州临平净水厂、宜兴新概念水厂等,即通过介绍我国先进的污水处理设施,增强学生对祖国的热爱之情。

【教学设计实例】

案例 2-11

知识点:污水处理厂的设计和建设程序。

思政维度:法治意识。

教学设计:由知识点"污水处理厂的设计和建设程序"引入"法治意识"。利用问题引导法,提出"你们知道设计和建设一个污水处理厂需要经过哪些流程吗?"的问题,让学生来梳理污水处理厂设计和建设的流程,引出需要经历的流程包括项目建议书提交、项目可行性研究报告提交、初步设计、施工图设计、土建施工设备安装和调试运行等。此外,通过案例分析法,让学生运用学习到的污水处理厂设计和建设的流程,讨论"2016 年长春一湿地园内污水处理厂未批先建"事件,即长春市为了改善水体质量,对伊通河进行生态补水,伊通河综合治理组规划建设三座污水处理厂,将污水处理成中水,作为伊通河补水的来源。而这三座污水处理厂之一,就在北海湿地的正中间。这座湿地公园,原本是几十年前建设水厂而形成的净水池,2013 年重新整修,正式改名为"湿地园"。为了赶工期,该污水处理厂采用先施工,再环评,再补办规划手续的方式,虽然目的是建设环保设施,但是也要遵循建设工程项目的审批手续规定。

以上内容基于案例分析法进行教学,通过介绍案例向学生展示污水处理厂设计和建设需要经历的流程,强调建设工程全过程需要遵循相关法律法规,培养学生的法治意识。

案例 2-12

知识点:污水处理厂的工艺比选。

思政维度:家国情怀。

教学设计:由知识点"污水处理厂的工艺比选"引入"家国情怀"。利用案例分析法,引出处理水量达 280 万立方米的上海白龙港污水处理厂等我国大型污水处理厂,我国首座面向未来的城市污水资源概念厂——宜兴城市污水资源概念厂采用的先进工艺,以及杭州临平净水厂等全地埋式污水处理厂的建设等案例。例如临平净水厂采用全地埋方式建设,采用 A/A/O 工艺加膜生物反应器(mebmrane bioreactor,MBR)工艺,出水直接达到景观用水的标准,污水处理厂上方建有水美公园,并建立环境保护公共教育基地。

以上内容基于案例分析法,向学生展示我国近年来在污水处理领域的巨大投入和改善环境的决心,以及我国在污水处理领域所具有的较为先进的污水处理技术,增强学生的家国情怀。

第3部分　课程思政元素案例总览

章节	知识点	思政维度	教学内容及目标
1.污水水质和污水出路	污水水质特点和排放标准	法治意识	向学生介绍国家标准、行业标准和地方标准的产生及发展,并介绍污水处理厂使用"COD去除剂"数据造假和南京某水务公司违法排放废水、污泥和危险废物到长江的案例,使学生树立正确的法治意识。
2.污水的物理处理	隔油池特点	家国情怀	向学生展示我国近年来在水污染控制工程方面取得的成绩,培养学生的家国情怀。
3.污水生物处理的生化反应动力学基础	污水生物脱氮除磷基本原理	家国情怀	通过介绍我国污水处理领域专家彭永臻院士带领团队在污水脱氮除磷技术方面不断钻研,使我国成为该领域核心论文产出排名第一的国家的事例,让学生体会到我国近年来在基础科学和应用科学研究中取得的巨大进步,逐渐在国际科学研究中占据一席之地。
4.活性污泥法	活性污泥的发展历程	科学素养	基于活性污泥发明的过程,向学生提问从中能学到什么道理,让学生认识到要对身边的一些实验现象追根溯源,培养学生严谨理性、实证求真、实践创新的科学素养。
5.生物膜法	生物膜法处理工艺	科学素养	对常规的生物滤池、生物转盘、生物接触氧化池、曝气生物滤池和生物流化床等生物膜法污水处理工艺进行介绍,让学生自主完成前沿生物膜法[例如,曝气膜生物反应器(MABR)和移动床生物膜反应器(MBBR)]的研究进展报告,培养学生的科学思维,提升学生探索未知的科学素养。
6.污水的厌氧生物处理	厌氧生物处理的特点	生态理念	让学生比较好氧污水处理和厌氧污水处理的特点,总结厌氧污水处理能耗低并且产生生物沼气清洁能源的特点,使学生牢固树立可持续发展理念,认识到利用厌氧生物处理技术处理污水有利于缓解能源紧张,促进人与自然和谐发展,强化学生的生态理念。
	厌氧生物处理的工艺	工程伦理	通过介绍海宁污水罐体坍塌事件,向学生强调今后在工作中要严谨谨慎选择工艺和设备,对于生产安全问题要提高防范意识,培养学生正确的职业道德观。
7.城市污水回用	城市污水回用类型	生态理念	让学生自主查阅新闻和文献资料,总结中水回用的案例,树立节约用水和充分利用水资源生态理念。

章节	知识点	思政维度	教学内容及目标
8.污泥的处理和处置	污泥稳定处理	生态理念	介绍污泥的资源化利用,包括制煤、制建筑用材、制饲料添加剂、厌氧消化、好氧发酵、深度脱水、热干化、焚烧、卫生填埋、土地利用等。让学生通过自主学习,查阅相关资料,总结污泥资源化利用的途径,树立将废弃物资源化能源化利用的绿色发展生态理念。
	污泥处置	法治意识	通过介绍"北京商人何某经营的公司承包了北京排水集团几家污水处理厂的污泥处置业务""南京某再生资源回收利用有限公司倾倒污泥""海宁某公司等制革生产污泥非法倾倒污染饮用水"等案例,强调污泥非法弃置于环境中,导致周围环境(空气、土壤、饮用水)等二次污染的巨大危害,强调污泥合法处理和处置的必要性,强化学生的法治意识。
9.污水处理厂的设计	污水处理厂的设计和建设程序	法治意识	让学生来梳理污水处理厂设计和建设的流程,强调需要经历的流程包括项目建议书提交、项目可行性研究报告提交、初步设计、施工图设计、土建施工设备安装和调试运行等。
	污水处理厂的工艺比选	家国情怀	利用案例分析法,介绍大型污水处理厂、城市污水资源概念厂和全地埋式污水处理厂,展示我国近年来在污水处理领域的投入和改善环境的决心,以及我国在污水处理领域所具有的较为先进的污水处理技术。

第 4 部分　课程思政融入教学评价

1　教学效果评价方法

本课程思政教学效果的评价方法主要针对提出的两个思政教育目标(即:①使学生具备环境工程师的职业素养,遵守工程职业道德和规范,增强学生社会责任感,促进知识、能力、素质的协调发展;②理解绿色发展理念的内涵,牢固树立生态文明的意识),通过两种形式进行:

(1)在线上平台设定相关思政目标的讨论题强化学生对思政目标的理解;

(2)通过学生期末考试问答题来考查学生对思政目标的理解程度。

2　教学效果评价案例

案例 2-13

2013 年以来,浙江大力推行"五水共治",在水污染防治、水环境治理方面取得良好成效,赢得百姓点赞。请谈谈浙江省近年来在水污染治理方面取得的成绩。

案例 2-14

在我国污水治理领域涌现出了一大批追求科学真理的专家学者(例如,彭永臻院士、曲久辉院士、钱易院士等)。请查阅相关资料,以某一位科学家为例,谈谈你从中学习到了什么(或对你有什么启发或触动)。

案例 2-15

现阶段,我国水生态环境保护与经济发展之间仍存在一定的矛盾,水污染源防治难度较大,经济发展在一定程度上加剧了水生态环境的污染。请谈谈如何积极探索水生态环境保护与经济发展相协调的策略。

案例 2-16

浙江省高度重视环境保护工作,在水污染防治领域的部分举措已经在全国推广应用(例如,河长制、五水共治等)。请谈谈浙江省在水污染防治领域的系列创新性做法。

"大气污染控制工程"课程思政教学设计

第 1 部分　课程思政融入教学大纲

1　课程简介

　　"大气污染控制工程"课程旨在培养学生分析和解决大气污染控制工程问题的能力,是环境科学与工程类本科专业的核心课程和必修课程。该课程系统地介绍了大气污染物分类及特点、颗粒物性质及去除工艺、气态污染物性质及净化工艺、废气收集及净化系统设计等内容,重点介绍了净化系统的控制原理、设备工艺和设计计算,帮助学生掌握大气污染及控制的相关理论和方法,使学生具备大气污染控制工程的设计能力、设备开发及技术研发能力。

2　教学目标

2.1　专业教学目标

　　(1)能够理解、掌握大气污染与污染气象学的基本概念,大气污染物迁移扩散的基本理论,典型污染物的产生理论、颗粒物与气态污染物控制的基本理论。

　　(2)能够理解、掌握颗粒物、VOCs、硫氧化物、氮氧化物等主要大气污染物的控制技术、工艺及设备原理和特点。

　　(3)具有对一般大气污染实际问题进行分析、计算、总结,提出初步解决方法的能力,培养学术诚信和自我欣赏能力。

　　(4)具备一定的国际视野,并能就全球性大气污染问题进行初步的表达与交流能力。

　　(5)形成严谨理性的工程素养,能运用科学思维认识大气污染原理、掌握解决大气污染问题的思路,并不断学习行业发展动态,形成自主学习的能力。

2.2　思政教学目标

　　(1)结合大气污染控制具体案例,培养学生从整体和全局出发发现、思考和解决问题的能力,并能通过联系与重新组织已有的知识经验,提出新的方法,力争创造出新的思维成果。

（2）了解治理技术的最新研究进展，尤其是我国科研工作者在这方面所取得的成就，增强学生民族自信心和自豪感。

（3）引导学生从"保卫蓝天"角度体会生态文明建设的深刻内涵，培养学生守护蓝天的责任担当意识，牢固树立人类命运共同体的意识。

3 思政元素分析

本课程主要从"家国情怀""政治认同""法治意识""科学素养""生态理念""工程伦理""文化自信""社会责任"等八个维度挖掘思政元素。具体分析如下：

1. 家国情怀

通过介绍我国科研工作者在废气生物净化领域所取得的研究成果，突破了"卡脖子"技术，实现了我国在国际上该技术领域从并跑到领跑的跨越式发展，让学生体会科学研究的艰辛，激发他们爱国爱家的情怀。

2. 政治认同

通过展示我国大气环境治理与污染防治攻坚战中取得的巨大成就，引导学生坚定拥护党领导，坚持中国特色社会主义道路。

3. 法治意识

在我国环境空气质量相关的法律法规等知识的讲解过程中，通过对大气污染相关法律法规的详解以及对如何选用合适恰当的法律法规去规范单位或个人的行为等的剖析，培养学生在日常工作和生活中运用法律法规或行业标准去评判行为的法治意识。

4. 科学素养

让学生总结粒径分布曲线的特征，思考粒径分布函数的重要意义，进而引导学生获得描述粒径分布的方程，体会科学是在不断发展的过程中接近实际的，理论是在不断修正的过程中接近真理的，使学生养成良好的科学素养。

5. 生态理念

通过讲述案例的背后故事，如我国对 VOCs 治理的重视程度、硫氧化物长距离传输引发全球环境问题等，让学生真正体会环境保护与人类生活的密切关系，自觉肩负起保护环境的责任。

6. 工程伦理

通过举例说明"有限空间通风换气量计算方法""选择设备时要考虑安全系数"等，引导学生不仅要关注工程的经济效益，更要关注工程的安全、环境和社会效益，将百姓的安全、健康和福祉放在首位，培养学生良好的职业道德。

7. 文化自信

挖掘"吸附发展史"中具有中国元素的历史故事、名人事迹等，特别是挖掘具有中国元素的案例，使学生懂得欣赏人类发展史的灿烂辉煌，知道每一次科技进步和时代变革都是一代又一代人奋斗的结果，进而激发学生对科学工作者的敬佩感和自豪感。

8.社会责任

通过讲述案例,引导学生勇于承担社会责任,愿意在日常工作和社会中贡献自己的智慧,并能时刻用专业知识去约束或影响自己或他人的行为,践行环境保护的实践观。

第2部分 课程思政融入课堂教学

1 绪论

【专业教学目标】

通过对大气污染相关概念的学习,学生能够列举常见的大气污染物及其危害;通过对空气质量指数的学习,学生能够计算 API(air pollution index)指数并区分不同的浓度单位;通过对空气质量分级的学习,学生能够描述环境空气质量。

【思政元素分析】

我国空气污染治理历程涉及"政治认同"思政元素,环境空气相关法律法规涉及"法治意识"思政元素,大气污染公害事件涉及"生态理念"思政元素。具体分析如下:

1.政治认同

通过介绍我国有关环境空气质量管理和大气污染控制的一系列政策,让学生切身体会这些政策有力支撑了我国大气污染防治相关工作,能为这些工作保驾护航,彰显我国制度的优越性,培养学生爱党爱国的情怀;介绍我国"碳达峰、碳中和"的国家战略和目标时,融入相关低碳技术成果介绍,并与欧美发达国家实现"双碳"时刻表做比较,彰显我国大国风范,让学生体会中国特色社会主义制度的优越性,增强学生对中国特色社会主义的认同。

2.法治意识

法律法规的制定为全社会提供强制的规则体系,使一切事物都能有法可依、有法必依。与环境空气质量和废气臭气治理相关的法律法规也很多,这就需要学生了解并熟悉,以使他们在从事相关工作时能自觉遵守这些法律法规。通过介绍这些法律法规在实际案例中的应用,能让学生树立相关法治意识。

3.生态理念

地球是全世界人类赖以生存的环境。通过对著名的大气污染公害事件的讲授,激发学生对人类命运共同体的深刻认识;通过对中国蓝等大气环境治理成效的介绍,触动学生对生态文明的内化理解,使其在今后工作和生活中奉行生态理念。

【教学设计实例】
案例 3-1
知识点：我国空气污染防治发展历程。
思政维度：政治认同。
教学设计：由知识点"我国空气污染防治发展历程"引入"政治认同"的思政教育。大气污染伴随着经济发展、城市化建设、人类活动规模的扩大而相继产生，当生产活动对环境的影响超出大气的自净能力时，就会产生大气污染。大气污染防治工作在我国虽然起步较晚(20世纪70年代)，但取得了令人瞩目的效果和成就。通过回顾这五十多年来我国大气污染防治工作历程，讲述我国政府出台的一系列与之相关的政策，激发学生对于我国制度和政府工作的高度认同，使学生了解我国在大气环境保护领域的基本政策。通过视频展示"碳达峰、碳中和"内涵，回顾中国提出"双碳"战略的背景，并与欧美发达国家的时刻表做比较，彰显我国大国风范，让学生体会中国特色社会主义制度的优越性，增进学生对中国特色社会主义的认同。通过归纳总结这些内容，使学生深刻地体会大气污染防治工作对于一个国家的重要性，激发学生对于课程学习的热情。

采用项目驱动法和团队合作法，让学生以小组为单位，讨论形成我国大气污染防治时间轴，标出关键事件，总结归纳防治工作经验，讨论形成未来实现"双碳"目标的措施等，让学生在团队活动中逐渐认同我国在大气污染防治方面所取得的成就，特别是深刻理解国家制度对打赢大气污染防治攻坚战的关键作用，激发学生对国家制度的认同。

案例 3-2
知识点：与环境空气质量和废气臭气治理相关的法律法规。
思政维度：法治意识。
教学设计：由知识点"与环境空气质量和废气臭气治理相关的法律法规"引入"法治意识"的思政教育。我国《宪法》是现有国家和地方大气污染防治法律法规体系的依据和基础。自新中国成立以来，我国通过颁布《环境保护法》《大气污染防治法》等相关法律法规约束大气环境污染行为，并赋予生态环境部门强制执法权，加大对生态环境污染犯罪的惩治力度。通过引入湖北省首例大气污染刑事附带民事公益诉讼案，让学生体会到与环境保护有关的法律法规执行力度越来越大。五十多年来，环境法律法规体系越来越完善，凸显了大气污染等环境污染防治的重要性，且环境空气质量也随之越来越好。

通过让学生课外搜索大气污染违法事件，让学生深入理解环境执法的有法可依、有法必依，体会法律法规在环境保护中的作用，增强学生的法治意识，培养具有法治意识的环保专业人才。

案例 3-3

知识点：大气污染公害事件与我国空气污染治理成效。

思政维度：生态理念。

教学设计：由知识点"大气污染公害事件与我国空气污染治理成效"引入"生态理念"的思政教育。大气污染是全球范围内的一个重要的公共卫生问题。公害事件是指环境污染造成的在短期内人群大量发病和死亡的事件。世界历史上曾发生的著名的"八大公害"事件，其中有五件与大气污染有关。因此大气污染与生态环境和人类健康的关系非常密切。通过对著名的大气污染公害事件的讲授，加深学生对人类命运共同体的认识，让学生充分认识到局地大气污染问题会影响全球大气环境。党的十九大报告指出："坚持全民共治、源头防治，持续实施大气污染防治行动，打赢蓝天保卫战。"APEC蓝、中国蓝反映了我国这些年来的大气污染治理成效，也是生态文明建设不可分割的一部分。这些例子的讲授能够让学生了解身边事身边人，更好地理解保护环境保护自然的重要性，从而对"人与自然是生命共同体"有较为深刻的认识。

基于案例分析法和随机渗透法，列举典型大气污染公害事件，要求学生收集并阅读相关材料，理清其诱发的原因，从而为后续课程知识的学习埋下伏笔。教师与学生一起讨论我国大气污染治理成效，对学生进行引导，让学生随着讨论的深入，逐渐理解"人与自然是生命共同体"的理念。

2　大气污染控制工程设计

【专业教学目标】

通过对工程设计相关概念的学习，学生能够掌握大气污染控制工程系统组成及设计程序；通过对物料和能量平衡的学习，学生能够计算污染物产生量；通过对工程经济相关概念的学习，学生能够掌握投资费、运行费等的辨析与计算；通过对燃烧方程的学习，学生能够计算烟气体积与污染物浓度。

【思政元素分析】

工程设计是工程实施的基础，包括科研调查、工艺比选、技术经济等部分。污染治理工程设计也隶属于工程设计，因此也包括了上述几部分。工程设计需遵守一定的规则和程序进行。本章可以从这个知识模块中进行"工程伦理"思政元素的挖掘。具体分析如下：

通过对工程设计相关概念和设计规程的教学，让学生了解作为工程师应具有的基本素质，即按照一定的程序开展工程设计相关工作，培养学生形成良好的职业道德。另外，安全是工程设计中必须考虑的重要因素，强调安全设计并引入工程师应承担的责任教育。通过案例分析（因设计违反规定而引起重大生产安全事故）等方法组织教学，让学生理解辨析设计安全的重要性及设计规范的重要性，潜移默化地使学生形成"安全是生命线"的意识，培养学生良好的工程师素质。

【教学设计实例】

案例 3-4

知识点：工程设计的组成与程序。

思政维度：工程伦理。

教学设计：由知识点"工程设计的组成与程序"引入"工程伦理"的思政教育。工程师应具有的基本职业道德包括很多,其中工程师应遵守的最基本的职业道德是遵守法律法规、执行标准规范和按照一定程序去实施工程设计等。每个人从小就会接触一系列的规矩规则,它伴随着人的成长成才。"不以规矩,不能成方圆"出自《孟子》的《离娄章句上》,这一思想流传至今,对现实仍有意义,它说明了规则的重要性。将其引申到做人、做事都应有一定的准则约束,包括工程设计。结合一个典型的工程设计案例文本(某电厂燃煤锅炉燃烧烟气治理工程),让学生在相互讨论中自发获得工程设计程序及其组成,并能体会其在大气污染控制工程设计中的具体运用。安全对于一项工程而言非常重要。我国《刑法》中有"工程重大安全事故罪",同样也适用于工程设计人员因设计不当或违反相关规定而引起的安全事故。可以列举因违反设计程序等而造成的安全事故,加深学生对作为工程师应具有职业道德的理解。通过介绍这些案例,潜移默化地使学生形成"安全是生命线"的意识,培养学生良好的工程师素质。

问题引导法和案例分析法等教学方法的应用,能让学生主动参与到教学活动中,而不是被动地接受知识,让学生体会职业道德的重要性,遵守工程师应该遵守的职业道德,树立在今后的工作岗位上时刻牢记自己是一名工程师的意识。

3 颗粒污染物控制技术基础

【专业教学目标】

通过对颗粒物物理特性的学习,学生能够总结颗粒物去除方法与去除特性之间的关系;通过对粒径表示方法的学习,学生能够区分不同粒径和平均粒径的含义;通过对粒径分布曲线的学习,学生能够图示颗粒物的粒径分布特征,建立分布曲线和分布函数之间的对应关系。

【思政元素分析】

颗粒污染物控制技术基础理论是除尘设备的比选和设计的基础。本模块中部分知识内容可以通过小组活动完成,体现了"工程伦理"的思政元素;颗粒粒径和粒径分布涉及"科学素养"思政元素;颗粒物运动分析涉及"文化自信"思政元素。具体分析如下:

1. 工程伦理

颗粒的特性决定颗粒的运动及其被去除所采用的技术,因此在学习颗粒物去除工艺之前,需要对颗粒物的物理特性进行理解掌握。通过团队学习,归纳总结颗粒物的特性、受力及对应的去除方法,培养学生团队精神,让学生体会团队协作的优势。

2. 科学素养

颗粒粒径和粒径分布对于学生来说是个全新的内容,涉及的知识点较多,有些知识点也较为抽象、不直观。学生在预习的基础上,在教师的讲解下对颗粒粒径及其分布将会有更清晰的认识。引导学生总结粒径分布曲线的特征,思考粒径分布函数的重要意义,并结合历史上分布函数不同形式的讲解,让学生体会科学家的严谨理性,体会科研成果是一步一步接近实际的,培养学生的探索精神,让学生认识到科研成果的获得需要几代人的共同努力。

3.文化自信

在分析颗粒物在流体中的运动时必然会涉及流体力学。流体力学是随着生产实践的深入和科学技术的进步而发展起来的,离不开许多为该学科发展而做出重大贡献的研究者,其中包括我国的一些著名历史人物和科学家,如大禹、李冰、周培源、钱学森等。通过讲授他们的贡献,激发学生的民族自豪感,增强文化自信。

【教学设计实例】

案例 3-5

知识点:颗粒物的基本特性。

思政维度:工程伦理。

教学设计:由知识点"颗粒物的基本特性"引入"工程伦理"的思政教育。颗粒物的物理特性包括密度、含水率、润湿性、流动性等,不同的颗粒物其特性往往迥然不同,因此去除它们的方法也因"它"而异。比如,密度决定了可以采用机械力除尘装置,润湿性决定了可以采用湿式除尘器等。因此,需要深入了解某一类颗粒物的特殊性质,这样才能有的放矢地选择比较合理的净化工艺。我们采用团队合作的方式进行这方面的学习。通过小组成员分工合作,完成以颗粒物物理特性与去除工艺为主线的思维导图绘制,并进行公开展示,让每一个学生都能参与,体会团队协作做出的成果往往能超过个人成果的总和,培养学生精诚团结、互帮互助的团队精神和合作意识。

通过团队协作开展该知识点的学习,增强学生学习的主动性,培养学生与他人合作、与他人分享的意识。公开展示小组学习取得的成果能让学生获得满足感和自豪感。

案例 3-6

知识点:颗粒物的粒径和粒径分布。

思政维度:科学素养。

教学设计:由知识点"颗粒物的粒径和粒径分布"引入"科学素养"的思政教育。颗粒物的粒径分布是影响除尘器除尘性能的关键因素之一,因此对该知识的掌握对于除尘设备的选型非常重要。粒径分布的知识比较抽象,尤其还涉及分布函数,对于学生来说是个晦涩难懂的知识。通过对几个分布函数及其例题习题的讲解,引导学生逐步认识粒径分布及其分布函数。从粒径的正态分布函数(单分散实验颗粒),到对数正态分布(大多数颗粒物如尘等),再到 R-R 分布(细颗粒物等),分布函数的一次次修正,正是逼近实际颗粒物分布情况的过程。让学生体会分布函数的修正是个不断接近实际情形的过程,需要几代研究者潜心研究和验证,体会科学研究是个长期而又艰辛的过程,需要不畏困难、坚持不懈的探索精神,并使学生养成用科学思维去认识和解决问题的习惯,形成严谨理性的科学素养。

运用启发引导教学法和互动式教学法,教师引导,让学生逐渐接近问题的本质,体会认识事物的过程和一般规律;另外,对例题习题师生互动讨论,一同面对问题,让学生掌握问题解决的思路,增强问题解决能力,培养良好的科学素养。

案例 3-7

知识点:颗粒物的受力分析及运动轨迹。

思政维度:文化自信。

教学设计:在讲授"颗粒物的受力分析及运动轨迹"知识点时,必然会涉及流体力学的相关知识。流体力学是力学的一个分支,与其他自然科学一样,流体力学也是随着生产实践的深入和科学技术的进步而发展起来的,离不开许多为该学科发展而做出重大贡献的研究者的探索,其中包括我国一些著名历史人物和科学家,如大禹、李冰、周培源、钱学森等。同时,经典理论只有一次次修正才能无限接近真理,要有探索和创新精神,要有批判质疑的态度,只有这样,社会才能不断发展进步。

采用类比教学法和启发引导教学法,通过讲解流体力学发展史和我国科学家在流体力学研究领域的奋斗史,让学生明白科技的发展离不开实践探索,良好的科学素养是科技和社会发展的基础。

4 机械力除尘器

【专业教学目标】

通过对重力沉降室的学习,学生能够列举提高除尘效率的因素,复述单层和多层重力沉降室的区别和联系,并能计算重力沉降室的净化效率;通过对旋风除尘器的学习,学生能够复述影响旋风除尘效率的因素,类比获得旋风除尘设备和电除尘设备的除尘效率。

【思政元素分析】

机械力除尘器是最基本、最简单的除尘设备,也是学生容易掌握的除尘设备。可以从推导旋风除尘器效率公式的教学中挖掘"科学素养"的思政元素,具体分析如下:

通过用重力沉降室除尘效率公式获得旋风除尘器除尘效率的计算过程,让学生记忆更为深刻,有利于学生对旋风除尘器除尘机理的理解和相应的设计计算的掌握。对知识点的学习过程充分体现了学生崇尚实践的科学素养。同时学生以小组活动的形式归纳总结重力沉降室和旋风除尘器的除尘效率计算公式,并进行相应课件的制作和讲述,培养学生团队合作意识、互帮互助的交往理念。

【教学设计实例】

案例 3-8

知识点:旋风除尘器的效率公式。

思政维度:科学素养。

教学设计:由知识点"旋风除尘器的效率公式"引入"工程伦理"的思政教育。旋风除尘器是第二类比较重要的机械除尘器,它是利用离心力的作用去除颗粒物的。在学生掌握了重力沉降室除尘效率公式的基础上,可以启发学生采用类比法进行推导,培养学生努力探索未知、追求真理的责任感和使命感。通过团队协作组织这一教学内容,反复多次思考并实践获得比较正确和合理的结果,这样能让学生形成意识——技术创新源于多次实践的结果,同时体会到团队协作创造出的成果往往能超过个人成果的总和。

本知识模块采用团队合作和教师引导组织教学,学生以小组为单位完成上述问题的讨论,并完成可视化的公开展示,培养学生互帮互助的团队精神和合作意识。同时让学生通过类比重力沉降过程,在教师的引导下探索获得旋风除尘效率公式,培养学生探索未知的科学素养。

5 电除尘器

【专业教学目标】

通过对静电除尘设备原理的学习,学生能够区分电场荷电和扩散荷电,复述颗粒物在电场中的去除过程;通过对电除尘设备结构的学习,学生能够辨析各构造对于电除尘效果的作用,能够解释影响除尘效率的因素;通过对重力沉降室和旋风除尘器除尘效率推导过程的学习,学生能够类比获得电除尘设备的除尘效率,并进行初步设计。

【思政元素分析】

静电除尘器是利用颗粒的荷电性及其在电场中的定向运动而被去除的除尘设备,静电除尘过程较为复杂,涉及的影响因素也较多。可从"粒子荷电类型"知识点中挖掘"科学素养"的思政元素,从"影响电除尘效率的因素"知识点中挖掘"工程伦理"的思政元素。具体分析如下:

1.科学素养

粒子荷电是影响颗粒物在电场中运动及去除的关键因素之一,颗粒物荷电类型有两种,学生需要理解两种荷电的原因及影响因素,并会辨析颗粒的荷电类型,计算相应的荷电量,这对于电除尘效率的计算比较重要。通过对该知识点的教学,可以使学生体会辩证思维在科学现象认识中的重要性。

2.工程伦理

影响电除尘效率的因素有很多,让学生归纳总结影响因素,获得主因和次因,并用可视化工具对讨论结果进行展示,让学生体会实践对于知识获得的重要性;同时培养学生团队合作意识,让学生认识到每一个成员都应对团队工作有所贡献。

【教学设计实例】

案例 3-9

知识点:粒子荷电类型。

思政维度：科学素养。

教学设计：由知识点"粒子荷电类型"引入"科学素养"的思政教育。电场荷电和扩散荷电是不同粒径的颗粒在电场中的两种荷电类型，主要影响因素有粒子的粒径和电场特性。学生需要理解两种荷电的诱因并掌握相应的计算，能够辨析不同粒径范围内颗粒的荷电类型。在理解这一知识点的基础上，学生还应掌握不同粒径范围内粒子荷电的简化原则和简化情形，不能盲目地进行简化，要尊重事实依据，培养学生实证意识和严谨的求知态度。

采用启发引导教学法，教师引导，让学生学会辩证地看待一个事物的不同方面，理解全面看待问题的重要性，同时培养学生知识的应用和实践能力，使学生形成实践创新意识。

案例 3-10

知识点：影响电除尘效率的因素。

思政维度：工程伦理。

教学设计：由知识点"影响电除尘效率的因素"引入"工程伦理"的思政教育。电除尘效率的影响因素与电除尘装置的设计关系较大，往往决定了电除尘器的选型。让学生归纳总结电除尘效率的影响因素，获得因素与设计之间的内在关系。同时教师完成可视化的公开展示，培养学生互帮互助的团队精神和合作意识。让学生明白只有经历了一次次的实践，才能把学到的知识转变为自己的经验，体会实践对于工程师职业素养的重要性。

该知识模块采用团队协作法进行教学，通过小组协作获得学习成果，培养学生互帮互助的团队精神和合作意识。使得学生愿意实践，体会实践对于一个专业工程师的重要性。

6 过滤式除尘器

【专业教学目标】

通过对过滤效率的学习，学生能够区别表面过滤和深层过滤的含义，能够理解清灰在过滤除尘器运行中的重要性，能够计算清灰时间和总阻力损失；通过对过滤式除尘器类型的学习，学生能够举例说明滤料的选择要求及原则，归纳总结能作为滤料的特征；通过对电袋除尘器原理的学习，学生能够复述电袋复合除尘器的优势，辩证地看待电袋除尘器和电除尘器/袋式除尘器之间的区别和联系。

【思政元素分析】

过滤式除尘过程中起决定性作用的是尘滤尘，同时尘滤尘与除尘设备的压力损失也有关系。可从"尘滤尘相关知识"中挖掘"科学素养"的思政元素。具体分析如下：

过滤式除尘器之所以属于高效除尘器，是因为尘滤尘可对小颗粒有效去除；在后续有关于清灰操作知识中，也会涉及清灰是否要彻底及其与尘滤尘之间的辩证关系；

让学生辩证地理解尘滤尘与高效除尘、清灰之间的关系,有助于更好地掌握过滤除尘设备的特点与性能,深刻理解过滤式除尘器属于高效除尘器的本质。在对该知识的学习过程中形成批判质疑的科学素养。

【教学设计实例】

案例 3-11

知识点:尘滤尘相关知识。

思政维度:科学素养。

教学设计:由知识点"尘滤尘相关知识"引入"科学素养"的思政教育。尘滤尘是尘粒通过筛滤、惯性碰撞、扩散和静电等机理作用在过滤介质表面形成的初始颗粒层,它对颗粒物(特别是小颗粒)起到深层除尘的作用,也是过滤除尘器高效除尘的内在原因之一。另外,过滤式除尘器在运行后期需要清灰,在清灰过程需要适度,既不能不清灰,也不能清灰太彻底,破坏尘滤尘,对这些知识的理解和掌握需要学生对尘滤尘的深入了解。学生需要从多角度、辩证地分析尘滤尘对于过滤式除尘器的重要性,而不是盲目地评价尘滤尘的好或坏,逐步形成独立思考独立分析的能力和辩证思维。

本知识点采用启发式教学法,通过视频动画引出问题,让学生深入思考,然后通过师生讨论和生生讨论,形成用辩证思维去看待问题的习惯。

7 湿式除尘器

【专业教学目标】

通过对雨水捕集理论的学习,学生能够理解湿式除尘的原理,计算除尘效率并理解能耗与除尘效率之间的密切关系;通过对文丘里除尘器原理及其结构特征的学习,学生能够掌握这类除尘器的设计步骤;通过对湿式除尘器类型的学习,学生能够举例说明各种湿式除尘器的选择要求及原则,归纳总结各除尘器的应用场景,并对其未来发展趋势进行研判。

【思政元素分析】

湿式除尘器是最后一类除尘设备,它是利用液体对颗粒物的黏附而去除颗粒物的设备。可以从湿式除尘的二次污染相关知识中挖掘"生态理念"的思政元素。具体分析如下:

湿式除尘器和其他类型的除尘器的一个最大的不同之处是其产生溶解有颗粒物的吸收液,若不妥善处置,会引起二次污染。根据前续知识,思考如何处理湿式除尘器产生的吸收液,并提出可行的方法,这是该知识模块中学生需要重点思考和解决的问题。重点让学生形成在污染治理中也要防治二次污染的意识,养成良好的预防污染的生态理念。

【教学设计实例】

案例 3-12

知识点:文丘里除尘器的二次污染。

思政维度:生态理念。

教学设计：由知识点"文丘里除尘器的二次污染"引入"生态理念"的思政教育。湿式除尘器的吸收液能引起二次污染，必须要有具体措施去防治废水污染。通过知识回顾，让学生联想到水中颗粒物的去除方法，然后运用到吸收液的二次污染防治。通过对该知识模块的学习，学生应清楚理解"作为环境污染治理者，在治理过程中也不应该引起二次污染问题"的内涵，为今后踏上与环保相关的工作岗位或从事科学研究奠定基础。污染预防的生态理念对于每一个环境工程专业的学生来说都是非常重要的。

采用启发式教学法和类比教学法，引导学生通过思考得出湿式除尘器吸收液的有效处理措施，培养学生全面考虑问题的能力，让学生体会到环保工程师应该是污染的治理者而不应该是污染的创造者。

8 气态化合物控制技术基础

【专业教学目标】

了解气态化合物的基本特性，掌握基于特性的控制技术（化学反应、吸收、吸附等过程）原理、过程等概念和内容，能够利用相关知识分析、解决实际问题，提高学生科学素养和法治、工程意识。通过对气态化合物控制技术基础的学习，能够针对不同污染物进行准确描述并选择合适的控制技术。

【思政元素分析】

气态化合物控制技术基础是大气污染控制技术的理论基础和专业基础。可从"连续搅拌釜式和柱塞流等两类化学反应器模型"知识点中挖掘"科学素养"的思政元素，从"气体吸附的发展历史"知识点中挖掘"文化自信"的思政元素。具体分析如下：

1. 科学素养

两类典型的化学反应器模型需要学生理解并掌握它们各自的推导过程，同时需要理解它们的特征及各自适用的范围。采用引导式教学法，让学生在该知识模块的学习中形成知行合一的意识，知道只有实践了才能验证理论的适用性。

2. 文化自信

气体吸附是一种重要的净化气态污染物的方法，了解它的发展历史，对于理解和掌握吸附理论具有一定的帮助作用。教师通过讲授吸附的发展历史，让学生知晓历史中沉淀着许多经典理论，以史为鉴，可以知新知识。

【教学设计实例】

案例 3-13

知识点：连续搅拌釜式和柱塞流等两类化学反应器模型。

思政维度：科学素养。

教学设计：由知识点"连续搅拌釜式和柱塞流等两类化学反应器模型"引入"科学素养"的思政教育。连续搅拌釜式反应器和柱塞流反应器是两类典型的化学反应器，它们是许多实际反应器的雏形，因此理解它们的构造及模型推导过程，是学习后续课程知识的基础。采用引导式教学法，教师讲授连续搅拌釜式反应器模型和柱塞流反应器模型的推导过程,然后让学生自己归纳总结这两类反应器模型的适用范围和特点,体会深入思考的过程。引入美国默克公司研究人员如何在釜式反应中优化工艺,最终又不得放弃釜式工艺而转向连续流,几经周折最后取得阶段性成功的故事。让学生懂得模型理论需要一次次修正才能获得与实际相符的结果,从而能更好地指导生产实践。

采用引导式教学法和案例教学法,充分调动学生主动参与的热情,让学生更好地理解掌握两种类型的化学反应器的理论,形成知行合一的科学素养,明白实践是检验真理的唯一标准。

案例 3-14

知识点:气体吸附的发展历史。

思政维度:文化自信。

教学设计:由知识点"气体吸附的发展历史"引入"文化自信"的思政教育。"科学只给我们知识,而历史却给我们智慧"。了解理论的发展历史可以使我们对前辈的优秀的研究成果加以继承和借鉴。吸附的发展史非常悠久,如早在远古时期人们就利用草木灰、木炭等去除空气中的异味和湿气,在我国马王堆汉墓出土的帛画上有36种颜色,这实际上应用了织物对燃料的吸附作用,漫长的过程体现了理论的历史和文化沉淀。在吸附理论的发展过程中,我国学者也做出了卓越的贡献,得到了国际同行的认可。如表面活性剂在气液界面的吸附规律、BET(Brunauer-Emmett-Teller)混合气体吸附公式的导出等,体现了我国研究者深耕吸附领域、兢兢业业的探索精神。

通过讲授式教学法,带领学生逐步了解吸附的发展史,体会科研人员通过实践获得真理的艰辛。另外,通过介绍我国在吸附领域的贡献,让学生深刻体会到中国人民的勤劳、对科研的执着追求,从而形成在该领域的文化自信。

9 VOCs 污染控制技术

【专业教学目标】

了解 VOCs 的定义、来源,掌握 VOCs 的控制技术,包括高浓度及低浓度的净化方法的原理、过程等基本概念和内容;能够针对不同行业 VOCs 类型、浓度选择合适的控制技术,激发学生的家国情怀,形成法治、工程意识。

【思政元素分析】

VOCs 控制是当前响应国家号召"打赢蓝天保卫战"的重要举措,是生态文明建设的重要环节。可从"VOCs 防治政策"知识点中挖掘"生态理念"的思政元素,从"生物净化 VOCs 的研究进展"知识点中挖掘"家国情怀"的思政元素。具体分析如下:

1. 生态理念

从 VOCs 的基本特性出发,针对 VOCs 的危害,介绍国家开展 VOCs 整治的必要性,提升学生对人类面临的全球性挑战的认识,使学生理解人类命运共同体的内涵与价值,崇尚保护生态环境的行为。

2.家国情怀

生物净化技术目前是 VOCs 污染控制技术的主流技术之一,是学校环境专业比较有特色的研究方向之一。通过介绍科研人员在这一领域所取得的研究成果,让学生感受国家在大气污染治理科技方面的进步,增强学生的自豪感,从而激发学生爱国爱家的情怀。

【教学设计实例】

案例 3-15

知识点:VOCs 防治政策。

思政维度:生态理念。

教学设计:由知识点"VOCs 防治政策"引入"生态理念"的思政教育。在介绍 VOCs 的物化性质的时候,列举典型的 VOCs 造成的环境事件、社会问题及人类身心健康问题,要求学生收集并阅读相关材料,理清行业 VOCs 的分类、危害及诱发的原因,树立"绿色发展,生态优先"理念,体会污染防治对于人类社会发展的重要性;同时,与学生一起收集目前我国在防治 VOCs 污染方面的最新法规政策,引导学生进行思考和讨论,挖掘隐藏在这些法规政策背后的我国生态文明体系建设内涵,引导学生主动为我国乃至全球生态保护、空气质量改善贡献自己的智慧。

采用师生讨论和生生讨论的方式,引导学生掌握 VOCs 控制技术相关的政策、规范、标准,通过学习这些内容,理解 VOCs 防控的重要性,自觉保护或规劝他人保护大气环境,形成良好的生态理念。

案例 3-16

知识点:生物净化 VOCs 的研究进展。

思政维度:家国情怀。

教学设计:由知识点"生物净化 VOCs 的研究进展"引入"家国情怀"的思政教育。从生物净化法的原理、基本工艺流程、影响因素等基本知识开始介绍,然后结合国内优势单位在废气生物净化领域所取得的研究成果介绍该技术目前的研究进展,让学生深刻体会我国科研工作者在该研究领域的优势,从而形成自豪感,形成爱国爱家的家国情怀。我国废气生物净化领域的相关研究可以追溯到 20 世纪 90 年代,虽然起步较晚,但通过 20 余年的持续研究,强化了废气生物净化效果,并进行了大规模的工程应用,废气生物净化领域的相关研究和工程应用已在国外有一定的知名度。通过师生讨论,让学生体会该技术不同发展阶段科研工作者的艰辛和付出,感受国家在大气污染治理方面的巨大进步,激发学生的家国情怀。

采用引导式教学和案例式教学法,从问题出发引导学生正确理解提高废气生物净化效率的方法,进而引出我校在该领域取得的成果,不仅让学生体会科研工作者的艰辛,而且激发学生爱校爱院的情怀。

10 含硫气态污染物控制

【专业教学目标】

掌握 SO_2 控制技术,包括高浓度资源化和低深度的净化方法等的原理、工艺过程及主要参数等的基本概念和内容;掌握 H_2S 控制技术,包括高浓度资源化及低深度的净化方法,增强家国情怀和法治、工程意识;能够针对不同硫化物类型、浓度选择合适的控制技术。

【思政元素分析】

硫氧化物的污染控制技术已相对成熟,但现在对它的控制依旧是研究热点。可以从"硫氧化物长距离传输"这个知识点中挖掘"生态理念"的思政元素。具体分析如下:

基于含硫气态污染物的两种类型,即从硫氧化物(SO_2、SO_3)和硫化氢的基本特性出发,针对硫化物的危害,介绍硫化物长距离迁移是造成世界性环境问题的原因,强化学生对人类面临的全球性挑战的认识,使学生理解人类命运共同体的内涵与价值,提升学生的全球意识,进而使学生形成生态理念。

【教学设计实例】

案例 3-17

知识点:硫氧化物长距离传输。

思政维度:生态理念。

教学设计:由知识点"硫氧化物长距离传输"引入"生态理念"的思政教育。在介绍 SO_2 引发的酸雨事件时,列举国内外发生的典型的 SO_2 造成的环境事件(包括环境公害事件)及其引发的社会问题和人类身心健康问题,要求学生理清酸雨形成的机制、过程及可能诱发的原因。八大公害事件中就有 3 个与硫氧化物污染有关。同时,通过让学生理解酸雨分布区和硫氧化物污染区不重合的本质,让学生明白大气环流和气象会影响污染物的传输,造成污染物全球扩散现象,深刻领会人类命运共同体的内涵,地球生态环境具有整体性的特点,从"蝴蝶效应"引申出现在的一个破坏环境的不起眼的行为也许将来会在地球的另一端引发严重的事件,从而引导学生树立全球观念,立志保护环境。

采用案例分析法和随机渗透法,让学生清楚理解掌握污染物长距离运输对全球环境空气质量的影响,从而树立起守护区域就是守护全球的大局意识,认识到保护环境要从身边做起,从现在做起,要为人类和后代着想。

11 氮氧化物污染物控制

【专业教学目标】

了解氮氧化物的分类、性质,掌握氮氧化物的形成机理和分类及相应的控制技术的原理、工艺过程及主要参数等的基本概念和内容,增强家国情怀。通过对氮氧化物控制技术基础的学习,学生能够了解并掌握全过程控制氮氧化物排放的技术。

【思政元素分析】

氮氧化物的污染治理技术也相对成熟,主要有选择性催化还原技术(selective catalytic reduction,SCR)和选择性非催化还原技术(selective non-catalytic reduction,SNCR),另外,通过燃烧过程的优化也可控制氮氧化物的污染。本章的思政元素可以从"SCR 催化剂的制备及最新研究进展"这个知识模块中挖掘"家国情怀"的思政元素。具体分析如下:

氮氧化物是继颗粒物、二氧化硫后第三类重点控制的大气污染物。虽然氮氧化物污染控制技术目前已比较成熟,但现在关于其污染控制的研究还是研究热点,特别是催化剂的研究,开发低温 SCR 催化剂已成为许多研究者关注的问题。我国相关科研工作者在这方面也取得了许多不错的研究成果。通过介绍我国科研工作者在这方面所做的研究工作,让学生体会科学研究解决实际问题的过程,体会我国科研工作者如何"把科研论文写在祖国的大地上",体会他们为"祖国蓝天事业而奋斗"的家国情怀。

【教学设计实例】

案例 3-18

知识点:SCR 催化剂的制备及最新研究进展。

思政维度:家国情怀。

教学设计:由知识点"SCR 催化剂的制备及最新研究进展"引入"家国情怀"的思政教育。SCR 脱硝工艺中催化剂是关键,其决定着脱硝的效率及费用。脱硝工艺的发展方向之一就是研发高效催化剂,高效催化剂的高效主要体现在催化温度低、不易失活等。通过讲授式教学,将催化剂最新研究进展与我国科研工作者的研究工作结合,并将其展现在学生面前,让学生认识到技术的创新和改良是源于漫长而艰辛的实践过程,要勇于创新勇于实践,培养学生实践创新的科学素养。引入我国科研工作者在低温 SCR 催化剂研制方面的研究成果获得了国家科学进步二等奖和教育部科学技术进步一等奖等相关案例,让学生体会正是由于许多科研工作者的艰苦奋斗,科技才有了今天的飞速发展。激发学生向我国科研工作者学习的热情,为今后从事科研工作打下坚实的基础。

通过案例教学法,讲述我国科研工作者在 SCR 工艺上所做的贡献,激发学生立志从事科学研究推动科技进步的家国情怀。

12 移动源废气污染控制

【专业教学目标】

了解移动源的分类、定义及排放污染物种类,掌握移动源排放量计算方法及移动源排放因子的计算方法;通过对移动源的基础知识学习及控制技术和法规的学习,学生能够了解并掌握全过程控制移动源废气的技术和法规。

【思政元素分析】

移动源污染作为城市污染的重要来源,其会导致城市空气质量严重超标,进而对环境和人类健康产生严重影响。可从"我国机动车污染防治历程"知识点中挖掘"政治认同"的思政元素,从"防治机动车污染的管理政策"知识点中挖掘"社会责任"的思政元素。具体分析如下：

1. 政治认同

我国机动车污染防治历程可以从机动车尾气污染控制排放标准的修改和完善过程中体现，也可从油品的品质中体现。通过归纳总结这方面的知识，让学生体会社会经济的发展与环境保护之间的辩证关系，培养学生的国家意识，让学生体会我们国家的制度优势，形成政治认同。

2. 社会责任

机动车污染控制不仅是技术上的控制，更重要的是要采取一些管理措施去规范去控制。让学生通过小组讨论和团队学习，归纳总结有效的管理措施，提出一些更有效的可采取的措施，从而培养学生良好的社会公德，引导学生敢于承担一定的社会责任。

【教学设计实例】

案例 3-19

知识点：我国机动车污染防治历程。

思政维度：政治认同。

教学设计：由知识点"我国机动车污染防治历程"引入"政治认同"的思政教育。教师通过介绍由社会经济发展带来的新的移动源污染排放问题，启发学生对新出现现象的关注。让学生通过查阅文献资料和网络资料，归纳总结我国关于机动车污染防治法律法规的发展历程。了解了与机动车污染相关的法律法规，就可从自身做起，避免机动车造成污染，如公交出行、买新能源车等。同时让学生了解我国油品的发展变化（从汽油到新能源），明白技术的发展和进步都要符合当代国情，了解我国政府在这一领域所颁布的政策法规等，认识到我国制度的优越性。

将讲授式教学和学生自主学习结合，使学生了解我国机动车污染防治历程，体会国家政策在大气污染防控中的作用。同时介绍相关的法律法规，提升学生自身的机动车污染防治的法治意识，让学生体会我国制度的优越性，形成政治认同。

案例 3-20

知识点：防治机动车污染的管理政策。

思政维度：社会责任。

教学设计：由知识点"防治机动车污染的管理政策"引入"社会责任"的思政教育。在介绍移动源排放控制技术的时候，通过引导教学法让学生知道不仅排放控制技术重要，而且管理政策对污染控制也非常重要。比如，单双号限行、新车牌摇号等，这些政策的出台都是为了防治机动车污染，鼓励绿色出行，我们应尽量选择新能源车等。利用团队学习和小组讨论，让学生通过资料收集，获得不同国家和地区在防治机动车污染中所采取的政策以及管理措施，分析比较措施的有效性，从而基于已掌握的知识，发挥想象，提出适合国情和地方实际情况的管理措施，为机动车污染管控贡献自己的力量。

通过本知识点的讲授以及相关的教学活动,培养学生应具有的社会公德,使学生在今后的学习工作生活中逐渐养成愿意承担社会责任的意识。

13 气体收集输送系统的设计

【专业教学目标】

通过对集气罩气流特性的学习,能够掌握集气罩吸入和吹出气流分布,并且能够区分集气罩类型及其适用场合;通过对管道中压力损失的学习,能够理解掌握两种压力损失之间的区别与联系;通过对管网系统设计过程的学习,具备管网设计能力以及风机选型能力;能综合运用所学的知识设计一个完整的管网系统。

【思政元素分析】

气体收集输送系统设计是废气处理工程设计的核心部分。可从"有限空间的通风换气量"和"风机选型"知识点中挖掘"工程伦理"的思政元素。具体分析如下:

有限空间的通风换气量对于在其内部活动的人群非常重要,直接影响了他们的身体健康。在计算通风换气量时,必须了解所处有限空间的类型、污染物的种类等信息,进而要去查阅相关的标准或规范,按照标准或者规范进行设计,并能在工程实践中准确应用,形成按规依据设计的工程伦理观。

风机的选型对于管网设计也比较重要,选型包括风量和风压的选择,除了理论数值外,还要乘以相应的安全系数。因此,对安全系数的概念学生需要深入理解,它对于实际工程也非常重要。通过学习安全系数及相关计算,学生能够基于工程相关背景知识分析建设项目对社会安全、工程运行稳定等方面的影响,养成良好的职业道德。

【教学设计实例】

案例 3-21

知识点:有限空间的通风换气量。

思政维度:工程伦理。

教学设计:由知识点"有限空间的通风换气量"引入"工程伦理"的思政教育。对于有限空间而言,需要整体换气,由此涉及全面通风换气量,对它的计算需要获知该区域内某物质的最高允许浓度,该值通常来自某些规范或者标准,因此学生需要根据已了解过的规范或标准去查阅相关的文献值,进而完成计算。通过案例引导,如计算一间新装修教室的通风换气量,给定甲醛背景浓度、教室体积等参数,让学生自己根据所学的知识进行相应计算,其间需要学生自己查阅有关有限空间通风换气次数或者室内空气甲醛允许浓度等,使学生熟悉环保行业相关的规范、标准,并能在工程实践中熟练运用,养成良好的设计习惯,即按照一定的规程规章进行设计,形成环保工程师应具有的职业规范意识。

通过案例教学法,在开展设计等活动时引导学生主动查阅相关法律法规来规范自己的设计,养成良好的法治意识,只有遵循规范、法律等去设计,才能使自己的设计尽可能把安全、健康放在首位。

案例 3-22

知识点:风机选型。

思政维度:工程伦理。

教学设计:由知识点"风机选型"引入"工程伦理"的思政教育。安全系数对于工程案例的意义重大,通常安全系数大于1。学生在设计计算时,尤其是风机选型时需要时刻记住安全系数,不能忽略,这对于设计安全性和规范性都非常重要。另外,在选择风机时也要根据现场情况进行选择,切勿盲目。通过讲解设计时应考虑安全系数和风机使用场合的实际情况,让学生能够基于工程相关背景知识分析建设项目对社会安全、工程运行稳定等方面的影响,养成工程师应有的职业道德。

通过案例教学法和引导式教学法,让学生体会作为工程师应具有的职业道德,不能凭经验、靠书本完成设计,否则会造成事故。强调工程师的职业道德规范,应把安全放在首要位置。

14 污染物扩散和排气筒设计

【**专业教学目标**】

通过对大气稳定度的学习,学生能够判断大气稳定度的等级,并由此判断烟流的形状;通过对高斯扩散模式的学习,学生能够理解掌握不同应用场景下高斯扩散模型及其变形;通过对排气筒高度定义的学习,学生能够正确理解掌握有限源高和几何高度之间的区别和联系,选择合理的方法计算排气筒高度,能够计算等效源高和等效距离。

【**思政元素分析**】

污染物扩散直接影响了下风向的环境空气质量,排气筒的高度也直接影响了污染物的扩散。可从"影响大气污染扩散因素"知识点中挖掘"生态理念"思政元素,从"排气筒的高度及设计"知识点中挖掘"法治意识"的思政元素。具体分析如下:

1.生态理念

大气运动影响了污染物的扩散和转化。污染物扩散既有小尺度的影响,也有大尺度的影响。小尺度影响包括城市热岛效应、海洋和陆地环流等,大尺度影响包括全球环境问题等。通过对影响大气污染扩散因素的讲授,使学生形成绿色发展观和生态保护理念。

2.法治意识

排气筒的高度及其确定对于污染物扩散起着决定性的作用,同时也是预测污染物扩散结果的一个重要参数。学生需要辨析有限源高和几何源高之间的区别与联系,正确理解法律、规范标准里所规定的排气筒高度。另外,还要学会区分有组织排放与无组织排放,辨析有组织排放所建的排气筒是否符合法律等的要求,形成法治意识。

【教学设计实例】

案例 3-23

知识点：影响大气污染扩散因素。

思政维度：生态理念。

教学设计：由知识点"影响大气污染扩散因素"引入"生态理念"的思政教育。大气污染扩散是指因空气运动（包括扩散、湍流等）而造成的大气污染物浓度随时间和空间分布而变化的过程。影响大气污染物扩散的因素有区域的气象特征、污染物的理化性质和污染源的排放形式等。通过总结污染物浓度分布及其随时间、空间和气象条件的变化，可定性或定量地了解或描述污染物扩散规律。污染物扩散有小尺度上的影响，也有大尺度上的影响，它们引起的现象互不相同，小尺度影响包括城市热岛效应、海洋和陆地环流等，它们对区域环境控制质量有影响；大尺度影响包括全球环境问题等，如大气环流造成酸雨在不燃烧燃料的区域降落。通过对影响大气污染扩散因素的讲授，要求学生举例说明大气污染物扩散对区域或全球环境的影响，使学生形成绿色发展观和生态保护意识。

通过师生讨论教学法和引导式教学法，让学生体会区域大气污染对全球大气环境及气候的影响，形成人类命运共同体的意识，进而形成保护环境保护自然的生态思维。

案例 3-24

知识点：排气筒的高度及设计。

思政维度：法治意识。

教学设计：由知识点"排气筒的高度及设计"引入"法治意识"的思政教育。学生要正确理解许多法律法规、标准规范里所规定的排气筒高度，其均是指排气筒的几何高度。对于通过排气筒排放不一定是有组织排放有清晰的认识，是以对一些法律法规的理解为基础的。通过引入"企业用不足 15 米排气筒排放属于违法行为"这一事件，引导学生进行讨论，列举关于排气筒排放的违法行为，让学生思考如何用法律法规去规范企业行为。

通过对这一知识点的学习，学生能够养成利用法律法规去评判一些企业的违法行为的习惯，同时能用辩证的观点去看待问题，而不是盲目地凭经验去分析问题。

第3部分　课程思政元素案例总览

章节	知识点	思政维度	教学内容及目标
1.绪论	我国空气污染防治发展历程	政治认同	通过介绍我国环境空气质量管理及污染防控工作历程,回顾我国"双碳"战略历程及实现的时刻表,让学生体会我国制度的优越性,增强学生对中国特色社会主义的认同。
	与环境空气质量和废气臭气治理相关的法律法规	法治意识	通过介绍与大气污染及大气污染治理相关的法律法规,培养学生相关法治意识,使学生在从事与专业相关工作时能自觉遵守并运用这些法律法规,去规范自己或他人的行为。列举环境违法事件及处罚,让学生体会与环境污染相关的法律法规日趋严格,环境违法事件严重的,相关责任人要承担刑事责任。
	大气污染公害事件与我国空气污染治理成效	生态理念	通过对著名的大气污染公害事件的讲授,加深学生对人类命运共同体的认识;通过对中国蓝等大气环境治理成效的介绍,触动学生对生态文明的内化理解,使其在今后工作和生活中自觉践行生态理念。
2.大气污染控制工程设计	工程设计的组成与程序	工程伦理	通过对工程设计相关规程规范的讲授,使学生形成按照规程规范去设计工程的意识,并在工程设计时要首先考虑安全、健康和人类福祉,了解并遵守工程师的职业道德,引导学生立志成为一名业务素质过硬、胸怀天下的现代工程师。
3.颗粒污染物控制技术基础	颗粒物的基本特性	工程伦理	通过团队学习,让学生归纳总结颗粒物的特性、受力及对应的去除方法,培养学生的团队精神,让学生体会团队协作的优势。
	颗粒物的粒径和粒径分布	科学素养	引导学生总结粒径分布曲线的特征,思考粒径分布函数的重要意义,通过由浅入深地介绍粒径分布函数,让学生体会科学是在不断验证中发展的,理论是在不断修正下接近现实的。
	颗粒物的受力分析及运动轨迹	文化自信	流体力学是伴随着生产实践和科学技术的发展而发展的,其中涌现了不少我国著名的历史人物和科学工作者。引导学生利用发展的眼光来看待流体力学的发展史,让学生深刻体会社会是在不同观点的碰撞中螺旋式向前发展的。
4.机械力除尘器	旋风除尘器的效率公式	科学素养	通过与重力除尘设备净化效率的类比,让学生理解掌握旋风除尘器除尘效率计算公式的推导过程;培养学生的团队合作意识,充分体现崇尚实践、用发展眼光看待问题的科学素养。

章节	知识点	思政维度	教学内容及目标
5.电除尘器	粒子荷电类型	科学素养	通过对粒子荷电类型及荷电过程的讲授,让学生理解颗粒物荷电过程中两种荷电的区别与联系。根据颗粒物粒径大小判断荷电类型,学生能应用正确的公式进行荷电量的计算,培养批判质疑和全面看待问题的科学素养。
	影响电除尘效率的因素	工程伦理	基于静电除尘理论,深入探究分析烟气调质和高效电除尘效率之间的理论原理,让学生体会实践对于工程师职业素养的重要性。
6.过滤式除尘器	尘滤尘相关知识	科学素养	讲授尘滤尘与高效除尘、清灰之间的辩证关系,有助于学生更好地理解掌握过滤除尘设备的特点与性能,认识一个矛盾的两个方面及矛盾调和措施,培养学生运用辩证唯物主义观点看待问题的能力。
7.湿式除尘器	文丘里除尘器的二次污染	生态理念	使学生形成在开展污染治理时也要防治二次污染并进行有效消除的意识,养成良好的预防污染的生态理念,在今后的工作中能自觉主动保护生态环境。
8.气态化合物控制技术基础	连续搅拌釜式和柱塞流等两类化学反应器模型	科学素养	通过引导式教学法和案例教学法让学生在典型化学反应器反应速率公式的推导过程中进行实践,深知技术创新和发展的漫长和艰辛,体会技术与实践之间的辩证关系,形成知行合一的科学素养。
	气体吸附的发展历史	文化自信	教师通过讲授吸附的发展历史及多种吸附理论,让学生体会理论是不断发展和被后人修正的,要用辩证发展的眼光看问题,认识到人的主观能动性对科学发展的必要性,形成文化自信。
9.VOCs污染控制技术	VOCs防治政策	生态理念	通过介绍国家开展VOCs整治的必要性、相关政策与法律法规等,提升学生对现阶段我国环保国情的认识,使学生理解VOCs防控的重要性,形成良好的生态理念。
	生物净化VOCs的研究进展	家国情怀	通过介绍我国科研工作者在废气生物净化领域所取得的研究成果,让学生体会国家在大气污染治理技术方面的进步以及科研工作者潜心研究、勇于探索的品质,激发学生的家国情怀。
10.含硫气态污染物控制	硫氧化物长距离传输	生态理念	通过介绍硫氧化物长距离迁移会造成全球环境问题这一知识,让学生深刻理解人类命运共同体的内涵,并能在未来的生活中自觉用生态文明的意识去约束行为,共同守护属于世界人民的同一片蓝天。
11.氮氧化物污染物控制	SCR催化剂的制备及最新研究进展	家国情怀	通过讲授我国科研工作者在SCR工艺上所做的工作,突出技术的新颖性和领先性,培养学生的自豪感,激发学生立志从事科学研究推动科技进步的家国情怀。

章节	知识点	思政维度	教学内容及目标
12.移动源废气污染控制	我国机动车污染防治历程	政治认同	通过归纳总结我国机动车污染防治历程和油品质量不断改善的过程,让学生体会社会经济发展与环境保护之间的辩证关系,培养学生的国家意识,引导学生立志保护环境,体会我国制度的优势。
	防治机动车污染的管理政策	社会责任	通过团队学习和小组讨论,引导学生发挥主观能动性,让学生提出一些更有效的可行的措施,使学生在日常生活中能承担相应的社会责任。
13.气体收集输送系统的设计	有限空间的通风换气量	工程伦理	通过讲授工程设计案例,引导学生主动通过查阅相关标准或规范获得相关信息,并在工程设计和实践中准确应用,培养学生的工程思维,使学生具有良好的职业道德。
	风机选型	工程伦理	通过安全系数及相关计算的讲解,引导学生在工程设计时首先考虑安全、健康和人类福祉,让学生知道安全是生命线,从而培养学生工程师应具有的职业道德。
14.污染物扩散和排气筒设计	影响大气污染扩散因素	生态理念	通过列举大气污染物扩散对区域或者全球大环境的影响,让学生体会全球环境是一个整体和构建人类命运共同体的重要性,使学生形成绿色发展观和生态保护理念。
	排气筒的高度及设计	法治意识	让学生正确理解法律、规范标准里所规定的排气筒高度。培养学生查阅规范或标准,并从中获取关键信息的能力,为今后工作奠定良好的基础。

第4部分　课程思政融入教学评价

1 教学效果评价方法

本课程思政教学效果评价主要通过平时作业和期末考查方式进行。主题既要围绕知识点,也要围绕课程思政,否则政治味道太强,效果可能适得其反。

1.平时作业

主要基于教学过程中涉及的社会热点问题、时事政治等,结合课程思政维度,开展线上讨论、团队任务等,引导和强化学生对内容的理解和认识。线上讨论采用教师打分形式,从专业维度和思政维度进行评判。团队任务采用教师打分和学生打分相结合的形式,让学生充分参与教学过程。

2.期末考查

主要基于期末试卷里与课程思政相关的简答或论述题进行考查。分别对平均得分和与思政维度相关的词频进行统计,总体评估课程思政教学的效果。

2 教学效果评价案例

案例 3-25

根据生态环境部机动车排污监控中心研究,从 2016 年重污染期间全国各城市颗粒物解析结果来看,机动车已经成为 PM2.5 等大气污染物的主要来源。国家、地区都纷纷出台控制机动车污染的技术和政策。如《打赢蓝天保卫战三年行动计划》规定从 2019 年 7 月 1 日起,重点区域(京津冀及其周边地区、长三角、汾渭平原、珠三角地区、成渝地区)提前实施国六排放标准;杭州市政府宣布从 2014 年 3 月 26 日零时起杭州市实行机动车限牌,杭州已成为继北京、贵阳、上海、广州、天津之后的国内第六个实施汽车限购的城市。请列举您所在的城市,政府在控制机动车污染方面所采取的措施,并就"双碳"背景下如何进一步提升机动车污染控制措施谈谈您的看法。

案例 3-26

中央组织部组织编写了"贯彻落实习近平新时代中国特色社会主义思想在改革发展稳定中攻坚克难案例"丛书,请您阅读"北京 2013—2018 年大气污染治理历程"这一材料,试分析是什么原因使得北京在 5 年内实现大气污染的有效控制,环境空气质量得到了明显的改善,而欧美一些发达国家却要经历几十年。归纳总结北京市在环境空气质量管理方面的成功经验,这些成功经验对其他地区的空气污染防治有什么可借鉴之处?

案例 3-27

自 1980 年以来,中国的碳强度(即单位 GDP 的 CO_2 排放量)已经快速下降,这反映了为提高能源效率而采取行动的有效性,以及中国应对气候变化的战略有效性。2015 年在巴黎召开的联合国气候变化大会(COP21)上,中国承诺将碳强度相较于 2005 年降低 60%~65%,并在 2030 年或更早实现碳达峰,努力争取 2060 年前实现碳中和。除了碳封存、碳捕集等能实现减碳降碳外,采用低碳技术也能减少 CO_2 的排放。在 VOCs 控制技术里,哪些技术具有低碳的特征?低碳具体体现在哪里?假设您是大气污染控制技术的研究者,请您选择一种 VOCs 控制技术,详细阐述如何通过技术改良使得现有的 VOCs 控制技术更具有低碳特征。

案例 3-28

《2020 年全球空气质量报告》提出在全球范围内 7%~33% 死于新冠肺炎的人可归因于长期的空气污染暴露,并指出了 PM2.5 和新冠肺炎之间的联系。根据您掌握的课程知识,谈谈 PM2.5 和新冠肺炎等呼吸道流行疾病之间究竟有什么联系,我们采取哪些措施能有效阻断 PM2.5 和呼吸道疾病之间的联系。并结合颗粒物净化相关知识,举 1~2 个例子说明该知识在呼吸道流行疾病预防或治疗中的作用。

"固体废弃物处理及资源化"课程思政教学设计

第1部分 课程思政融入教学大纲

1 课程简介

"固体废弃物处理及资源化"是一门理论与实践并重、多学科交叉的综合性课程，与环境化学、环境监测、水污染控制工程、大气污染控制工程、物理性污染控制工程等其他环境学科专业核心课程联系紧密。本课程系统地介绍固体废弃物处理及资源化的基本概念、基本原理、基本方法及有关设计计算、设计方案，让高等院校环境专业学生全面掌握固体废弃物处理及资源化的相关知识，掌握控制方法理论，掌握处理处置固体废弃物的各种方法、相关设备选型和工艺流程，学会设计固体废弃物处理及资源化处理控制设备，具有设计初步方案的能力。

2 教学目标

2.1 专业教学目标

（1）通过固体废弃物处理及资源化的基本理论、方法和技术的学习，掌握相关的基本理论知识。

（2）了解我国固体废弃物处理及资源化工作的实践过程、基本程序及相关政策和法律、法规。

（3）能对固体废弃物处理及资源化的各项方法和技术进行分析对比，在厘清各技术主要适用条件及对象的前提下，能根据给定的排放标准或处置需求，提出适用的固体废弃物处理及资源化工艺方案和流程。

（4）能运用相关基础知识、基本方法以及与固体废弃物处理和资源化相关的政策、法律、法规，并结合工程管理原理与经济决策方法，根据实际项目的处理处置目标，编写处理处置方案及绘制处理处置的设计图纸。

2.2 思政教学目标

（1）树立安全法治意识和"人与自然和谐共生"的理念，严守职业道德和规范，培养学生的社会责任感。

（2）将个人理想和国家发展相结合，厚植家国情怀和使命意识。

3 思政元素分析

本课程主要从"生态理念""法治意识""人文素养""科学素养""家国情怀""工程伦理""政治认同""社会责任"等维度挖掘相应案例中的思政元素。具体分析如下：

1. 生态理念

引导学生理解各项技术在固体废弃物处理处置过程中的作用及固体废物实现减量化、无害化、资源化对环境保护的重要性。通过介绍贵港国家生态工业（制糖）示范园区、蚯蚓床技术及 500t/a 废塑料油化装置系统等案例，引导学生直观体会固体废物实现减量化、无害化、资源化的优势所在；通过介绍实际工业化应用过程中将某一产品生产所产生的污染物作为另一产品生产的原料的工业生态链模式，使学生理解绿色发展理念的内涵，树立"绿水青山就是金山银山"的绿色发展观和"人与自然和谐共生"的生态观。

2. 法治意识

引导学生及时关注理解并严格遵守行业相关法律法规和规章制度。通过介绍我国固废管理体系的发展历程和特点及新固废法等，引导学生思考相关法律法规及行业规范对环保行业整体发展的意义；通过对于新固废法相关处罚制度的进一步介绍，使学生认识到违法违规的严重后果，进一步强化学生的法治意识。

3. 人文素养

环保技术应当具有温度，在技术创新应用及工程实施过程中都应当关注技术带给人的影响，保障群众的权益，让技术服务于人，真正做让群众满意的环保。通过介绍东莞市某镇建设卫生填埋场案例，强调从业者应当在实际工作中着力保障群众的权益，积极消除群众的顾虑，从而引导学生坚持以人为本，关注科技进步对于人力的解放，坚持环境就是民生，树立人民群众对美好生活的需求就是我们的奋斗目标的意识。

4. 科学素养

学生应科学、客观、理性、辩证地看待环境问题，具有探索未知、追求真理、勇攀科学高峰的责任感和使命感。在学习相关固体废物处理处置技术时，注重各项技术的优缺点比较、自主了解领域内各项新技术并能适当分析领域未来发展趋势。介绍世界上第一座全自动化垃圾分选厂、降解塑料等案例，着眼于几项技术或方法的进步，以小见大，使学生认识到知识和技术是不断发展的，引导学生注重实践创新，注重已有技术设备的改造提升和新技术的工业化应用，不盲从权威，不故步自封，培养学生独立思考问题、辩证分析问题和严谨解决问题的能力。

5. 家国情怀

中国在固体废弃物处理处置技术领域虽然起步较晚，但发展迅速，虽然面临挑战，但同样成果颇丰，而这离不开一个个环保从业者的努力和坚守。通过介绍中核集团八二一厂案例，以老一辈核工业人对祖国绿水青山的诺言，激发学生的情感共鸣，激发学生的爱国主义热情,强化学生的国家归属感。

6. 工程伦理

在固体废物处理处置工程设计实施运行过程中,若出现问题则可能会对周边环境安全和群众利益产生影响,从业者应当注重公共安全和环境安全。通过介绍武汉某地垃圾焚烧场案例,突出相关事故对周边环境及人员造成的影响,强化学生对遵守相关法律法规和行业标准的认识,使学生认识到在日后从业过程中应当爱岗敬业、忠于职守,严守职业道德和工程伦理。

7. 政治认同

主要体现在学生对我国取得的重大治废成果的了解,以及对党和政府相关政策战略的认同。通过对《浙江省生态环境保护"十四五"规划》的介绍,使学生明确建设全域无废城市的重点任务和重大工程,鼓励学生在党和国家方针政策的引导下,积极投身社会主义生态文明建设。

8. 社会责任

环保相关企业及个人应当自觉承担社会责任,积极参加公益慈善活动,积极宣传环保理念。引入杭州天子岭垃圾填埋场案例,引导学生认识到环境专业赋予我们的公益使命,鼓励学生勇担社会责任,以专业知识助力社会实践。

第 2 部分　课程思政融入课堂教学

1　绪论

【专业教学目标】

通过固体废弃物处理及资源化相关理论学习,了解固体废物的来源和分类,熟悉固体废物的处理处置方法,理解并掌握控制固体废物污染的技术政策。

【思政元素分析】

本章内容作为全课程的开篇引入部分,课程内容涵盖面广,涉及固体废物的来源和分类、固体废物的污染及其控制、固体废物的处理处置方法及控制固体废物污染的技术政策等知识点,可着重从"生态理念""政治认同""法治意识"三个维度进行思政元素发掘。具体分析如下:

1. 生态理念

固体废物的"资源"和"废物"的属性是相对的,具有明显的时间和空间特点,今天的废物可能会成为明天的资源,这一过程的废物可以成为另一过程的资源。贵港国家生态工业(制糖)示范园区合理地将某一工艺中产生的废物应用于另一工艺,很好地反映了可持续发展理念。

2.政治认同

从固体废物污染控制切入,介绍浙江省"十三五"规划实施情况,引导学生认识到在党和国家领导下,固废治理领域取得了极大突破。进一步介绍浙江省"十四五"期间治废领域重大工程,浙江省将迈入高水平建设社会主义现代化、高水平建设新时代美丽浙江的新征程,生态环境保护工作将面临重大机遇和挑战,鼓励学生在党和国家方针政策的引导下,积极投身社会主义生态文明建设。

3.法治意识

本章内容涉及固体废物的管理体系,介绍了行业相关的法律法规,同时新固废法的正式实施及其相对严格的监管及惩处能向学生很好地传递法治意识在从业过程中的重要作用。

【教学设计实例】

案例 4-1

知识点:固体废物"资源"和"废物"的相对性。

思政维度:生态理念。

教学设计:由知识点"固体废物'资源'和'废物'的相对性"引入"生态理念"的思政教育。固体废物是在某一时间和地点丧失原有价值甚至未丧失利用价值而被丢弃的物质。因此,此处的"废"具有明显的时间和空间特征。贵港国家生态工业(制糖)示范园区是全国第一个批准设立的循环经济试点园区,该园区以制糖工业为主要支柱,通过建立工业生态示范园区,将制糖系统中产生的蔗髓、蔗糖蜜等用于热电系统、酒精系统和造纸系统,而各个系统产生的废弃物在环境综合处理系统的作用下产生复合肥等物质,可再次进入蔗田系统,以及后续的制糖、造纸、热电等工艺系统,实现资源综合利用。

通过引入贵港国家生态工业(制糖)示范园区实例,采用案例教学法及视频展示法,以视频形式介绍该园区,引导学生快速直观理解案例的技术特点和亮点。通过对案例的分析,使学生在深刻理解固体废物"资源"和"废物"的相对性的基础上,以实例为参考,进一步体会物质循环利用过程既实现了固体废物的减量化,又降低了企业的运行成本,有助于学生理解绿色发展理念的内涵和循环经济理念,以资源节约和循环利用为特征,与环境和谐的经济发展模式。

案例 4-2

知识点:固体废物污染控制。

思政维度:政治认同。

教学设计:由知识点"固体废物污染控制"引入"政治认同"的思政教育。固体废物污染控制需从两个方面入手,一是减少固体废物的排放量,二是防范固体废物污染。《浙江省生态环境保护"十四五"规划》指出,浙江省在"十三五"期间,全面贯彻党中央、国务院关于生态文明建设和生态环境保护的决策部署,采取的各项措施在固体废物污染控制领域取得显著成效。浙江在全国率先开展全域"无废城市"建设,构建覆盖全领域的固废处置监管制度体系,危险废物处置能力缺口基本补齐。但是,现今浙江省固体废物处置能力仍有不足,工业固体废物资源化利用水平有待提升,生活垃圾和建筑垃圾处理能力不平衡,处置水平有待提升。

"十四五"期间,应聚焦闭环管理,建设全域无废城市,着力推进固体废物源头减量化;加强固体废物分类收集;拓宽固体废物资源化利用渠道;提升固体废物末端处置能力;健全固体废物闭环式监管体系。积极推进落实治废领域重大工程,包括:①完成全域"无废城市"建设。覆盖工业、生活、建筑、农业、医疗等五大类固体废物,打通产生、贮存、转运、利用、处置五个环节,率先完成全省域"无废城市"建设。②固体废物分类收集网络建设。开展生活垃圾转运站建设和升级改造,推进固体废物回收站点、分拣中心和集散交易市场建设;推进小微产废企业及实验室等固体废物集中统一收运体系建设等。③固体废物处置和综合利用设施建设。开展危险废物、一般工业固体废物、生活垃圾、建筑垃圾、农业废弃物等固体废物处置和综合利用设施建设,实现处置能力与固废产生量相匹配。④危险废物利用处置行业提升改造。制定相关工作标准,明确危险废物利用处置行业提升改造工作要求,促进行业健康发展。

采用案例教学法,通过对浙江省"十三五"期间,治废领域重大突破的介绍,深化学生对党中央、国务院关于生态文明建设和生态环境保护的决策部署的强烈认同。进一步指出浙江省固体废物处置领域存在的问题,介绍"十四五"期间的战略布局和重点任务,鼓励学生在党和国家方针政策的引导下,积极投身社会主义生态文明建设。

案例 4-3

知识点:固体废物的管理体系。

思政维度:法治意识。

教学设计:我国固体废物管理主要涉及相关管理法规、各项管理制度和管理标准等。相较于水和气,我国固体废物管理起步较晚。随着社会经济的发展和科学技术的进步,我国固体废物的产量不断增加,构成更为复杂,这也对固体废物管理体系提出了更高的要求。2020 年 9 月 1 日起,《固体废物污染环境防治法》(简称新固废法)正式施行,它也被称为"最严格制度最严密法治保护生态环境"的法律制度。新固废法的特点可以总结成三个"最":最严格的制度、最严密的监管、最严厉的打击。新固废法共设 9 章 126 条,新增条文 41 条,其继续强化政府及其有关部门监督管理责任,明确目标责任制、信用记录、联防联控、全过程监控和信息化追溯等制度,明确国家逐步实现固体废物零进口。新固废法在体例上还有一个非常明显的变化,即将工业固体废物、生活垃圾、危险废物分别单独成章。同时,针对固废管理新形势,增加"建筑垃圾、农业固体废物等"一章,其中明确了国家建立电器电子、铅蓄电池、车用动力电池等产品的生产者责任延伸制度,加强过度包装、塑料污染治理,明确污泥处理、实验室固体废物管理等基本要求。另外在对环境违法行为实行严惩重罚的理念下,新固废法严格法律责任,提高罚款额度,例如新固废法中可针对 4 项违法行为最高处 500 万元罚款(第一百零八条、第一百一十四条、第一百一十五条和第一百一十六条),并且增加了按日连续处罚、查封扣押等规定。

采用案例分析法及启发引导法,通过对我国固废管理体系的发展历程及特点分析,突出环保产业是政策法律引导型产业,环保产业区别于其他产业的一个突出的特点是环境政策与环境标准、环境法律法规是环保产业发展的重要推动因素,环保政策法律是环保产业发展的基础,引导学生认识相关法律法规及行业规范对环保行业整体发展的重要意义。随后引入对新固废法的分析,简述新固废法的三个"最",引导学生体会国家对于固体废物处理处置的关注及重视,培养学生的法治意识,在课程教学最初,便使学生认识到违反相关法律及行业规范将会受到严厉的处罚,使学生领会在日后从业过程中,应时刻遵守相关法律法规。

2 固体废物处理与处置

【专业教学目标】

通过相关内容学习,了解掌握固体废物的收运、压实、破碎、分选等固体废物处理与处置的基本原理及技术特点,能比较分析各技术的优缺点,可根据实际工程特点及要求,选择合适处理处置方法及设备。

【思政元素分析】

本章内容主要涉及固体废物的收运、压实、破碎、分选等技术及相关设备,主要可围绕"科学素养"发掘思政元素,具体分析如下:

分选工艺是将固体废物中可回收利用的或不利于后续处理、处置工艺要求的物料用人工或机械的方法分门别类地进行分离,并加以综合利用的过程,根据物料的不同性质可选用不同的分选方法。通过对世界第一座全自动化垃圾分选厂的介绍,引导学生明确知识和技术是不断发展的,应重视实践和创新,同时应具备工程思维,能注重已有技术设备的改造提升,不盲从权威,不故步自封,培养学生在实践中看到需求并从需求出发不断进取的意识。

【教学设计实例】

案例 4-4

知识点:分选回收工艺系统。

思政维度:科学素养。

教学设计:由知识点"分选回收工艺系统"引入"科学素养"的思政教育。为了经济有效地回收城市垃圾和工业固体废物中有用物质,根据废物的性质和要求,将两种或两种以上的分选单位操作组合成一个有机的分选回收工艺系统,也称为分选回收工艺流程。在挪威有世界上第一座全自动化垃圾分选厂,该分选厂服务范围覆盖 20 万人口,整个工厂为全自动化,4 个工人负责对分选线上设备的定期巡查清理,另有 2 名装载司机,整个分选线上没有任何分选工人,全厂总共只有 8 个人。

采用案例教学法,引入世界第一座全自动化垃圾分选厂的案例,引导学生关注科学技术的温度,理解技术的意义在于对人的保护、解放和发展,培养学生的人本意识,鼓励学生立志于为人类的生存、发展和幸福而努力。

此外,在介绍世界第一座全自动化垃圾分选厂案例时加入国内垃圾分选领域的相关内容。自 1993 年北京获德国政府赠款建设小武基、马家楼 2 个生活垃圾细分选生产线开始,我国引进、自主开发生活垃圾分选技术已经有近 30 年的历史。现今,我国分类垃圾精分选的概念工程已经完成,部分高新技术设备已经有了示范。随着我国生活垃圾分类投放的展开,未来精分选技术有较大应用空间。

通过案例和国内垃圾分选领域的发展动态的分析介绍,引导学生认识技术是不断发展的,知识是不断更新的,要探索未知、勇攀科学高峰,要重视实践创新,在实践中总结凝练相关技术要求,不断改进和丰富已有的技术框架。

3 固体废物的生物处理技术

【专业教学目标】

掌握固体废物的生物处理基本概念,了解堆肥化及沼气化的基本原理及反应过程,熟悉好氧堆肥程序、工艺、装置并掌握好氧堆肥的影响因素,理解并掌握厌氧发酵的工艺条件及其控制,并能进行相关简单计算,了解其他生物转换技术。

【思政元素分析】

本章内容主要为固体废物的生物处理技术,涉及堆肥化的原理、技术特点、影响因素及相关计算,主要可围绕"生态理念"和"科学素养"两个维度发掘思政元素,具体分析如下:

1. 生态理念

在介绍堆肥化等技术后,拓展部分其他生物处理技术。蚯蚓床技术,主要以蚯蚓来处理部分有机废物,与学生的生活较为贴近,易激发学生的好奇心及兴趣,便于课程的后续开展。在蚯蚓床技术的介绍过程中,教师应着重强调生物处理技术在环境保护过程中的重要作用以及其区别于其他物理化学技术的优点,向学生传递"山水林田湖草是生命共同体"的理念。

2. 科学素养

通过引入降解塑料的案例,并引导学生对于降解塑料课题的分组探讨和结果展示,可以使学生在主动获得知识的过程中,探讨降解塑料的优缺点及现有降解塑料方法进一步推广的阻碍,培养学生严谨理性、批判质疑的科学意识。

【教学设计实例】

案例 4-5

知识点:其他生物处理技术知识拓展。

思政维度:生态理念。

教学设计:由知识点"其他生物处理技术知识拓展"引入"生态理念"的思政教育。除了课程知识框架中比较强调的堆肥化技术外,还有一些其他生物处理技术可适当加以拓展。蚯蚓床技术是利用蚯蚓喜欢吞食完全腐熟的有机物的特性,让它去除有机物的一种处理城市生活垃圾的生态处理方法。蚯蚓床技术消化彻底、肥效高,减容效果好,过程安全,可获大量蚯蚓体。采用该技术处理城市生活垃圾,使垃圾得到了减量化、无害化处理和资源化利用,对保护当地土壤、水域和大气环境起到了较大的作用。

采用案例教学法,引入对蚯蚓床技术的简述,介绍生物处理技术在环境领域的应用,引导学生树立"人与自然和谐共生"的生态观及"山水林田湖草是生命共同体"的整体系统观,深刻理解生物技术在固体废弃物处理处置过程中所起的作用。

案例 4-6

知识点: 其他生物处理技术知识拓展。

思政维度: 科学素养。

教学设计: 由知识点"其他生物处理技术知识拓展"引入"科学素养"的思政教育。除了对课程知识体系中要求学生掌握的相关生物处理技术的讲解外,采用案例教学法,引入降解塑料案例。

降解塑料作为一种环境友好型产品,在相关政策的引导下有一定的发展前景,但目前推广度还不够高。2020 年以来,国家发改委、生态环境部等多部委针对塑料污染治理工作连续出台了《关于进一步加强塑料污染治理的意见》《关于扎实推进塑料污染治理工作的通知》等多个政策文件,对一次性不可降解塑料的禁止或限制提出了明确的时间表,要求从 2020 年到 2025 年底,全国范围内逐步停止使用不可降解塑料袋,地级以上城市餐饮外卖领域不可降解一次性塑料餐具消耗强度下降 30%,2025年全国塑料污染得到有效控制,并要求各级地方人民政府结合本地实际,制定具体实施办法,细化政策措施。

降解塑料是指一类其制品的各项性能可满足使用要求,在保存期内性能不变,而使用后在自然环境条件下能降解成对环境无害的物质的塑料。因此,也被称为可环境降解塑料。降解塑料具有与同类普通塑料相当或相近的应用性能和卫生性能,在完成使用功能后,能在自然环境条件下较快降解,成为易被环境利用的碎片或碎末,最终回归自然且降解过程中产生和降解后残留的物质对环境无害或无潜在危害。但可降解塑料产业发展目前尚有较多不确定性,如政策风险、产业竞争力风险和效果风险等。

采用团队合作法及问题引导法,组织学生分组查阅可降解塑料相关内容,并布置相关思考题,如"请分析降解塑料进一步发展的优势和不足是什么?""请谈谈你认为的有利于加快降解塑料推广的对策有哪些?""请谈谈降解塑料在中国市场的发展前景是否乐观? 如要进一步推广,需从哪些方面进行优化?"等,并在后续课堂上进行展示,以翻转课堂的方式锻炼学生的表达能力。引导学生分组查阅,合作整合,培养学生严谨理性的素养和批判质疑的精神,能在大量复杂信息中通过自主思考判断,得出相关结论及观点的能力,同时培养学生快速学习新知识的能力,促进对学生科学素养的培育。

4 固体废物的焚烧处理技术

【专业教学目标】

理解并掌握废弃物焚烧过程中废气污染的形成机制,理解并熟记废物焚烧的控制参数,掌握主要焚烧参数计算,了解典型的城市生活垃圾焚烧流程并能掌握焚烧尾气控制技术。

【思政元素分析】

本章内容主要包括固体废物的焚烧处理技术,涉及焚烧废气污染形成机制、焚烧的控制参数、影响因素及相关计算,主要可围绕"工程伦理"维度发掘思政元素,具体分析如下:

垃圾焚烧是一种较为传统的处理垃圾方法,也是世界各国广泛采用的城市垃圾处理技术,但是垃圾焚烧处理也存在一定的问题,会产生一些污染物,若不加以妥善的处理,则会对周边环境和居民健康产生不利影响。引入武汉某地垃圾焚烧场污染事件,通过案例分析,引导学生认识到存在违法违规行为的垃圾焚烧场会对周边居民的生命财产造成巨大威胁,学生应当在日后从业过程中遵从保护环境、善待自然、尊重生命等环境道德规范,谨慎分析环境影响,保障公共安全和环境安全。

【教学设计实例】

案例 4-7

知识点:垃圾焚烧技术工艺。

思政维度:工程伦理。

教学设计:由知识点"垃圾焚烧技术工艺"引入"工程伦理"的思政教育。垃圾焚烧作为一种较为传统的处理垃圾方法,在实现垃圾处理处置过程中会产生一些污染物,若不加以妥善处理,则会对周边环境和居民健康产生不利影响。

武汉某地有两家垃圾焚烧厂,两家垃圾焚烧厂只有一墙之隔,周边是人口密集地和重要水源地。距离两家焚烧厂 800 米内,有两所幼儿园、一所小学和多个大型居民社区,常住人口约 3 万人;直线距离约为 600 米,有一个地铁出口。这两家垃圾焚烧厂地处湖北省武汉市的二环和三环之间,与当地饮用水源地的汉江取水口的距离分别为 1200 米和 1900 米。2013 年 7 月,湖北省环保厅环境违法监察通报显示,该两家垃圾焚烧存在未经环评验收擅自生产、治污设施未落实、擅自处置垃圾滤液、防护距离内居民未搬迁等严重违法问题。通报要求该厂立即停产整改,未经批准不得生产。2013 年底,这两家生活垃圾焚烧厂被叫停。

采用案例分析法,通过引入武汉某地垃圾焚烧场污染事件,向学生渗透在环保项目设计和运行过程中从业者都应当严格遵守相关法律法规和行业标准的理念,培养学生工程师工程伦理素养,让学生认识到在设计过程中,应该合理平衡协调各方面因素的影响,在大型项目设计施工过程中要互相配合,完成自身任务,履行自身责任,始终牢记生产安全、公共安全。

5 固体废物的热解处理技术

【专业教学目标】

掌握固体废物的热解处理技术的原理和典型方法,能够通过查阅资料,了解欧美日等国家和地区的热解处理技术的发展动态,具备一定资源检索、收集和整合的能力。

【思政元素分析】

本章内容主要包括固体废物的热解处理技术,涉及固体废物的热解处理技术的原理和典型方法,主要可围绕"生态理念"维度发掘思政元素,具体分析如下:

固体废物热解是利用有机物的热不稳定性,在无氧或缺氧条件下受热分解的过程。对于较为典型的固体废物——塑料,热解技术能满足废塑料的无害化、资源化利用的要求,还具备安全环保、高效节能等明显优势。通过引入某处理能力为 500t/a 废塑料油化装置系统的案例,采用案例分析法及问题引导法,引导学生掌握基本的塑料热解技术过程,并引导学生树立"人与自然和谐共生"的生态观和"绿水青山就是金山银山"的绿色发展观。

【教学设计实例】

案例 4-8

知识点:典型固体废物(塑料)的热解。

思政维度:生态理念。

教学设计:由知识点"典型固体废物(塑料)的热解"引入"生态理念"的思政教育。先引入内容:我国是一个处于快速发展中的国家,同时也是塑料生产和消费大国,2020年中国产生的废塑料约为 6000 万吨。解决塑料污染难题的有效方法就是回收再利用,形成塑料循环应用体系,使废旧塑料得到再利用,重复发挥塑料自身价值。常用的废塑料处理方法包括填埋法、再生造粒、焚烧和热解技术等,其中热解技术可回收燃料油、可燃气与固态燃料,实现工业连续化运作,无二次污染,是现今较为提倡的处理技术。随后引入对某处理能力为 500 吨/年废塑料油化装置系统的介绍,简单介绍该型塑料热解过程中涉及的主要反应器、反应条件和反应产物等,着重突出在经历干燥、熔融及热解等系列工艺过程后,废塑料回收转化成了可再利用的可燃气体(可用于加热供能)与汽油、煤油和柴油等燃料油,大力推动了绿色循环低碳发展。

通过案例分析法,引入对某处理能力为 500 吨/年废塑料油化装置系统的介绍,强化学生对于热解工艺的了解。比较填埋法、再生造粒、焚烧和热解技术。填埋法被广泛采用,但是将废塑料直接填埋不仅会造成土地资源的浪费,而且会严重破坏地下水的正常渗透;此外,废塑料中的添加剂还会对填埋地点附近的土壤带来二次污染。废弃的塑料中存在大量劣质无法用于再生造粒的物质,造成再生造粒的过程中浪费大量的水资源。废塑料焚烧处理过程中会产生大量有毒有害的物质,这些物质的直接排放,会严重破坏人类的居住环境和身体健康。综上所述,填埋、再生造粒和焚烧均无法实现废塑料循环利用的无害化和可持续性。

通过案例分析及技术比较,引导学生认知到塑料热解技术的环境优势,而我国作为塑料生产和消费大国,塑料热解技术的发展对于改善和解决白色污染问题和建设"天蓝、地绿、水清"的美丽家园具有很大意义,从而引导学生树立"人与自然和谐共生"的生态观和"绿水青山就是金山银山"的绿色发展观。

6 危险固体废物的固化/稳定化

【专业教学目标】

理解并掌握衡量固化处理效果的两项主要指标,可分析比较水泥固化、沥青固化、塑料固化、玻璃固化等危险固体废物的固化、稳定化方法的优缺点、适用对象及条件。

【思政元素分析】

本章内容主要为固体废物的固化技术,涉及水泥固化、沥青固化、塑料固化和玻璃固化等方法,主要可围绕"家国情怀"维度发掘思政元素,具体分析如下:

固化技术是指在废物中添加固化剂,使其转变为不可流动固体或形成紧密固体的过程。固化技术,首先是从处理放射性废物发展起来的。引入中核集团八二一厂建成国内首个中低放废液桶外搅拌水泥固化工程及八二一厂水泥固化青年突击队的案例,展示核工业人以身报国精神与对党和国家最深沉的爱,激发学生的爱国主义热情和民族自豪感。

【教学设计实例】

案例 4-9

知识点:固化技术的应用。

思政维度:家国情怀。

教学设计:由知识点"固化处理的应用"引入"家国情怀"的思政教育。固化处理的方法众多,各种方法特点鲜明,固化技术首先是从处理放射性废物发展起来的。欧洲、日本已应用多年,近年来,美国也很重视该技术的研究开发。我国在放射性废物的固化处理方面已做了大量的工作,并已进入工业化应用阶段。今天,固化技术已应用于处理多种有毒有害废物,如电镀污泥、砷渣、汞渣、氰渣、铬渣和镉渣等,而这与祖国一代代核工业人的努力是分不开的。

在四川盆地龙门山脉的最北端,凝结着数代核工业人的青春和生命,他们守初心、担使命,坚守强核强国的梦想。从最初的"军用核燃料科研生产基地"到如今的打造"国家级退役治理示范基地",核工业人面对核设施退役治理领域的世界性难题,迎难而上,建成了国内最为齐全的核设施退役和放射性废物治理体系。

2008 年 5 月 12 日,百年不遇的汶川特大地震突然袭来。一旦废液贮罐泄露,损失不可估量。千钧一发之际,百名职工自告奋勇组成了"敢死队",驻扎在离废液罐不远的板房里,一旦发现容器破裂泄露,就立即扛起快干水泥倒在废液罐里,就地固化。

通过案例分析法,引入中核集团八二一厂案例,讲述一代代核工业人的故事,他们守护着绿水青山,用青春和热血实践着对祖国和人民的诺言。

通过介绍案例,激发学生的爱国主义热情,强化学生的国家归属感,鼓舞学生将自己的青春挥洒到祖国最需要的地方,将自己的热情融入祖国最需要的事业中。

7 固体废物的最终处置

【专业教学目标】

了解常用的固体废物处置方法,掌握卫生土地填埋的应用条件及污染物控制措施、安全土地填埋的应用条件及污染物控制措施。能根据实际项目的处理处置目标,结合工程管理原理与经济决策方法,编写填埋场设计方案。

【思政元素分析】

本章内容主要为固体废物的处置方法,涉及卫生土地填埋的应用条件、安全土地填埋应用条件和安全卫生填埋场的设计等内容。主要围绕"社会责任""人文素养"维度发掘思政元素,具体分析如下:

1. 社会责任

安全卫生填埋场的合理设计对于保证场区周边水体、大气和土壤环境的安全具有重要意义。但是,生活中许多民众对于填埋场了解不多,因此环保从业者更应该自觉积极承担社会责任,多组织参加公益慈善活动,宣传环保理念。引入杭州天子岭垃圾填埋场为大中小学生以及社会各界人士提供近距离观察了解垃圾填埋场运作的机会,并对相关知识进行生动宣传介绍的案例,引导学生认识到环境专业赋予我们的公益使命,鼓励学生加入公益活动,宣传环保,勇担社会责任,以专业知识助力社会实践。

2. 人文素养

固体废物的土地填埋是一项最终处置技术,也是固体废物最终处置的一种主要方法。安全卫生填埋场的合理设计和有序运行对保障周边环境安全有重要作用。而场地的选择是卫生土地填埋场全面规划的第一步,需综合考虑地形、土壤、水文、运输等多种要素。但在实际选址过程中有可能会出现周边居民不理解、不赞同的情况。引入东莞市某镇建设卫生填埋场的案例,引导学生向群众正确宣传相关环保理念的观念,在群众不了解相关技术或受谣言影响的情况下,切实解决群众的疑惑,以多种方式保障群众权益,使环保工作能切实解决环境问题,改善人居环境,真正做到以人为本。

【教学设计实例】

案例 4-10

知识点:安全卫生填埋场的设计。

思政维度:社会责任。

教学设计:由知识点"安全卫生填埋场的设计"引入"社会责任"的思政教育。安全卫生填埋场的合理设计、安全施工和完善管理对保护周边环境和保障人民群众的生命财产安全具有重要意义。

2010 年 3 月,随着全国首座建在垃圾填埋场上的公园——杭州天子岭生态公园的对外开放,开启了天子岭环保绿色旅游新篇章。为了使民众更好地了解垃圾填埋场的运作,并宣传垃圾分类的相关知识,杭州天子岭垃圾填埋场积极向社会各界人士提供参观机会,大家不仅可以近距离感受填埋场的运作,还可以到天子岭生态公园的室内体验区进行体验。园区通过专人讲解、视频科普等方式,让大家深刻意识到垃圾分类的重要性和急迫性,掌握垃圾分类和填埋的一些相关理论知识。目前,天子岭垃圾填埋场为四季青街道三堡社区党员、杭州市滨文小学学生等民众提供参观宣传服务,企业积极主动地承担社会责任,助力国家环保事业。

通过案例教学法及视频介绍法,引入天子岭垃圾填埋场的案例,通过介绍园区为民众提供的公益参观、讲解及体验的服务,引导学生认识到环境专业所赋予从业个体或企业的公益使命。生态环境保护是功在当代、利在千秋的事业。教师应当在授课过程中注重引导学生认识到环保企业应当自觉承担社会责任,而环保从业者也当以最大热情积极参与公益宣传活动,真正做到以专业知识助力中国梦。

案例 4-11

知识点: 安全卫生填埋场的设计。

思政维度: 人文素养。

教学设计: 由知识点"安全卫生填埋场的设计"引入"人文素养"的思政教育。固体废物的土地填埋在现阶段仍然是我国较为主要的固体废物处置技术,安全卫生填埋场的选址是卫生土地填埋场全面规划的第一步,需综合考虑地形、土壤、水文、运输等多种要素。但是群众因为不了解相关技术或受到谣言影响,有时会对在周边建造安全卫生填埋场有不满的情绪,而解决这样的问题不仅需要从业人员在技术上秉持严谨负责的态度,保证安全卫生填埋场的安全运行,尽可能降低对周边环境的影响,还需要不急不躁地向群众深入浅出地宣传相关技术和理念,真正做到以人为本,最大限度保障周边群众的权益,让群众切实认为环境保护是一件利国利民的事。

2017 年 11 月 24 日,为进一步消除东莞市某镇群众的顾虑,顺利完成卫生填埋场项目前期环评和征地工作,加快推动项目落地建设,该镇领导班子全体成员以"签字画押"的形式表决心、兑承诺,承诺科学安全建设和监管卫生填埋场,确保当地生态安全。同时承诺项目落地之后,落实收益分配、环境监测、民生工程相关事宜,切实保障群众各项权益。

从确定选址后的数月,全镇党员干部以及当地社会贤达,积极宣传,讲科学、讲发展、讲大局、讲收益,相信环保科学,切实做好群众解释工作。经过前期大量的宣传讲解,以及多次赴莞惠深三地环保项目进行考察,大部分群众都表示理解和支持市委、市政府的部署,并开始逐步接受卫生填埋场建设。

通过案例分析法,引入东莞市某镇卫生填埋场的案例,引导学生认识到从事环保领域工作需要善于"接地气"。环保事业是与国计民生紧密联系在一起的大事。安全卫生填埋场的建设与周边群众的生产生活切实相关,环保工作是为了给群众提供良好的生活环境,是为了实现可持续发展。环境就是民生,人民群众对美好生活的需求就是我们的奋斗目标。环保从业者应当保持以人为本的精神,积极宣传环保理念,让更多人参与环保、监督环保,环保工作应当走群众路线,坚持环保为民,服务群众,真正在工作中提高群众意识,环保是为了群众,环保也需要群众。

第3部分　课程思政元素案例总览

章节	知识点	思政维度	教学内容及目标
1.绪论	固体废物"资源"和"废物"的相对性	生态理念	通过讲述贵港国家生态工业(制糖)示范园区等案例,引导学生充分理解绿色发展理念的内涵和循环经济理念,以资源节约和循环利用为特征,与环境和谐的经济发展模式。
	固体废物污染控制	政治认同	通过对《浙江省生态环境保护"十四五"规划》的介绍,使学生了解"十三五"期间取得的治废成效,以及"十四五"期间的目标任务,鼓励学生在党和国家方针政策的引导下,积极投身社会主义生态文明建设。
	固体废物的管理体系	法治意识	对我国固废管理体系的发展历程及特点进行分析,并引入对新固废法的介绍,培养学生的法治意识。
2.固体废物处理与处置	分选回收工艺系统	科学素养	引入关于世界第一座全自动化垃圾分选厂的介绍,简单介绍环保行业相关领域的发展动态,引导学生思考科技进步对于人力的解放,培养学生的科学素养。同时,引导学生认识科技是不断发展的,培养学生的实践创新精神。
3.固体废物的生物处理技术	其他生物处理技术知识拓展	生态理念	通过对蚯蚓床技术的简述,引导学生树立生态兴则文明兴、生态衰则文明衰,"人与自然和谐共生"的生态观及"山水林田湖草是生命共同体"的整体系统观。
	其他生物处理技术知识拓展	科学素养	采用案例分析法,引入对降解塑料的介绍,并且采用团队合作法及问题引导法,组织学生分组查阅可降解塑料相关内容,回答"请谈谈你认为的有利于加快降解塑料推广的对策有哪些?"等问题,翻转课堂,请学生进行分享讲解,培养学生严谨理性的素养和批判质疑的精神。
4.固体废物的焚烧处理技术	垃圾焚烧技术工艺	工程伦理	通过讲述武汉某地垃圾焚烧场污染事件,向学生渗透在环保项目设计和运行过程中从业者都应当严格遵守相关法律法规和行业标准的理念,培养学生工程师工程伦理素养。

章节	知识点	思政维度	教学内容及目标
5.固体废物的热解处理技术	典型固体废物（塑料）的热解	生态理念	通过介绍500t/a废塑料油化装置系统,并简单介绍我国塑料产生情况,引导学生树立"人与自然和谐共生"的生态观和"绿水青山就是金山银山"的绿色发展观。
6.危险固体废物的固化/稳定化	固化技术的应用	家国情怀	通过介绍中核集团八二一厂,激发学生的爱国主义热情,强化学生的国家归属感,鼓励学生树立远大理想,为祖国和人民贡献青春芳华。
7.固体废物的最终处置	安全卫生填埋场的设计	社会责任	通过介绍杭州天子岭垃圾填埋场和园区为民众提供的公益参观、讲解及体验的服务,引导学生认识到环境专业所赋予从业个体或企业的公益使命。
	安全卫生填埋场的设计	人文素养	通过介绍东莞市某镇卫生填埋场,引导学生认识到从事环保领域工作需要善于"接地气",环保从业者应当保持以人为本的精神,走群众路线,坚持环保为民、服务群众。

第4部分 课程思政融入教学评价

1 教学效果评价方法

本课程的思政教学效果评价主要基于平时评价和期末考核两部分。

1. 平时评价

主要考查学生在课堂中的表现,以及平时学习的感悟和心得等。针对授课内容中的思政案例,引导学生在相应的思政维度上进行讨论,阐述相应的心得体会。

2. 期末考核

主要考查学生在思政教学课后,能否自行在相关学习材料中提炼思政元素,以切实落实本课程思政教学目标。围绕思政教学目标,试卷中提供若干个生态学相关案例,要求学生在专业和思政两个维度进行解析,以评价本课程思政教学的总体效果。

2 教学效果评价案例

案例 4-12

自2020年1月新版"禁塑令"出台后,全国餐饮业禁止使用不可降解塑料袋、一次性塑料吸管、一次性塑料杯。多个省份、地区也陆续发布了当地的"禁塑令"。根据中央及地方政策内容,未来2~5年,禁塑政策将在全国大范围铺开,可降解塑料行业有望实现高速发展。请结合所学的固体废弃物处理及资源化课程知识,谈谈你对上述案例的认识。

案例 4-13

"干湿要分开,能卖拿去卖,有害单独放",全国四十多个城市都已进入垃圾分类的时期。《"十四五"城镇生活垃圾分类和处理设施发展规划》中明确目标任务为:到2025年底,直辖市、省会城市和计划单列市等46个重点城市生活垃圾分类和处理能力进一步提升;地级城市因地制宜基本建成生活垃圾分类和处理系统;京津冀及周边、长三角、粤港澳大湾区、长江经济带、黄河流域、生态文明试验区具备条件的县城基本建成生活垃圾分类和处理系统;鼓励其他地区积极提升垃圾分类和处理设施覆盖水平。请结合所学的固体废弃物处理及资源化课程知识,谈谈你对上述案例的认识。

案例 4-14

"洋垃圾"是一种俗称,广义上,洋垃圾可泛指所有从国外进入中国的固体废物。20世纪80年代,中国打开国门初期,固体废物进口之门开启。现今,中国正全面禁止洋垃圾,力求在推进自身污染治理的同时,鼓励各国将生活垃圾进行源头处理。从允许进口、限制进口,到禁止进口,中国对固体废物入境的监管变化,深刻反映了中国经济发展模式与生态环境理念的转变。请结合所学的固体废弃物处理及资源化课程知识,谈谈你对上述案例的认识。

"环境影响评价"课程思政教学设计

第 1 部分　课程思政融入教学大纲

1　课程简介

　　"环境影响评价"是一门理论与实践并重、多学科交叉的综合性课程,与环境化学、环境监测、环境工程学、物理性污染控制工程等其他环境科学核心课程联系紧密。环境影响评价是环境法规、环境管理、环境监测、污染治理技术等知识在项目环境管理过程的具体应用,为环境污染的工程设计及清洁生产提供污染源分析的理论与技术基础。该课程内容主要包括环境影响评价法律法规和产业政策、环境影响评价技术导则和标准、环境影响评价技术方法等,结合实际案例分析,以案例教学为手段将其全程应用于环境影响评价课程教学,结合模拟案例的作业进行分析,培养学生撰写环评报告的能力,提高学生自主学习、实践的能力和创新能力,为其将来从事环境影响评价工作奠定良好的基础。

2　教学目标

2.1　专业教学目标

　　(1)通过环境影响评价的基本理论、方法和技术的学习,掌握相关的基本理论知识;注意理论与实践的结合,通过案例分析使学生了解我国环境影响评价工作的实践过程及相关政策和法律、法规。

　　(2)能够对实际环境工程问题进行分析、预测,评价其对环境、社会可持续发展的影响,并能够理解其局限性。

　　(3)能够运用相关基础知识、基本方法以及与环评相关的政策、法律、法规,根据给定的建设项目参数,撰写环境影响报告。

　　(4)通过交流清晰地表达自己的观点,初步具备从事环境影响评价的能力。

2.2　思政教学目标

　　(1)强化环境影响评价中的可持续发展理念,提高环境影响评价过程中的环境保护和经济发展相辅相成的意识。

（2）具备法治精神，树立健全工程伦理意识，增强社会责任感。

3 思政元素分析

本课程主要从"法治意识""生态理念""社会责任""政治认同""工程伦理""家国情怀"这六个维度挖掘思政元素。具体分析如下：

1. 法治意识

引导学生及时关注理解并严格遵守行业相关法律法规和规章制度，通过介绍我国重污染天气防治政策及法规、英国雾霾治理等案例，引导学生思考相关法律法规及行业规范对环保行业整体发展的意义，让学生明确《环境保护法》和《环境影响评价法》中的保护环境等法律义务和享受健康环境等法律权利的区别，既培养学生环保法治意识，也让学生了解如何有效地保护自己的环境与健康权益。

2. 生态理念

主要体现在将环境影响评价的专业知识如生态影响、清洁生产、经济损益等，与可持续发展理念相结合。借由生态环境保护原则纳入我国民法典等案例，强化学生绿色发展的理念和环境保护与经济发展相辅相成的意识。

3. 社会责任

主要基于固体废物污染责任纠纷案和环保公益诉讼案等案例，对"谁污染谁治理"的问题进行思考，使学生认识到无论是政府、社会还是个人都应该承担保护环境的责任，增强学生作为环保相关专业人才的社会责任感和使命感。

4. 政治认同

主要通过介绍我国3S技术在指导汶川地区制定退耕还林政策中的应用案例以及孔子学院助推"汉语热"、我国高效处理医疗废物等案例，让学生充分认识到中国特色社会主义制度能够集中力量办大事，增强学生对中国特色社会主义制度的认同。

5. 工程伦理

主要通过介绍建筑安全事故及江苏某公司按要求开展环境修复工作等案例，讲解施工单位、建设单位和监理单位中所存在的工程伦理道德问题，包括安全原则和责任原则。

6. 家国情怀

主要通过介绍水污染治理先锋及我国原子弹研发成果等案例，探讨老一辈人士为建设祖国付出青春年华的事迹，潜移默化地对学生进行爱国主义教育。

第 2 部分   课程思政融入课堂教学

1   环境影响评价的概念及相关法规

【专业教学目标】

通过环境影响评价的基本理论的学习,掌握相关的基本理论知识,重点掌握环境影响法律体系与标准体系,并通过案例了解我国环境影响评价工作的实践过程及相关政策和法律、法规,树立可持续发展理念,同时初步具备查询和运用环评相关法律条款的能力。

【思政元素分析】

本章内容为环境影响评价的概念及相关法规,主要涉及环评的定义和功能、环评的由来和发展、环评制度体系和环评标准等。其中针对环境法律体系和绿色可持续发展知识点分别进行"法治意识"和"生态理念"这两个思政元素的挖掘。具体分析如下:

1.法治意识

本章讲解环境法律体系知识点。法律法规的制定为全社会提供强制的规则体系,使公众做到"有法可依"——环境法律体系不仅让公众树立环保相关的法治意识,也使公众在应对污染的过程中能有效地保护自己的环境与健康权益,避免强制性应急措施对基本权利造成"过度侵害",从而确保健康。基于以上内容,可以从"法治意识"的角度展开思政教育。

2.生态理念

本章讲解绿色可持续发展知识点。可持续发展理念向公众展示出一种崭新的价值取向,在生态环境问题上,人是最大的污染源和破坏者,同时又是治理污染和恢复生态环境的最终决定力量。树立可持续发展理念,有利于缓解能源紧张,促进人与自然和谐发展。基于以上内容,可以从"生态理念"的角度开展思政教育。

【教学设计实例】

案例 5-1

知识点:环境法律体系。

思政维度:法治意识。

教学设计:由知识点"环境法律体系"引入"法治意识"的思政教育。制定环境保护法律表明了政府强有力的态度,坚持以严格的制度和严密的法治保护生态环境,也使公民能有效保护自己的环境与健康权益,从而协同推进环境高水平保护和经济高质量发展。比如,近年来,多地频发的重污染天气现象引起全社会高度关注。因此,应建立对重污染天气的监测、预警和应急法律体系,减少重污染天气的持续时间,降低危害程度,以保护公众健康。我国建立了以法律法规为基础,以行政区域应急预案为核心的重污染天气应急管理体系,对实现重污染天气"削峰降频"起到了较大的作用。2013 年,我国施行《大气污染防治法行动计划》;2014 年,全国已有 20 个省份编制了《重污染天气应急预案》。根据以上案例,引导学生讨论"公民在应对污染的过程中如何依据相关法律,有效地保护自己的环境与健康权益?",让学生总结概括"公民的环境责任和环境权利"。

对以上内容通过案例分析法、互动式教学法、启发引导教学法进行教学,让学生辨别其中包含的法律义务和法律权利,或进一步查询案例进行类比和佐证。以上方法不仅可以使学生对本章节知识点进行巩固,对相关的法律义务和权利的理解更加清晰,还能潜移默化地使学生树立良好的法治意识和培养学生的法治精神。

案例 5-2

知识点:绿色可持续发展。

思政维度:生态理念。

教学设计:在学习环境相关法律法规的过程中,进一步强调公众保护环境与生态的基本原则和义务,指出环境影响评价的目标是可持续发展,进一步引入"生态理念"的思政元素。采用问题引导法开展教学,抛出问题"可持续发展理念的由来和实质是什么?""可持续发展对人类行为方式的重大影响是什么?"让学生进行全面阐述。随后,采用案例分析法,首先引入以下案例。2020 年 5 月,十三届全国人大三次会议表决通过了《中华人民共和国民法典》。民法典规定生态环境保护原则,即绿色原则。根据民法典绿色原则,民事主体在从事民事活动时,应当有利于节约资源、保护生态环境。

通过介绍将生态环境保护原则纳入我国民法典的案例,让学生讨论我国实施的可持续发展战略的各种手段和措施。对以上内容采取问题引导法和案例分析法进行讲解,在专业知识技能传授中,培养、提升学生的可持续发展意识。

2 环境影响评价内容与方法

【专业教学目标】

通过环境影响评价内容与方法的学习,掌握环境影响评价的管理、环境影响评价的工作程序、环境影响预测方法、环境影响评价方法。能够确定环境影响评价工作等级以及环评报告主要内容,具备识别环境影响因子和运用环境影响预测方法的能力。

【思政元素分析】

本章内容为环境影响评价内容与方法,主要涉及环评工作程序和等级,以及环境影响评价的方法等。其中针对监督管理等知识点进行"社会责任"思政元素的挖掘。具体分析如下:

本章讲解环境影响评价的监督管理知识点。环境影响评价项目的监督管理中对环境影响评价报告书的审批始终贯彻"谁污染谁治理"的原则,目的是在社会主义现代化建设中,合理地利用自然环境,防治环境污染和生态破坏,树立公众保护环境的社会责任意识。基于以上内容,可以从"社会责任"的角度开展思政教育。

【教学设计实例】

案例 5-3

知识点:环境影响评价的监督管理。

思政维度:社会责任。

教学设计:由知识点"环境影响评价的监督管理"引出"社会责任"的思政教育。从监督管理引导学生讨论环境影响评价报告书的审批原则,着重论述"谁污染谁治理"的审批原则。通过案例分析让学生了解造成环境污染的单位或个人是承担环境调查、风险评估和治理修复的责任主体。如东莞市沙田镇人民政府诉李某某固体废物污染责任纠纷案,2016 年群众举报李某某倾倒约 600 吨重金属超标电镀废料,严重污染环境,经证实后广东省东莞市第二人民法院判决李某某赔偿电镀废料处理费、检测费、专家评审费等。根据以上案例,引导学生讨论本案例的责任划分,思考除了李某某应对本环境污染事件负主体责任外,地方政府是否存在监管漏洞,是否承担了自己的社会责任。

对以上内容通过问题引导法、案例分析法和启发引导法进行教学,可以将思政教育与课程知识点融为一体,让学生深刻认识到:生态环境是人民群众健康生活的重要因素,无论是政府、社会还是个人都应该承担保护环境的责任。

3 环境现状调查与评价

【专业教学目标】

让学生了解环境质量现状评价的方法,重点掌握环境现状调查的内容与方法,初步具备制定环境现状监测方案的能力。

【思政元素分析】

本章内容为环境现状调查与评价,主要涉及环境现状调查原则、方法与要求,环境质量现状监测与评价等。其中针对环境现状调查知识点进行"政治认同"思政元素的挖掘。具体分析如下:

本章讲解环境现状调查知识点。环境现状调查需要严谨翔实的科学数据,以此引出我国的 3S 科学技术在环境调查中的应用。3S 技术能快速、准确、动态及直观地调查研究生态环境现状,确保调查数据的真实性,为国家政府有关部门宏观决策与规划提供科学依据,进而保护公众的环境与健康权益。即通过介绍我国 3S 技术的先进性是时代变化和改革创新的成果,增强学生对中国特色社会主义制度的认同。

【教学设计实例】

案例 5-4

知识点:环境现状调查。

思政维度:政治认同。

教学设计:由知识点"环境现状调查"引入"政治认同"的思政教育。利用问题引导法,首先让学生列举科学技术在环境调查中的应用,引出 3S 技术:遥感(remote sensing,RS)、全球定位系统(global positioning system,GPS)和地理信息系统(geographic information system,GIS)。再以 3S 技术指导汶川地区制定退耕还林政策的应用项目为例,进一步引导学生了解时代变化和改革创新的成果,培养学生的政治认同。汶川案例涉及的耕地面积不大,只占全区面积的 5.5%,但是由于耕地主要分布在岷江及其支流的陡坡上,加上顺坡种植等原因,两岸严重的水土流失,给岷江两岸环境建设带来巨大压力。工程师们通过使用我国先进的 3S 技术,计算出汶川地区平均地形坡度为 45.53°,耕地平均坡度为 48.31°。根据我国《水土保持工作条例》规定,坡度 25°为禁耕坡度,经计算应实施退耕还林面积为 54.028km^2,占耕地总面积的 68.93%。这些数据的获得说明了我国 3S 技术的先进性。

对以上内容通过问题引导法、案例分析法进行教学,可以充分体现:通过我国先进的科学技术能获得准确的数据,为汶川地区的退耕还林的宏观决策与规划提供科学依据。不仅让学生意识到科学技术已经渗透到了生态环境治理各个领域,也让学生深刻体会我国改革创新和科技强国的丰硕成果,增强学生对中国特色社会主义制度的认同。

4 工程分析

【专业教学目标】

了解污染源调查内容、程序、方法;了解确定污染源强的方法,工程分析的方法及其特点、适用范围与局限;了解典型项目工程分析基本方法与步骤、项目组成表,重点掌握工程分析内容与方法、项目组成表,具备工程分析的能力,着重培养物料衡算的能力。

【思政元素分析】

本章内容为工程分析,主要涉及污染源调查内容、程序、方法,确定污染源强的方法,工程分析的方法,各种方法的特点和适用范围与局限;了解典型项目工程分析基本方法与步骤、项目组成表、物料衡算等。其中针对物料衡算和工程分析知识点分别进行"生态理念"和"工程伦理"思政元素的挖掘。具体分析如下:

1. 生态理念

本章讲解物料衡算知识点。工程分析是对建设项目的工程方案和具体工程活动进行全面分析,为项目实施后的科学环境管理提供基本依据。在工程分析中蕴含着环境保护和经济发展互相平衡的意义,进而培养学生可持续发展理念。

2. 工程伦理

本章讲解工程分析知识点。结合具体的工程安全事故事件,引出"工程伦理"的思政元素,进一步加强学生的工程伦理观。

【教学设计实例】

案例 5-5

知识点：物料衡算。

思政维度：生态理念。

教学设计：由知识点"物料衡算"，引申出一些产业的原料过度消耗，从而引出可持续发展理念。再通过案例分析法，首先引出以下案例。2019 年，中央第八生态环境保护督察组对中国化工集团某公司下属化工企业进行现场督察。督察发现，企业环境违法违规问题突出。尽管在 2018 年，中国化工集团公司安全环保部要求下属公司在清楚了解物料状态前提下制定并上报处置计划，并针对相关问题开展督查，但考核流于形式，化工厂存在的违法违规行为并没有被指出。主要原因在于该化工企业环境保护法规意识淡薄，原料消耗过度，缺乏可持续发展理念。组织学生进行讨论，比如抛出问题"原料过度消耗对环境和经济有哪些影响？"，或让学生就"环境保护和经济发展哪个更重要？"展开辩论，引出环境保护和经济发展相辅相成的概念。

对以上内容通过问题引导法和案例法进行教学，可以在潜移默化中使学生树立正确的绿色发展理念。

案例 5-6

知识点：工程分析。

思政维度：工程伦理。

教学设计：在知识点"工程分析"中，可引入"工程伦理"的思政教育。通过案例分析法进行教学，让学生了解工程建设活动的复杂性，工程中存在质量、安全、环境等一系列问题，并让学生多视角分析工程中涉及的伦理问题。如引出以下案例：2016 年 9 月，湖北省某施工现场发生模板坍塌事故，导致事故发生的直接原因为没有落实起重机械和模板支撑的安全检查工作，间接原因为没有落实建设单位的安全生产责任和安全监督责任，施工单位的安全行为未得到合理规范，现场人员缺乏安全意识。让学生分组分析和总结此案例中施工单位、建设单位和监理单位所存在的工程伦理道德问题，包括对安全原则和责任原则的违背等。引导学生把工程伦理应用到实际工程建设活动中去，培养学生的工程伦理观。最终让学生学以致用，能够以工程伦理的角度分析环境影响评价过程中涉及的责任和义务。

对以上内容通过案例分析法进行教学，可以在潜移默化中使学生树立良好的工程伦理意识。

5　大气环境影响评价

【专业教学目标】

掌握大气污染物及其扩散相关概念，掌握评价等级、范围和标准的确定，能够识别典型开发活动对大气环境的影响因子，明确大气环境影响评价的工作程序与内容以及大气防护距离的确定与管理，具备确定大气评价等级的能力，着重掌握预测参数的确定方法。

【思政元素分析】

本章内容为大气环境影响评价,主要涉及大气污染源调查、评价等级的划分,气象资料的调查、预测和评价等。其中针对大气环境知识点进行"法治意识"思政元素的挖掘。具体分析如下:

本章讲解大气环境知识点。雾霾是污染物和特殊天气条件共同作用的产物,也是片面追求经济增长却忽视生态环境、生产方式、生活方式的必然结果。以实际案例进行教学,让学生了解雾霾对空气质量、生态环境和人体健康的严重危害,以及相关部门由此建立的一系列雾霾天气应急预案和控制 PM2.5 的法律法规体系,从而培养学生的法治意识。

【教学设计实例】

案例 5-7

知识点:大气环境。

思政维度:法治意识。

教学设计:由知识点"大气环境"引入"法治意识"的思政教育。首先采用问题引导法,让学生讨论和列举大气污染治理方面的法律法规,进而引出雾霾对公众健康生活的影响,然后进一步通过案例让学生了解法律法规在雾霾治理中的作用。比如,引出伦敦烟雾事件:1952 年 12 月,大范围高浓度的雾霾笼罩伦敦,不仅损坏人体健康,而且严重腐蚀建筑物,还使土壤贫瘠,水质恶化,鸟类远走他乡,并影响植物生长。此次烟雾事件,促使英国人民开始深刻反思,开始"重典治霾"。1956 年出台《清洁空气法案》,对违反条例的人员依情节罚款或监禁。1960 年伦敦二氧化硫和黑烟浓度分别下降 20.9% 和 43.6%,取得初步成效。之后英国政府陆续出台一系列法案,大大改善了伦敦市的大气环境,如今伦敦已经成为全球的生态之城。英国烟雾的治理为正处于工业化和城市化发展的国家提供了借鉴,雾霾的治理需要制度来制约、规范,只有有法必依、执法必严、铁腕治理,才能减少污染。同时引导学生了解空气质量的恢复过程不是自然而然出现的,它需要政府下决心制定和推行政策,并将公众对此问题的关注转化为对相关政策的支持和执行,将法治意识始终贯穿在环境治理之中。

对以上内容通过问题引导法和案例分析法进行教学,可以在潜移默化中使学生树立良好的法治意识。

6 地表水环境影响评价

【专业教学目标】

掌握水体评价等级的确定方法以及水环境预测程序与内容,掌握水质模型的内容及参数确定的依据,初步具备地表水影响评价的能力。

【思政元素分析】

本章内容为地表水环境影响评价,主要涉及地表水环境影响评价等级的划分、影响预测的方法和要求等。其中针对水体污染的相关概念等知识点进行"社会责任"

"家国情怀"思政元素的挖掘。具体分析如下：

本章讲解水体污染的相关概念。在水污染日趋严重的大背景下，作为普通公民如何从小事做起，保护我们的生命之源？通过举一些典型事例，加强社会责任教育，培养学生的家国情怀，使学生能够积极主动地投身到身边母亲河的保护事业中。基于以上内容，可以从"社会责任"和"家国情怀"的角度开展思政教育。

【教学设计实例】

案例 5-8

知识点：水体污染的相关概念。

思政维度：社会责任、家国情怀。

教学设计：由知识点"水体污染的相关概念"延伸开来，引入"社会责任""家国情怀"的思政教育。比如，在介绍水体污染的现状及治理的过程中，可以给学生播放河南周口市淮河卫士会长霍岱珊的感人短片。霍岱珊是淮河治污行动中著名的民间环保人士。他义务组成"淮河排污口公众监控网络"，为环境监管部门和公众及时提供真实的信息。自费拍摄了 15000 多幅有关淮河流域水污染的作品，以"淮河家园的呼唤"为主题，先后在多所知名高校和沿淮城市进行了 70 多次展出，有力地促进了"淮河环保热"。他对淮河河南段的污染状况进行了长达十年的跟踪调查，并唤起公众对污染与健康问题的广泛关注。以上案例，不仅向学生展示了水环境污染日趋严重的状况，还展现了"淮河卫士"霍岱珊的责任和担当。"知责任者，大丈夫之始也；行责任者，大丈夫之终也。"乃是家国情怀的精髓所在。"我不是激进的环保主义者，而是一个行动者。我注重环境的改变，努力把一切不可能变为可能。"这是霍岱珊对自己的评价，充分体现了一名具有家国情怀的环境保护志愿者的行动力和使命感。正是这种"亦余心之所善兮，虽九死其犹未悔"的精神，激励着一代代中华儿女把个人理想融入建设祖国和守护人民的事业之中，忠实履行"为祖国留清水、为人民涵水源"的神圣使命。在水污染与健康问题引起越来越多关注的今天，应加强学生的社会责任教育，培养学生的家国情怀，从而使学生能积极主动地投身到身边母亲河的保护事业中。

根据以上案例，通过案例分析法和启发引导法，引导学生要努力践行习近平总书记提出的"从英雄人物和时代楷模的身上感受道德风范"的要求，向优秀的环保人士学习，共同守护绿水青山。

7 地下水环境影响评价

【专业教学目标】

掌握地下水评价等级确定的方法、解析法模型的预测程序与内容，熟悉数值法预测模式的应用并掌握地下水预测参数确定的方法，初步具备地下水影响评价的能力。

【思政元素分析】

本章内容为地下水环境影响评价，主要涉及地下水环境影响评价等级和程序等。其中针对地下水的污染等知识点进行"社会责任"思政元素的挖掘。具体分析如下：

本章讲解地下水的污染知识点。可以从包气带、潜水层等的相关概念，以及地表水污染影响地下水的过程中引出"社会责任"的思政元素,通过分析化工企业倾倒副产酸的案例,培养学生的社会公德心,培养学生未来从业的行业规范意识和职业道德。因此基于以上内容,可以从"社会责任"的角度开展思政教育。

【教学设计实例】

案例 5-9

知识点:地下水的污染。

思政维度:社会责任。

教学设计:由知识点"地下水的污染"引入"社会责任"的思政教育。由于地下水的污染通常处在人类无法直接接触的地方,存在一定的隐蔽性和难检测性。同时地下水的互相连通导致其污染的责任落实存在一定的困难,因此一些无良的企业家抱着侥幸心理会向地下水排污,减少污染处理的成本。可通过案例分析法进行教学。例如,2012年至2013年,江苏省泰州市多家化工企业将其生产过程中所产生的副产酸交给无危险废物处理资质的公司处理。公司采用直接排放和船舶偷排等方式将副产酸倒入当地河中,对地下水造成了不可恢复的严重后果。此事经民众举报、媒体曝光、相关部门调查后,犯罪嫌疑人被抓获。经江苏省泰兴市人民法院审理,多人因犯污染环境罪被判处有期徒刑和罚金,并要求涉案的多家化工企业赔偿环境修复费。利用以上实例,首先要向学生传达"社会责任"思政元素:"社会是企业的依托,企业是社会的细胞",企业作为社会经济基本要素,在创造利润的同时,也要承担对员工、消费者、社区和环境的责任,公共环境不应沦为"无主"资源。同时,通过以上案例,启发学生"把废酸交由不具备处置能力和资质的企业进行处置,应将其视为一种在防范污染物对环境污染损害上的不作为"。

采用案例分析法和启发引导法,激发学生"我们都是美好环境的保护者"的社会责任感和职业道德感。

8 声环境影响评价

【专业教学目标】

掌握环境噪声的相关概念,以及噪声的衰减、评价等级的确定原则,同时掌握点声源噪声的预测方法,了解噪声环境影响评价的工作程序和要求,初步具备声环境影响评价的能力。

【思政元素分析】

本章内容为声环境影响评价,主要涉及声环境影响评价等级和预测模型等。其中针对噪声和声音等知识点分别进行"家国情怀"和"政治认同"思政元素的挖掘。具体分析如下:

1.家国情怀

本章讲解噪声这个知识点。在新中国的历史上,曾经出现了许多令人振奋的声音,它们是新中国成长的见证。借助原子弹发射成功的例子进行教学,让学生掌握噪声与声音的概念区分,同时培养学生的家国情怀。因此基于以上内容,可以从"家国情怀"的角度开展思政教育。

2. 政治认同

本章讲解声音这个知识点。可以引出中国话流行的例子,培养学生的政治认同感。因此基于以上内容,可以从"政治认同"的角度开展思政教育。

【教学设计实例】

案例 5-10

知识点:噪声。

思政维度:家国情怀。

教学设计:由知识点"噪声"引入"家国情怀"的思政教育。在通常情况下,声音超过一定的分贝会引起人的不适,我们会将它定义为噪声。但是,1964 年 10 月 16 日,罗布泊发出的惊天动地的巨响,却成了新中国最美妙的声音——它让世界重新认识了中国,让所有的中华儿女扬眉吐气。当时国内就是在一穷二白的情况下,开始造起了原子弹。毛泽东曾经对蒙哥马利元帅说过这么一句话:"我们用很少的一点钱搞试验。我们没有雄厚的经济基础。"因为正值困难时期,一群科学家、将军、士兵在大西北的荒漠戈壁上,不分昼夜地造原子弹,克服千难万苦,历时九年终获成功。

随后通过视频展示法,给学生播放《我和我的祖国》中制造原子弹的片段,让学生重温历史。通过互动式教学法和课间漫谈法,一起探讨老一辈人士为建设祖国所付出的青春年华,激发学生的家国情怀。

案例 5-11

知识点:声音。

思政维度:政治认同。

教学设计:由知识点"声音"引入"政治认同"的思政教育。从声音说起,引导学生回答他们认为的最美的声音是什么。当学生回答他们认为的不同美妙的声音时,可以适时引出"中国话"就是最美的声音。比如,孔子学院自 2004 年以来在全球遍地开花,截至 2017 年 12 月 31 日,已在全球 146 个国家(地区)建立 525 所孔子学院,开设 1113 个孔子课堂。孔子学院遵循"相互尊重、友好协商、平等互利"的理念和原则,与世界各国精诚合作、共同努力,满足了各国人民学习汉语、了解中国的迫切需求,学习"中国话"已经成了当下的时髦。随后让学生探讨孔子学院办学成功,遍地开花的原因。让学生认识到"汉语热"是中国文化升温的表现,背后是中国国家综合实力的提升和国际地位的提高,折射出外界想进一步加入中国"朋友圈"的热切心情。

通过启发引导法,让学生感受到:作为承载着梦想的新一代青年学生,更要增强政治认同,让中华民族更有底气地屹立在世界民族之林。

9 固体废弃物环境影响评价

【专业教学目标】

通过学习固体废弃物基本知识,掌握固体废物的相关概念、固体废物和危险废物的属性鉴别,了解掌握固体废物环境影响评价的特点、固体废物环评的程序与内容,重点学习危险废物属性鉴别和建设项目固体废物处理处置对策,初步具备固体废弃物环境影响评价的能力。

【思政元素分析】

本章内容为固体废弃物环境影响评价,主要涉及固体废弃物的来源和特点、处置对策和影响评价等。其中针对固体废物鉴别与处理对策等知识点进行"生态理念"和"政治认同"思政元素的挖掘。具体分析如下:

本章讲解固体废物鉴别与处理处置对策知识点。固体废弃物的环境影响评价对项目可能产生的固体废弃物影响进行全面的分析,以保护项目周边的生态环境。固体废弃物的环境影响评价不仅分析测评目前项目周边的生态环境,还对将来可能产生的污染问题进行进一步的预测,设计规划应对措施和解决方案,在保持经济发展的同时使周边能保持良好的生态环境,让人们能愉快地工作生活,以上有助于培养学生"人与自然和谐共生"的生态理念。

结合我国涉疫医疗废物得到全部及时转运处置这一点引出我国社会主义制度能够集中力量办大事的制度优势和处理技术的与时俱进,增强学生的政治认同。

【教学设计实例】

案例 5-12

知识点:固体废物鉴别与处理处置对策。

思政维度:生态理念、政治认同。

教学设计:由知识点"固体废物鉴别与处理处置对策"引入"生态理念""政治认同"的思政教育。通过让学生鉴别医疗废物是否属于危险废物引出疫情中我国处理医疗废物的例子,采用案例分析法和互动式教学法让学生讨论"医疗废物产生量的大大增加,给生态环境带来的压力以及处理方式"。为了避免骤增的医疗废物对环境造成不可逆的破坏以及对人类造成感染性、毒性和其他危害性的影响,生态环境部固体废物与化学品司副司长周志强表示,医疗废物"应收尽收、应处尽处",基本实现"日产日清"。截至 2020 年 4 月 10 日,全国医疗废物处置能力为 6074t/d,相比疫情前的4902.8t/d提高了23.9%,涉疫医疗废物得到全部及时转运处置。根据以上案例,引导学生讨论"自己生活中遇到的危险废物对生态环境带来的影响"并让学生总结概括"固体废物的处置流程要求以及其中体现的生态理念"。同时,引导学生对比我国与西方国家疫情防控期间医疗废物处理的情况,引出我国社会主义制度能够集中力量办大事的制度优势和与时俱进的处理技术,无形中加强了学生对中国特色社会主义制度的认同。

10 生态环境影响评价

【专业教学目标】

理解生态环境的相关基本概念,重点掌握生态环境现状调查的主要内容、影响评价方法,初步具备生态环境影响评价的能力。

【思政元素分析】

本章内容为生态环境影响评价,主要涉及生态环境影响评价技术和方法、生态保护措施等。其中针对生态环境现状调查等知识点进行"生态理念"思政元素的挖掘。具体分析如下:

本章讲解生态环境现状调查知识点。生态环境现状调查是对项目所在地的生态环境现状进行全面的调查分析,意在保护项目周边的生态环境。生态环境现状调查是对目前项目周边的生态环境从地理位置、气候条件、水文特征等方面全面分析,以此为依据之一判断项目的可行性,在保持经济发展的同时使周边能保持良好的生态环境,以实现可持续发展。基于以上内容,可以从"生态理念"的角度开展思政教育。

【教学设计实例】

案例 5-13

知识点:生态环境现状调查。

思政维度:生态理念。

教学设计:由知识点"生态环境现状调查"引入"生态理念"的思政教育。通过让学生对自己家乡的生态环境现状调查,让学生熟悉内容与程序,引出设立生态环境健康体检中心可为生态环境现状调查提供数据基础。2020 年 5 月,全国首个生态环境健康体检中心——浙西南生态环境健康体检中心在浙江省丽水市揭牌成立。该中心由浙江省生态环境监测中心和丽水市生态环境局合作共建,具备生态环境质量全面"体检"、生态环境健康状况评估"诊断"、生态环境问题"治疗"、环境突发事件"急诊"等多元功能。同时,在发生环境污染突发事件时,还能第一时间提供应急监测技术、设备、人员的支持等。根据以上案例,引导学生讨论"生态环境现状调查数据来源"以及让学生总结概括"生态环境现状调查的意义"。

对以上内容通过实践调查法、案例分析法、互动式教学法、启发引导教学法进行教学,让学生明白生态环境现状调查的重要性,生态环境监测是生态环境保护的基础,是生态文明建设的重要支撑,设立生态环境健康体检中心体现了我国政府对生态监测的重视,也反映了生态环境部门对"可持续发展"这一生态理念的实际践行。

11 其他环境影响评价

【专业教学目标】

了解公众参与在环境影响评价中的程序、主要途径和内容,以及环境风险评价的主要内容和程序概况,重点掌握公众参与的方法与内容和企业风险识别,初步具备风险源确定及预测的能力。

【思政元素分析】

本章内容为其他环境影响评价,主要涉及风险和评价标准等。其中针对公众参与等知识点进行"社会责任"思政元素的挖掘。具体分析如下:

本章讲解公众参与知识点。项目的建设可能会给项目周边的生态环境带来一定程度的污染,势必会对周边居民的工作生活带来一定程度上的影响,除了需要设计规划应对措施和解决方案之外,更需要让周边居民了解项目的进程,居民对项目可能带来的危害具有知情权,有权对项目的建设提出质疑,这是公众参与的一部分,也是政府相关部门和企业需要承担的社会责任。以上有助于加强学生的社会责任意识。

【教学设计实例】

案例 5-14

知识点:公众参与。

思政维度:社会责任。

教学设计:由"公众参与"这一知识点引出昆明市人大常委会城乡建设环境保护委员会副主任委员质询住建局局长的案例,再进一步引申到"社会责任"这一思政目标。案例如下:"在工地扬尘管理中,昆明市住房与城乡建设局所承担的主要职责是什么?你们觉得履职到位了没有?""我想……没到位。"这是昆明市人大常委会城乡建设环境保护委员会副主任委员柳伟,与昆明市住建局局长李彤的一段对话。对话发生在2018年2月,昆明市人大常委会就建筑工地扬尘治理不力对昆明市住建局开展质询,因昆明市环境空气质量下降。昆明市人大常委会的25名组成人员分析后指出,造成可吸入颗粒物指标偏高的主要原因在于,昆明市住建局在城市扬尘治理工作中措施落实不到位、管理责任落实不到位。根据以上案例,引导学生讨论"生活中是否参与或目睹过项目的环境影响评价公众参与环节",让学生总结概括"环境影响评价中公众参与的重要性"。

对以上内容通过案例分析法、互动式教学法、启发引导教学法进行教学,让学生明白公众参与的重要性,对于项目的建设,公众都有知情权,让可能受到影响的公众知情是政府有关部门的责任,也是涉事企业需要主动承担起的社会责任。

12 环境影响评价实例

【专业教学目标】

本章内容主要是化工、轻工类建设项目环境影响评价案例分析与实践。学生对编制的报告表进行讨论分析,重点掌握环评报告的编制方法与内容,具备环境影响评价报告的编制能力。

【思政元素分析】

本章内容为环境影响评价实例,主要涉及化工、轻工类建设项目环境影响评价案例分析与实践等。其中针对环境影响评价报告编制知识点进行"法治意识"和"工程伦理"思政元素的挖掘。具体分析如下:

本章讲解环境影响评价报告编制知识点。环境影响评价报告需要依据法律规定的编制要求进行编制,需要统计算入项目可能产生的所有污染,对于项目的污染漏报、未按要求纳入都是违反法律规定和工程伦理的行为;同样,企业未按环境影响评价报告所述,偷排污染物将会给周边生态环境带来巨大的危害。以上行为有违法治精神和工程伦理,是法治意识和职业道德缺失的体现,由此挖掘法治意识和工程伦理思政元素。

【教学设计实例】

案例 5-15

知识点：环境影响评价报告编制。

思政维度：法治意识、工程伦理。

教学设计：环境影响评价报告需要依据法律规定的编制要求进行编制，由"环境影响评价报告编制"这一知识点，引申到"法治意识"和"工程伦理"这两个思政维度。2018年5月，江苏省苏州市高新区生态环境部门接到关于苏州某电子公司涉嫌偷排废水的投诉。调查发现，这家公司厂房镀铜车间的废水集水池内，废水与微蚀排水管渗漏的废水混合，从集水池连接处的断裂缝隙渗排入地下土壤，造成土壤和地表水环境污染。2019年7月，高新区管委会与苏州某电子公司举行了生态环境损害赔偿磋商会。这是生态环境损害赔偿制度改革启动以来，苏州市达成的首例赔偿磋商协议。公司法人代表说，企业已经深刻认识到环境污染行为的严重性，同意承担生态环境损害赔偿金。同时，按要求开展土壤、地表水环境的修复工作，投入2000多万元对相关设施进行改造。根据以上案例，引导学生讨论"依法编制环境影响评价报告的意义"，并让学生总结概括"环评工程师的基本责任和义务"。

对以上内容通过案例分析法、互动式教学法、启发引导教学法进行教学，让学生明白按照法律规定编制环境影响评价报告的重要性，项目的建设、投产产生的污染会影响到每一位居民。因此，报告编制者应具有法治意识和职业道德，合法编制报告，将污染的影响最小化是非常有必要的。

第3部分　课程思政元素案例总览

章节	知识点	思政维度	教学内容及目标
1. 环境影响评价的概念及相关法规	环境法律体系	法治意识	通过讲述我国建立以法律法规为基础，以行政区域应急预案为核心的重污染天气应急管理体系等案例，实现对学生法治意识的培养。
	绿色可持续发展	生态理念	通过讲述我国民法典的编纂和颁布，培养学生的生态理念。
2. 环境影响评价内容与方法	环境影响评价的监督管理	社会责任	通过让学生讨论东莞市沙田镇人民政府诉李某某固体废物污染责任纠纷案，培养学生的社会责任感。
3. 环境现状调查与评价	环境现状调查	政治认同	通过讲述3S技术在指导汶川地区制定退耕还林政策中的应用案例，培养学生的政治认同。

章节	知识点	思政维度	教学内容及目标
4.工程分析	物料衡算	生态理念	通过讲述化工企业原料过度消耗案例,组织学生辩论"环境保护和经济发展哪个更重要?",培养学生可持续发展的理念。
	工程分析	工程伦理	通过讲述湖北省某工地建筑安全事故案例,培养学生健全的工程伦理意识。
5.大气环境影响评价	大气环境	法治意识	通过讲述英国伦敦烟雾事件,培养学生的法治意识。
6.地表水环境影响评价	水体污染的相关概念	社会责任、家国情怀	通过讲述水污染治理先锋的事迹,激发学生的社会责任感和家国情怀。
7.地下水环境影响评价	地下水的污染	社会责任	通过讲述企业向地下水排污引出江苏省泰州市的环保公益诉讼案,培养学生的社会责任感。
8.声环境影响评价	噪声	家国情怀	通过讲述发射原子弹的案例,培养学生的家国情怀。
	声音	政治认同	通过讲述最美的声音——"汉语热"的案例,培养学生的政治认同。
9.固体废弃物环境影响评价	固体废物鉴别与处理处置对策	生态理念、政治认同	通过讲述疫情防控期间医疗废物实现100%无害化处理的案例,培养学生的生态理念,增强学生的政治认同。
10.生态环境影响评价	生态环境现状调查	生态理念	通过讲述浙江成立全国首个生态环境健康体检中心的案例,培养学生的生态理念。
11.其他环境影响评价	公众参与	社会责任	通过讲述昆明市人大常委会城乡建设环境保护委员会副主任委员质询住建局局长的案例,培养学生的社会责任感。
12.环境影响评价实例	环境影响评价报告编制	法治意识、工程伦理	通过讲述苏州达成首个生态环境损害赔偿协议的案例,培养学生的法治意识和职业道德。

第 4 部分 课程思政融入教学评价

1 教学效果评价方法

本课程思政教学效果的评价主要针对提出的两个思政教育目标(①强化环境影响评价中的可持续发展的理念,提高环境影响评价过程中的环境保护和经济发展的相辅相成的意识;②树立法治精神和工程伦理意识,增强社会责任感),采用三种形式进行:

(1)在课堂上设定相关思政目标的问答题与学生进行深入沟通,强化学生对思政目标的理解;

(2)通过让学生作主题报告来考查学生对思政目标的理解程度;

(3)课后布置实际案例分析报告,全面考查学生运用课堂所学环境影响评价知识在实际案例分析中的思政目标理解和思政目标体现。

2 教学效果评价案例

案例 5-16

根据环境影响评价的内容,学会运用环评方法对规划和建设项目实施后可能造成的环境影响进行分析、预测和评估,并能够提出预防或者减轻不良环境影响的对策和措施,并进行跟踪检测,有计划地保护环境,预防环境质量的恶化,控制环境污染,促进人类与环境协调发展。

案例 5-17

地球环境的日益恶化已经引起了人们的广泛关注,如何保护我们生存的环境,保护我们脚下的土地,头顶的蓝天,这是需要我们大家一起携手共同努力的,环境影响评价能对人类开发建设活动可能导致的生态影响进行分析和评价。为此开展一项"保护环境,我们应该怎么做"的主题报告。

案例 5-18

民法典的生态环境保护原则,是"绿水青山就是金山银山"理念从具体实践上升到法律层面的一种体现。民法典的绿色原则为"用最严格制度最严密法治保护生态环境"提供法律保障,实现了绿色发展从理念到制度的飞跃。民法典明确推进生态文明建设,促进经济社会可持续发展,使经济社会发展与环境保护相协调。充分体现了环境保护的新理念;这也让环保法律与时俱进,开始服务于公众对依法建设美丽中国的期待。就民法典纳入生态环境保护原则,结合环境影响评价相关知识,谈谈自己的认识和理解。

案例 5-19

在工业化时代的发展过程中,很多国家对环境问题不重视,导致化工企业在生产过程中原料过度消耗。中国目前处于社会转型与现代化建设的关键时期,可持续发展要求地方政府必须及时作出有效应对。结合环境影响评价知识试举例谈谈化工企业原料过度消耗中的环境理念。

"环境化学"课程思政教学设计

第1部分　课程思政融入教学大纲

1　课程简介

　　"环境化学"是研究有害化学物质在环境介质中的来源与它的特性、迁移转化行为和效应及受污染环境修复的化学原理和方法的科学,是以实现人与自然和谐为目的,研究以及调整人与自然关系的科学。

　　本课程通过对大气环境化学、水环境化学、土壤环境化学、生物体内污染物质的运动过程及毒性、典型污染物在环境各圈层中的转归与效应、受污染环境的修复等内容的介绍,阐述污染物在大气、水、岩石、生物各圈层环境介质中迁移转化所涉及的化学问题及效应,阐明环境化学基本原理。同时,关注我国及全球环境热点,适度引导学生了解本领域的最新研究成果和进展。

2　教学目标

2.1　专业教学目标

　　(1)掌握主要化学污染物在大气、水体、土壤各圈层内和圈层间的来源与它的特性、迁移转化行为和效应及影响因素。

　　(2)理解化学污染物在生物体内的积累、代谢转化与它的生态效应和污染防治等问题。

　　(3)掌握受污染环境修复技术的基本原理。

　　(4)能够利用环境化学基础知识和理论,分析污染物在环境介质中的行为。

　　(5)能正确分析和处理发展与环境污染的矛盾并掌握解决实际环境污染问题的能力。

2.2　思政教学目标

　　(1)理解环境化学对我国生态文明建设的影响,强化环境科学研究和应用中的环境保护与建设美丽中国理念。

　　(2)树立专业自信,坚守科学伦理准则,培养探索未知、追求真理、勇攀科学高峰的使命感和社会责任感。

3　思政元素分析

本课程主要从"科学素养""家国情怀""社会责任""法治意识""生态理念""文化自信"等六个维度挖掘思政元素。具体分析如下:

1.科学素养

在基础研究过程中要保持好奇心和想象力,勇于维护真理。教师通过介绍硒既是人体必需元素又可导致疾病,砷有剧毒但又可应用于治疗癌症等多个案例,引导学生利用本课程的基本原理解释低剂量兴奋效应差异的原因,并以辩证思维和批判态度来认识毒物和非毒物之间的关系。

2.家国情怀

我国的科研工作者具有不畏艰难、克服困难、勇攀高峰的精神,在各自领域取得了杰出成就,引领我国的科研工作走向世界前列。近年来我国生态文明建设环境污染治理取得巨大成就,体现了我国社会主义制度能够集中力量办大事的制度优势,由此培养学生的家国情怀和民族自豪感。

3.社会责任

通过介绍人类所面临的突出环境问题以及环境受到危害与面临的风险,引导学生思考作为环境保护专业的大学生应承担的社会责任。

4.法治意识

通过"气十条"等环保法律、法规及相关案例的教学,培养学生树立与环保相关的法治意识。

5.生态理念

多氯联苯、多环芳烃、有机氯农药等持久性有机污染物遍布全球各个角落,任何国家都不可能独善其身,由此引导学生树立人类命运共同体的理念和"共谋全球生态文明建设之路"的共赢全球观。

6.文化自信

通过介绍我国戴乾圜等老一辈科研工作者在多环芳烃致癌性的"双区理论"等方面取得的卓越成就及对人类科技发展做出的巨大贡献,增强学生的文化自信。

第2部分　课程思政融入课堂教学

1　绪论

【专业教学目标】

本章从环境问题的概念出发,要求学生了解人们对环境问题的认识发展历程、环境化学基础研究发展历史,明确环境化学在环境科学和解决环境问题上的地位和作用,初步认识主要环境污染物及其在环境各圈层中的迁移转化过程。

【思政元素分析】

绪论主要讲述环境化学的研究内容、特点及发展动向,培养学生以发展的眼光正确认识现代环境问题及其演变,树立环保意识及明确自己所应承担的社会责任。通过讲述国家在环保工作中担当的关键角色,让学生理解国家在环境保护工作中起到的作用,提升学生的家国情怀。本章主要从"社会责任""家国情怀"维度发掘课程思政元素,具体分析如下:

1.社会责任

在环境问题发展过程中,出现了"八大公害"事件、切尔诺贝利核电站泄漏事件、印度博帕尔毒气泄漏事件等震惊世界的环境污染事件。通过对这些案例的介绍,使学生了解人们在发展过程中对环境的污染和破坏。治理被污染的环境,保护人类共同的生存环境,需要具有丰富环境专业知识的科技工作者。引导学生思考其作为环境专业的学生,所应承担的建设美丽中国的社会责任和使命担当。

2.家国情怀

以2020年抗疫过程中火神山和雷神山医院建设为案例,重点介绍在建设过程中涉及的若干个与环保直接相关的工作、相关环境专业知识,让学生意识到环境专业知识的应用,使医院得以正常运转,并防止了环境污染,阻止了病毒传播,国家以"中国速度"保障了人民群众的生命健康安全,培养学生的家国情怀。

【教学设计实例】

案例 6-1

知识点:环境问题的发展及认识。

思政维度:社会责任。

教学设计:由知识点"环境问题的发展及认识"引入"社会责任"的思政教育。工业革命后环境问题的发展进入恶化阶段,出现了震惊世界的"八大公害"事件,如伦敦烟雾事件、洛杉矶光化学烟雾事件、水俣病事件、米糠油事件等。而在20世纪80年代之后,突发性的严重污染事件迭起,如切尔诺贝利核电站泄漏事故、印度博帕尔毒气泄漏事故、莱茵河污染事故等。通过讲述这些事件,使学生认识到,人们盲目地发展而不顾及环境,必定自食恶果:环境受到污染,人类生命将会受到威胁和毒害。

如印度博帕尔毒气泄漏事故:1984年12月2日午夜到12月3日凌晨,一片"雾气"在博帕尔市上空蔓延,很快40平方公里以内50万人的居住区被"雾气"形成的云雾笼罩了。人们表现出咳嗽、呼吸困难的症状,且眼睛被灼伤。该事件造成近两万人死亡,20多万人受害,约5万人失明,数千头牲畜被毒死。印度博帕尔毒气泄漏成为迄今为止世界上最严重的工业中毒事件。

以上内容可通过视频展示法、案例分析法进行教学,让学生认识到环境问题的严峻性以及防治环境污染的紧迫性和必要性,并布置课后作业,让学生进一步查询案例加深理解。引导学生认识到作为环境专业领域的一员,应明确建设美丽中国的社会责任和树立良好的环境保护意识。

案例 6-2

知识点：环境化学的任务。

思政维度：家国情怀。

教学设计：由知识点"环境化学的任务"引入"家国情怀"的思政教育。环境化学是以因化学物质在环境中出现而引起的环境问题为研究对象，以解决环境问题为目标的一门学科。环境化学主要研究有害化学物质在环境介质中的来源与它的特性、迁移转化行为和效应及对其加以控制的化学原理和方法。那么在 2020 年新冠肺炎疫情防控期间，我们所掌握的环境专业知识对疫情防控有什么贡献呢？我们从环境专业的角度，以火神山、雷神山医院建设为案例，为学生讲解在这两个医院建设的背后与环境专业直接相关的内容。例如，水污染控制工程，火神山医院和雷神山医院虽然建设任务紧急，但环境保护标准一点没降，污水处理设施与医院同步设计，严格按照医疗废水处理规范和相关要求建设。医院内部产生的废水要经过全封闭收集、预消毒、化粪池、调节池、生化处理、混凝沉淀、二次消毒等多道严格的处理工序，最终达到医疗机构水污染物排放标准，才能够排入市政管网。这里面就涉及水污染控制的专业知识。比如，为了防止地面雨水、污水渗漏到地下，造成土壤污染和地下水污染，特别是这两个医院旁边都有丰富的水系，火神山医院隔离病区距知音湖最近处仅 25 米，雷神山医院隔离病区距黄家湖最近处只有 580 米。所以，在医院建设过程中，土地平整完毕，就会铺上厚厚的防渗膜。这就涉及土壤环境保护、土壤污染修复方面的专业知识。

在这场战"疫"中，来自生态环境部门、生态环境科研单位和企业的专业人员，用自己的专业知识，在水污染处理、固体废弃物处理、土壤环境保护、大气环境保护、饮用水安全、环境监测、环境影响评价等方面都做出了自己的贡献。让学生意识到国家培养的一群环境人用自己的知识和技术，为阻止病毒传播，保障人民群众生命健康安全做出了贡献，培养学生的家国情怀。

以上内容通过案例分析法、互动式教学法、启发引导教学法进行教学，课后布置作业，让学生进一步查询案例，思考相关污染治理技术及方法的应用与人民群众生命健康安全之间的关系，增强学生的家国情怀。

2 大气环境化学

【专业教学目标】

通过本章的学习，了解大气的基本组成、性质特征及人类活动排放的污染物对大气的影响。重点学习光化学烟雾和硫酸型烟雾两种大气污染的成因，大气中污染物的来源、迁移、转化。了解大气污染引起的酸雨、温室效应、臭氧层损耗等对自然与人类的危害。

【思政元素分析】

本章讲解天然大气的组成、性质特征和大气污染物的来源、迁移转化行为等基本知识点，主要围绕"法治意识""科学素养"维度发掘课程思政元素。具体分析如下：

1.法治意识

以大气的组成与性质特征为切入点,向学生介绍大气的基本组成及各成分的功能,激发学生对保护大气环境的强烈意识。引导学生认识人类活动排放的大气污染物在大气中的迁移转化及其引起的大气环境问题,让学生认识合法合规排放污染物对人类生存的重要性,树立依法排污的法治意识。

2.科学素养

引入大气污染物的来源、光化学反应基础、大气中的重要自由基及其参与的反应、重要大气污染物的迁移转化、光化学烟雾和硫酸型烟雾两种大气污染的成因、酸雨、雾霾、温室效应、臭氧层损耗等知识点。引导学生正确认识大气环境问题及对策,发现、创造解决大气污染的正确方式方法,用分析、综合、辩证、科学的思维方式解决大气环境污染问题,形成优良的科学素养。

【教学设计实例】

案例 6-3

知识点:光化学烟雾的形成。

思政维度:法治意识。

教学设计:由知识点"光化学烟雾的形成"引入"法治意识"的思政教育。光化学烟雾是由汽车尾气和工业废气排放造成的,一般发生在湿度低、气温在 24～32℃ 的夏季晴天的中午或午后。汽车尾气中的碳氢化合物和氮氧化物被排放到大气中后,在强烈的阳光紫外线照射下,发生光化学反应,其产物为含剧毒的光化学烟雾。洛杉矶在 1940 年代就拥有约 250 万辆汽车,每天大约消耗 1100 吨汽油,排出 1000 多吨碳氢化合物、300 多吨氮氧化物和 700 多吨一氧化碳。另外,还有来自炼油厂、供油站等的其他石油燃烧产物,这些化合物被排放到阳光明媚的洛杉矶上空,不啻制造了一个毒烟雾工厂。当时大多市民患上了头疼病并有眼红症状。后来人们称这种污染为光化学烟雾污染。1955 年和 1970 年洛杉矶发生光化学烟雾事件,前者有 400 多人因五官中毒、呼吸衰竭而死,后者使全市四分之三的人患病。该案例向学生传递大气环境直接关乎百姓的健康的认知。污染物在大气中会发生一系列反应,生成对人类有危害的自由基、强氧化剂、酸性物质等污染物。这种大气污染都是人类环保意识不到位、法制不健全、随意排污造成的。为应对这种局面,各国出台了大气保护相关法律,我国也先后发布了"气十条"等法律法规、政策,约束排污行为。

对以上内容基于案例分析法进行教学,让学生结合案例与大气污染控制方面的法律法规进行学习,建立依法排污的理念,树立强烈的法治意识。

案例 6-4

知识点:大气中污染物的迁移转化。

思政维度:科学素养。

教学设计:由知识点"大气中污染物的迁移转化"引入"科学素养"的思政教育。1952 年 12 月初,英国伦敦正在举办一场得奖牛的展览盛会。但是 350 头牛中有 52 头有严重中毒症状,14 头已经奄奄一息,1 头当场毙命。伦敦市民还没来得及感到遗憾,自己也有了反应。许多人感到呼吸困难、眼睛刺痛。12 月 5 日到 8 日的 4 天里,伦敦市死亡人数达 4000 人左右。12 月 9 日,酸雨降临,雨水 pH 值低到 1.4~1.9。两个月后,又有 8000 人陆续死亡。根据上述案例,引导学生分析酸雨的形成机理。

　　大气污染物在颗粒物上的吸附是其转化的重要途径,自由基参与的光化学反应是大气污染物转化的主要途径,由大气污染物在自然环境中迁移转化的两个重要途径,引出大气污染物治理的两种重要措施:吸附和光催化转化。围绕这两种方式开展大气污染治理提质增效的研究,推动大气污染治理向高水平发展,为人类提供更加洁净的大气环境。

　　通过讲解这些知识,让学生思考如何更有效地治理大气环境污染,体会应用基本原理解决实际工程问题的过程,向学生强调需要建立追根溯源的思维,培养学生的科学素养,使学生懂得科学基础理论学习的重要性,提升用理论指导实践的意识。

3　水环境化学

【专业教学目标】

　　通过本章的学习,了解天然水的基本特征及污染物的存在形态,水中无机污染物、有机污染物的迁移转化的基本原理以及水质模型。重点学习水中碳酸平衡体系,以及无机物、有机物的迁移转化过程。熟练掌握无机污染物溶解与沉淀、氧化还原、配合反应和有机物污染物分配、挥发、水解、光解等相关计算。

【思政元素分析】

　　本章讲解天然水的基本特征、污染物的存在形态及迁移转化行为的基本知识点,主要围绕"科学素养"维度发掘课程思政元素。具体分析如下:

　　引入无机污染物溶解与沉淀、氧化还原、配合反应和有机物污染物分配、挥发、水解、光解等相关计算,阐述污染物形态转变和迁移转化方面的知识点。引导学生运用科学思维方式去认识水环境中的污染现象并提出解决问题的办法,强调要建立科学看待事物本质的思维,培养学生严谨理性的科学素养。

【教学设计实例】

案例 6-5

知识点:水中有机污染物的迁移转化。

思政维度:科学素养。

教学设计:由知识点"水中有机污染物的迁移转化"引入"科学素养"的思政教育。有机污染物在水环境中的迁移转化主要取决于有机污染物本身的性质以及水体的环境条件。有机污染物一般通过吸附作用、挥发作用、水解作用、光解作用、生物富集和生物降解作用等过程进行迁移转化,研究这些过程,将有助于阐明污染物的归趋和可能产生的危害。比如在讲解光解作用中的敏化光解行为时,引入案例:20 世纪 70 年代,弗兰克等首次提出半导体材料可用于催化光解水中污染物,马修斯在 1986 年用 TiO_2/UV 催化法对水中有机污染物苯、苯酚、硝基苯、1,2-二氯苯等进行研究,发现它们的最终产物都是 CO_2，表明多数有机物能被 TiO_2 催化光解。提出问题"基于'双碳'目标的时代背景，如何将有机污染物不转化为 CO_2 而是转化为小分子有机酸等资源进行回收？"让学生体会要对身边的一些实验现象追根溯源，并培养学生打破常规思维，追求科学创新的科学素养。

对以上内容通过案例分析法和问题引导法进行教学，可以在潜移默化中使学生形成追根溯源、打破常规、追求创新的科学素养。

4　土壤环境化学

【专业教学目标】

通过本章的学习，了解土壤的组成与性质，污染物在土壤-植物体系中的迁移及其作用机制以及主要农药在土壤中的迁移、转化与归趋。重点学习土壤中重金属、农药的迁移转化，重金属在土壤-植物体系中的迁移机制，农药在土壤中的迁移及其影响因素。

【思政元素分析】

本章讲解土壤的组成与性质、污染物的存在形态和迁移转化行为等方面的基本知识点，主要围绕"家国情怀"思政维度发掘课程思政元素。具体分析如下：

本堂课以土壤的基本特征为切入点，向学生介绍土壤的基本组成和物化性质，引入镉米事件，让学生认识土壤环境污染。引导学生学习土壤的粒级与质地分组特性，并引入污染物在土壤-植物体系中迁移的特点、影响因素及作用机制。向学生阐释土壤污染与"水-能源-粮食"之间的关系，土壤污染对国家利益和社会经济发展等可能造成的负面影响，培养学生保护美好家园的家国情怀。

【教学设计实例】

案例 6-6

知识点：土壤组成与特性。

思政维度：家国情怀。

教学设计：由知识点"土壤组成与特性"引入"家国情怀"的思政教育。几年前，镉米事件时有发生。重金属中毒往往是慢性中毒，几十年后才出现临床反应。食品安全的核心挑战就是土壤污染，因为人类 95％ 的粮食直接或间接地与土壤关联。污染的土壤不仅在自身组成、粒级、质地、吸附性、酸碱性、氧化还原性上发生改变，而且将通过污染物土壤-植物体系迁移的方式将污染物传递给动物和人类，并直接威胁到国家的粮食安全和人民的生命安全。该案例可以引发学生思考土壤污染对国家利益、社会经济发展等可能造成的负面影响，培养学生保护美好家园的家国情怀。让学生学习《全国土壤污染状况调查公报》，体会工业发展在生物多样性受损、养分失衡、结构破坏等方面对全国土壤造成的污染问题。让学生通过资料查阅，从量化的数字和图片信息中巩固所学的土壤组成与特征方面的知识，清晰地感知土壤污染可能会在内部发生什么化学变化，引发什么问题，会对国家利益造成什么损失，清楚人类在土壤污染方面面临的全球性挑战，理解人类命运共同体的内涵与价值。

5 生物体内污染物质的运动过程及毒性

【专业教学目标】

本章主要介绍污染物质与生物机体之间的相互作用,涉及机体对污染物的吸收、排泄和污染物在机体内的分布、迁移转化,污染物质对机体毒性两方面的内容,要求掌握污染物的生物富集、放大和积累,好氧和有毒有机污染物的微生物降解,若干元素的微生物转化,微生物对污染物质的转化速率,毒物的毒性、联合作用和致突变、致癌以及抑制酶活性等作用,定量构效关系中几种应用的分析方法。要求了解有关重要辅酶的功能、有毒有机污染物质生物转化的类型。

【思政元素分析】

本章主要讲述污染物在生物体内的行为以及毒性。可围绕"科学素养"和"文化自信"两个维度发掘本章的思政元素。具体分析如下:

1.科学素养

污染物的毒性,其随着物种、暴露途径、浓度、代谢途径等的不同而呈现差别;而对于毒物,则需考虑剂量在其中的决定性作用。上述概念,是马克思主义辩证法在科学领域的具体表现,对相关内容进行教学可增强学生的科学素养,使学生正确认识到马克思主义哲学思想在科研中的指导作用。

2.文化自信

在污染物定量构效关系的研究中,我国学者做出了杰出的贡献,比如戴乾圜有关多环芳烃致癌性的"双区理论"等。对相关内容进行教学可增强学生的文化自信,引导其树立勇攀高峰、科技报国的志向。

【教学设计实例】

案例 6-7

知识点:污染物质的毒性。

思政维度:科学素养。

教学设计:研究污染物的毒性时,毒性团所研究的物种、暴露方式、代谢途径、有效浓度等不同而呈现差别。此外,也要考虑和其他化合物的联合作用。没有所谓绝对的毒物,毒性是由剂量决定的。比如硒是人体必需的微量元素,硒缺乏可导致或加重多种疾病,比如克山病;然而,高浓度的硒也可导致硒中毒。又如砷,其多种形态均具有毒性,但假如使用得当,也是治疗疾病(比如白血病)的药物。上述科学事实,以启发引导、案例分析等方式融入教学,使学生认识到全面看待问题在科学研究中的重要性。

案例 6-8

知识点:有机物的定量结构与活性关系。

思政维度:文化自信。

教学设计:在污染物定量构效关系的研究中,我国学者做出了杰出的贡献。比如有关多环芳烃与其致癌性之间的关系,科学家进行了大量研究,并提出了不少理论,比如"K 区理论""湾区理论""双区理论"等。其中"双区理论"即是我国化学家戴乾圜所创立的,其对于实验的符合率较高,并已成功推广应用于多环芳烃、偶氮苯体系、芳胺和亚硝胺类化合物,受到国内外的重视。此外,王连生等学者也对相关领域有较大贡献。

对上述内容利用案例分析法等进行教学,让学生认识到我国老一辈科研工作者对于本学科领域的巨大贡献,从而增强其文化自信,并引导其树立勇攀科学高峰、科技报国的志向。

6 典型污染物在环境各圈层中的转归与效应

【专业教学目标】

本章通过介绍重金属汞、砷及持久性有机污染物如多氯联苯、多环芳烃、有机氯农药等在环境各圈层中的转归与效应,让学生了解这些典型污染物的来源、用途和基本性质,掌握它们在环境中的基本转化、归趋规律与效应。

【思政元素分析】

本章主要讲述典型污染物在环境各圈层中的转归与效应。可围绕"生态理念""科学素养"维度发掘课程思政元素,具体分析如下:

1. 生态理念

环境中的典型污染物如持久性有机污染物,由于其自身的理化特性,能够通过"全球蒸馏效应""蚱蜢跳效应",传播到全球的各个角落,甚至人迹罕至的极地,从而污染了整个环境,带来危害。通过多氯联苯、多环芳烃、有机氯农药等 POPs 的迁移转化、污染事件的介绍,引导学生树立人类命运共同体的理念和"共谋全球生态文明建设之路"的共赢全球观。

2. 科学素养

多氯联苯、有机氯农药等有机物为工农业发展做出了贡献,但是也带来了严重的负面影响。在教学过程中通过多氯联苯、DDT 的作用及效应案例的介绍,引导学生客观、理性地看待这些化学物质,培养学生的科学素养。

【教学设计实例】

案例 6-9

知识点:持久性有机污染物的迁移转化。

思政维度:生态理念。

教学设计:由知识点"持久性有机污染物的迁移转化"引入"生态理念"的思政教育。持久性有机污染物能够长距离迁移并长期存在于环境中,具有长期残留性、生物蓄积性、半挥发性和高毒性,对人类健康和环境产生严重危害。科学家们发现,甚至在人迹罕至的极地也能够检测到微量的持久性有机污染物,这些有机污染物通过"全球蒸馏效应""蚱蜢跳效应"从污染源头逐步迁移到全球各个角落。因此,任何国家都不可能独善其身,也不能无视其他国家的环境污染、生态破坏行为。人类只有一个地球,各国共处一个世界,建设绿色家园是人类的共同梦想。国际社会应该携手同行,构建尊崇自然、绿色发展的经济结构和产业体系,解决好工业文明带来的矛盾,共谋全球生态文明建设之路,实现世界的可持续发展和人类的全面发展。

以上内容通过案例分析法、问题引导法进行教学,将思政教育融入课程知识点中,培养学生人类命运共同体意识,使其树立"共谋全球生态文明建设之路"的共赢全球观。

案例 6-10
知识点:典型污染物的转归与效应。
思政维度:科学素养。
教学设计:由知识点"典型污染物的转归与效应"引入"科学素养"的思政教育。DDT与多氯联苯(PCBs)均为人工合成有机物。PCBs的物理化学性质极为稳定,有高度的耐酸碱性和抗氧化性,对金属无腐蚀性,具有良好的电绝缘性和很好的耐热性,除一氯化物和二氯化物外均为不燃物质。可作为绝缘油、热载体和润滑油的原材料等,在工业上得到广泛应用。DDT是广谱而高效的杀虫剂,不仅有效防治了农业病虫害,而且在疟疾、痢疾、伤寒等蚊蝇传播的疾病治疗方面大显身手,救治了亿万人的生命,而且还带来了农作物的增产。但是随着科技的发展、研究的深入,人们发现这些物质能够长期残留在环境中,不仅会对环境造成污染,同时还会对人类产生危害,这些物质被列入持久性有机污染物名单、内分泌干扰物名单、持久性生物积累性有毒物质名单和各国的优先控制污染物名单等。目前很多国家和地区已经禁止使用。但是,因为还没有找到一种经济有效对环境危害又小能代替DDT的杀虫剂,世界卫生组织(WHO)于2002年宣布,重新启用DDT用于控制蚊子的繁殖以及预防疟疾、登革热、黄热病等在世界范围的卷土重来。WHO突出强调:采用正确的方式适时适当地使用DDT进行室内滞留喷洒,将不会对野生动物和人类产生伤害。

通过这些案例的介绍,引导学生客观、理性看待这些化学物质,培养学生的科学素养。

7 受污染环境的修复

【专业教学目标】

本章从前面章节剖析的环境问题来源、产生机制等出发,介绍了目前最新的环境修复技术,包括微生物修复技术、植物修复技术、化学氧化技术、电动力学修复、地下水修复的可渗透反应格栅技术、表面活性剂及共溶剂淋洗技术。重点要求掌握微生物修复和植物修复技术。

【思政元素分析】

本章主要讲述受污染环境的最新修复技术。可围绕"社会责任"维度发掘课程思政元素,具体分析如下:

我国长期经济发展下生态环境遭到了破坏,要想维持我国经济快速稳定健康发展,并实现人与环境和谐共生的局面,就必须利用生态修复手段对当前环境进行积极修复,以保证生态环境得以好转。因此在当前环境下进行生态修复是十分必要的。作为环境保护的未来工作者,学生需要了解各种修复技术机理、使用范围和条件、经济成本等。引导学生思考其作为环境专业的学生,所应承担建设美丽中国的社会责任和使命担当。

【教学设计实例】

案例 6-11

知识点:被人类破坏的生态环境的修复。

思政维度:社会责任。

教学设计:由知识点"被人类破坏的生态环境的修复"引入"社会责任"的思政教育,使学生认识到,人们盲目地发展而不顾及环境,必定自食恶果,应回归自然,回到最初的状态。例如,近几十年来,黄河上游地区生态环境日益恶化,特别是前几年黄河下游曾发生过多次断流。从历史事实看,明、清、民国时期黄河上游地区森林面积日益减小,各个时期虽也有护林、植树的举措,但毁林是主要的。毁林的原因主要有垦殖造田、建造采伐、薪炊采伐、贩售营利、战争需要等。黄河上游地区草原生态环境及植被曾发生过巨大的历史变迁,在地质、地貌、气候等自然因素作用影响下,草原生态环境也逐渐由集中连片状被分割成斑块及条带状,其生态系统特征也逐渐在大气候的演变过程中大部分由中生性类型转向旱生性类型。人类活动加速了它的演化过程。开采煤、铁等矿产资源时,无论是露天开采还是井下开采,都有剥离表土和采矿废石废渣产生。采金行为也易对生态造成严重破坏。民国时期甘肃、青海、宁夏均兴办过近代工业,以纺织业等轻工业为主,大多对生态环境影响不大,但其中的一部分行业如化学工业、造纸业等对生态环境有较大影响。不恰当的农业垦殖活动,如所垦之地是干旱多风的草原或荒滩,这里土层较薄,草皮之下多黄沙,灌溉又不便利,在这样的地方开垦农田极易诱发土地沙漠化或荒漠化,对生态环境危害大。黄河上游地区大面积天然草原植被被开垦以后,耕地增多,解决了好多人的吃饭问题,这在当时有积极意义和进步性,但与此同时,植被由原来的宿根性草被和多年生疏林、灌丛被易替性农作物代替,导致原生态环境变迁,加剧了生态恶化。

退耕还林,从保护和改善退化的生态环境出发,对易发生水土流失的坡耕地和易发生土地沙化的耕地,有计划、分步骤地停止耕种;要本着宜乔则乔、宜灌则灌、宜草则草、乔灌草结合的原则,因地制宜地造林种草,恢复林草植被。

以上内容通过案例分析法进行教学,让学生认识到生态环境修复的紧迫性、重要性和适宜性。通过课堂上的故事讲解和问题剖析,引导学生思考其作为环境专业的学生,所应承担的建设美丽中国的社会责任和使命担当。

第3部分　课程思政元素案例总览

章节	知识点	思政维度	教学内容及目标
1.绪论	环境问题的发展及认识	社会责任	通过讲述"八大公害"事件、20世纪80年代后的三大环境污染事件,使学生明确建设美丽中国的社会责任及使命担当。
	环境化学的任务	家国情怀	通过讲解2020年疫情防控中环境保护专业知识的应用案例,让学生意识到国家以"中国速度"保障了人民群众的生命健康安全,培养学生的家国情怀。
2.大气环境化学	光化学烟雾的形成	法治意识	通过光化学烟雾形成的案例讲解,让学生认识合法合规排放污染物对人类生存的重要性,引导学生树立依法排污的法治意识。
	大气中污染物的迁移转化	科学素养	通过大气中污染物迁移转化途径知识的讲授,强调要建立追根溯源的思维,培养学生严谨理性的科学素养,使学生懂得科学基础理论学习的重要性,提升用理论指导实践的意识。
3.水环境化学	水中有机污染物的迁移转化	科学素养	通过半导体材料光催化降解水中有机污染物的最终产物为CO_2的案例分析,向学生提问"基于'双碳'目标的时代背景,如何将有机污染物不转化为CO_2而是转化为小分子有机酸等资源进行回收?"让学生体会要对身边的一些实验现象追根溯源,并培养学生打破常规思维,追求科学创新的科学素养。
4.土壤环境化学	土壤组成与特性	家国情怀	通过土壤污染——镉超标大米的案例讲解,让学生查阅《全国土壤污染状况调查公报》及相关资料,引导学生思考土壤污染对国家利益、文明发展等可能造成的负面影响,培养学生保护美好家园的家国情怀。
5.生物体内污染物质的运动过程及毒性	污染物质的毒性	科学素养	对硒、砷进行介绍,引导学生用全面、联系和发展的观点看待问题,培养学生的科学素养。
	有机物的定量结构与活性关系	文化自信	通过我国化学家戴乾圜创立"双区理论"案例的介绍,让学生认识到我国老一辈科研工作者对于本学科领域的巨大贡献,从而增强学生的文化自信。

章节	知识点	思政维度	教学内容及目标
6.典型污染物在环境各圈层中的转归与效应	持久性有机污染物的迁移转化	生态理念	通过持久性有机污染物遍布全球的案例介绍,培养学生"共谋全球生态文明建设之路"的共赢全球观。
	典型污染物的转归与效应	科学素养	通过DDT广泛使用—禁用—解禁、PCBs从广泛使用到禁用案例的介绍,培养学生客观、理性地看待问题的科学素养。
7.受污染环境的修复	被人类破坏的生态环境的修复	社会责任	通过黄河上游地区生态破坏等案例的讲解及其原因分析,让学生认识到生态环境修复的紧迫性、重要性和适宜性。通过课堂上的故事讲解和问题剖析,引导学生思考其作为环境专业的学生,所应承担的建设美丽中国的社会责任和使命担当。

第4部分　课程思政融入教学评价

1　教学效果评价方法

本课程思政教学效果的评价主要针对提出的两个思政教育目标(①理解环境化学对我国生态文明建设的影响,强化环境科学研究和应用中的环境保护与建设美丽中国理念;②树立专业自信,坚守科学伦理准则,培养探索未知、追求真理、勇攀科学高峰的使命感和社会责任感),通过三种形式进行:

(1)在课堂上设定相关思政目标的问答题强化学生对思政目标的理解;

(2)通过让学生作主题报告来考查学生对思政目标的理解程度;

(3)课后布置实际案例分析报告,全面考查学生运用课堂所学环境化学知识在实际案例分析中的思政目标体现。

2　教学效果评价案例

案例 6-12

能源危机与环境污染是当今世界面临的两大难题,请利用"追根溯源"的思维方式,浅析能源危机与环境污染之间的关系,并结合自己的认知尝试提出解决这两大难题可能的方式。

案例 6-13

2020年,中国基于推动实现可持续发展的内在要求和构建人类命运共同体的责任担当,宣布了碳达峰和碳中和的目标愿景。作为发展中国家,我国目前仍处于新型工业化、信息化、城镇化、农业现代化加快推进阶段,如何实现全面绿色转型,保护生态环境,需要我们大家一起携手共同努力,为此开展一场"如何实现'双碳'目标,共建地球美好家园"的主题报告。

案例 6-14

常州"毒地"事件是 2010 年发生的一起较为严重的环境污染事件,直到 2018 年 12 月 27 日才在江苏省高级人民法院公开审判。当时三家企业使用了大量的有毒有害化工原料,使当地土壤及地下水受到严重污染。它给社会、当地人群带来了十分严重的影响。基于上述背景,请以环境保护与建设美丽中国为指导思想,谈谈自己对上述事件的看法。

案例 6-15

广西德保县的一座铅锌矿关停后,废弃的矿厂中产生的废渣无人看管,废水任意排放,矿洞内流出的污水通过灌溉水渠进入农田,周边两个村子约 40 亩①地被弃种,300 多亩农田受影响。水样和土壤监测显示,铅、锌、镉、砷等指标均超标,且水体呈强酸性,有巨大的环境风险。请结合所学环境化学原理,提出相应的防治措施,并结合生态文明建设和可持续发展理念谈谈自己的认知和理解。

---

① 1 亩≈666.7m²

"环境监测"课程思政教学设计

第1部分 课程思政融入教学大纲

1 课程简介

"环境监测"是环境工程门类中一门极具综合性、实践性、时代性和创新性,兼具理论与方法的课程。它是开展其他环境分支学科研究的基础,也是生态环境部门开展常规工作和环境管理的重要支撑和手段。

本课程从环境监测"现场调查—制订方案—实施方案—结果评价—编制报告"的基本过程出发,系统介绍了大气与废气、水环境、土壤、固废、生物、物理性监测的基本原理和方法,监测过程的质量保证,以及简易监测方法和现代检测技术等,通过教学,使学生掌握环境监测的基本原理,能组织和开展各种环境对象的监测项目的方案设计、采样与样品运输、样品前处理与分析测试、数据处理和检测报告编制。

在环境问题日益受到普遍关注的前提下,环境监测相关技术和设备的发展日新月异,引进和发展了很多全新的技术手段,如自动检测、三维立体监测等。教师在系统讲授常规监测技术的同时,适度引导学生认识各相关领域的前沿进展,培养学生的自主学习能力,使学生能独立开展监测数据收集、整理和评价工作,具有综合应用多种方法处理环境监测实际问题的能力,进一步培养学生与时俱进、发展新方法和新技术的创新思维和创新能力,以期在今后的工作和实践中能适应技术的发展。

2 教学目标

2.1 专业教学目标

(1)掌握一定的环境监测基本概念和知识,熟悉环境监测的全流程,以及各项环境指标的意义及分析方法,也就是学生要清楚监测什么。

(2)掌握环境监测从采样、实验室分析到数据处理全过程的质量保证,也就是学生要能解决如何判定测得准不准的问题。

(3)掌握各项检测指标浓度的计算、不同单位的浓度换算,以及环境质量评价,确定环境质量或污染程度及其变化趋势的过程,即学生要具备根据监测数据进行判断的能力。

（4）掌握各类环境监测方案的设计和各项环境指标分析技术，并能根据检测目的和实际情况进行监测方案的优化，准确获得监测信息，及时、客观地反映环境质量现状及变化趋势，即要具备综合考虑、设计的能力。

2.2 思政教学目标

（1）强调环境监测对生态文明建设的重要性，引导学生明确其在我国生态文明建设道路上所肩负的责任与义务，明确解决环境问题和加大环境保护力度是社会可持续发展的必要举措，也是实现中华民族伟大复兴的必由之路。

（2）引导学生树立正确唯物主义世界观、科学发展观、社会主义核心价值观以及自然和谐的环保意识，培养学生良好的职业道德和高尚的道德情操。鼓励学生利用所学环境监测知识助力打好"蓝天、碧水、净土保卫战"，突出精准治污、科学治污、依法治污，推动生态环境质量持续好转，努力成为我国社会主义事业合格建设者和可靠接班人。

3 思政元素分析

本课程主要从"生态理念""科学素养""社会责任""法治意识""家国情怀"这五个维度挖掘思政元素。具体分析如下：

1. 生态理念

通过对案例的分析，促使学生认识环境污染所带来的危害，进而意识到环境监测是减少环境污染、社会绿色发展的有力支撑，是构建人与自然和谐共生环境的重要基础和有效手段。同时也帮助学生树立正确价值观、绿色发展观及生态审美观，促进循环经济发展，提升低碳环保理念，加快生态文明建设。

2. 科学素养

环境监测是实现社会绿色发展的必要手段，提高专业素养和道德品质是学生未来开展环境监测工作的必要前提，训练学生科学看待事物本质，培养学生发现问题、分析问题和解决问题的能力，不断激发学生探索未知、追求真理、永攀高峰的责任感和使命感。

3. 社会责任

坚持节约资源和保护环境是我国基本国策。为推动生态环境治理建设，应充分落实公民和企业的社会责任。对公民而言，需提高环境保护意识；对企业而言，则需严格执行节能减排清洁生产，形成保护生态环境的产业结构，并积极参与建设生态文明的伟大实践。对于学生而言，努力学习环境监测专业知识，提高环境保护意识和自身专业素养，以职业道德和社会责任进行自我约束，促进我国生态文明建设发展。

4. 法治意识

随着依法治国基本方略的实施，我国各项事业的法制化管理水平逐渐提高，为更好地促进社会和谐发展，应提高公民法治素养。环境监测是以法律法规为基础进行制定与执行的，是环境法治化的一项重要内容。学生通过对环境监测的学习，进一步了解环境相关法律法规,提高法治意识,以切实推进环保工作法制化,推动经济社会绿色发展。

5.家国情怀

无论将来身处何地,都要有心怀天下的家国情怀;无论将来从事何种职业,都要有科学报国的使命担当。生态文明建设是每一位公民肩负的责任。在十年前,PM 2.5成了全中国关注的环境问题,人们开始反思环境保护和经济社会发展间的关系问题。此后,政府出台"气十条",各地整顿排污企业,群众积极参与监督。如今,打赢蓝天保卫战圆满收官,人民美好生活发展持续推进。学生作为生态文明建设的主力军,更应积极投入其中。课程教学中通过讲述多个具体事例,激发学生的爱国热情,并引导学生胸怀理想、坚定信念,保持对党和国家的深情大爱,鼓励学生为实现中华民族伟大复兴而努力奋斗。

第 2 部分　课程思政融入课堂教学

1　环境监测概述

【专业教学目标】

掌握环境监测的基本概念并对环境监测有充分的理解。

【思政元素分析】

本章内容以介绍环境监测的概况为基础,让学生掌握环境监测的基本过程。其中针对环境标准等知识点进行"社会责任""家国情怀""法治意识"等思政元素的挖掘。具体分析如下:

1.社会责任

随着我国现代化建设的加快,环境问题日益突出,环境监测工作作为环境保护的必要一环,展现了极其重要的作用。让学生了解在污染物传播速度之快、范围之广、危害之深的形势之下,应对已经出现或者可能出现的环境问题进行更为精准的解决,消除或减少污染对于环境的危害,从而促进学生对环境监测和环境保护的理解。

2.家国情怀

在对环境标准知识的讲解中,展开其在过去我国环境治理案例中的应用和重要性,培养学生进取心,激发学生作为环境学子在环境治理方面挺身而出的使命感。此外,在教学中引入我国投身环境治理与理论探究的仁人志士舍身忘我的故事,进一步激发学生的爱国热情和家国情怀。

3.法治意识

通过对于中国环境标准体系与技术法规的教学,使得学生明白当今社会,环境治理需要技术治理与法治齐头并进。通过对大气、水以及土壤三个层面的主要法律标准的讲解,让学生通过监督、检验和测验判别工业排放物浓度或排放量是否符合国家标准,检验和判别环境质量是否达到国家标准的要求。让学生懂得立法为民、依法治国的重要性。

【教学设计实例】

案例 7-1

知识点:环境标准。

思政维度:法治意识、家国情怀。

教学设计:由知识点"环境标准"引入"法治意识"和"家国情怀"的思政教育。在学习我国现行的污水综合排放标准相关内容时,引入杭州某污水处理厂水处理案例。该污水处理厂的水源是某化工厂,其产生的废水中污染物的含量都远超国家对于城镇污水的排放标准。该废水偏酸性,且具有较高的硫含量,无法直接进行排放。通过污水处理厂的系列处理,出水口的水质的相关指标已全部达标。通过分析进出水水质的相关数据,比较主要指标如化学需氧量(chemical oxygen demand,COD)、生化需氧量(biochemical oxygen demand,BOD)等的变化情况,并与我国现行的环境标准比对以判定是否达标,有利于学生对于《皂素工业水污染物排放标准》(GB 20425—2006)、《医疗机构污水排放要求》(GB 18466—2001)等主要水质标准和《环境保护法》《水污染防治法》等相关法规的了解。同时,也要让学生深刻意识到,大到国家政体,小到个人言行,都需要在法治的框架中运行。对环境各项法律法规的遵守与执行,是推进环境法治化建设的重要前提,也是加强我国生态文明建设的必要条件。

将监测到的数据与水质排放标准进行对比,分析监测项目超标与否,是否会产生环境问题,从而引发学生对于环境标准设定的意义与合理性的思考。水俣病事件与骨痛病事件等环境公害事件均是前车之鉴,我国的雾霾污染也曾严重危害到公民的健康安全,正是一次次在环境治理道路上的探索,环境人的迎难而上,才使得这些问题得到妥善解决。

通过对以上案例的讲解,让学生意识到,环境保护是国家可持续发展的必要条件,利用环境监测手段筑好环境治理的第一道防线,是每位环境学子需要树立的基本意识。做好环境保护,才能更快推进中华民族的伟大复兴。

对以上内容通过案例分析法与启发引导法进行教学,在增强学生对于环境相关法规的了解的同时,让学生意识到法治与环境治理相结合的重要性,牢牢建立起依法治理环境、利用法律和学习法条的法治意识。同时引发学生对于环境标准设定意义的思考,激发学生为国家环境事业奋斗终生的家国情怀。

案例 7-2

知识点:监测技术概括。

思政维度:社会责任。

教学设计:由知识点"监测技术概括"引入"社会责任"的思政教育。对环境监测主要技术进行介绍,使得学生初步掌握相关的基础知识点。通过对一些具体案例中当地的环境部门所使用的检测手段的讲解与介绍,促进学生进一步消化知识点。专业课程的教学不仅要以具体实例为案例,并且要结合时事热点,例如2020年发生在浙江省的"衢州化工厂爆炸事故"。此时可引入事故后的环境监测报道视频,以让学生更加直观地感受到爆炸后环境监测工作的困难。从视频中可以看到,浓烟滚滚,环境遭到破坏后政府人员迅速行动,让学生充分意识到我国对于环境治理的重视,理解与环境和谐共生的生态理念。视频中也指出,目前造成的环境影响在可控范围之内。我们能够将如此紧急的事故迅速解决得益于政府的积极响应和社会各方的配合与帮助。我们也看到了在事故解决之后相关的环境部门人员并未放松警惕,而是进一步对爆炸产生的污染物进行监测和分析。他们所使用的检测手段主要是针对空气中所激增的大量化学品的采集、测试和数据处理技术等。对于环境学子而言,更应该从事件中学会反思和分析,深刻认识到所学技术在环境治理中的重要作用。环境治理不是空口白话,需要每一位环境人的努力和每一位公民的努力。大学生应该肩负起生态文明建设的重任,努力学习专业知识,提高自身素质,在学习阶段应扛起责任,从而在此百年未有之大变局中承担起自身的历史使命。

2 水和废水监测

【专业教学目标】

掌握水质监测与废水监测的基本概念,通过对于水质监测方案设计的学习,提升对于各项指标的测试实验等专业能力,培养在实际方案设计中所需的因地制宜、随机应变的综合分析能力。

【思政元素分析】

本章所讲述的内容包括了水污染的主要类型、水质监测方案的制定,以及水样处理方法和各类水质评价的指标等。其中针对水质监测方案制订等知识点进行"生态理念""社会责任"等思政元素的挖掘。具体的分析如下:

1.生态理念

本章所讲述的内容中,第一节包含两个方面,分别为水污染与水质监测。通过本节内容教学,引导学生明确水质监测的目的和原因。通过对"2012年广西龙江镉污染事件"案例讲解,引发学生对水环境污染严重性的深刻认识,引发学生对水体污染特性的理解,促使学生认识到生态环境保护和环境生态治理的重要性。

2.社会责任

通过讲授典型环境事故处理中的环境监测工作案例,以及剖析其中的企业社会责任,激发学生勇担重责、勇为先锋的社会责任感。鼓励学生勇于直面困难,用更专业的知识和能力为国家和社会服务。

【教学设计实例】

案例 7-3

知识点：水质监测方案制订。

思政维度：生态理念。

教学设计：由知识点"水质监测方案制订"引入"生态理念"的思政教育。水质监测的目的在于保证水质安全的同时，为水环境修复提供基础数据，在此可引入浙江省"五水共治"方针的主要理念，即水是生命之源、生产之要、生态之基，并学习习近平所提出的"绿水青山就是金山银山"的理念。水是生命之源，水质问题解决的首要手段便是水质监测，只有设计合理的水质监测方案才能够进行有效的生态环境修复，保护人类赖以生存的家园。通过以上论述可加强学生对于可持续发展和生态环境保护的生态理念的认识。

在讲解水质监测方案的制订时，可引入"2012 年广西龙江镉污染事件"这一案例。2012 年 1 月至 2 月，广西壮族自治区龙江发生镉污染事件。龙江为柳江支流，在柳州市柳城县内汇入柳江，柳江为柳州市饮用水主要来源。镉系重金属，人若长期接触会对肾功能造成损害。1 月 15 日，河池市环保局检测发现龙江拉郎水电站水的镉含量超过《地表水环境质量标准》(GB 3838—2002) 中的 Ⅲ 类标准约 80 倍。龙江镉污染对下游人口达 370 余万的柳州市饮水安全造成了威胁。发生镉污染的主要原因是河池市某材料厂和某冶化厂利用溶洞排放废液。污染发生后主要使用的污染处理技术为"弱碱性化学沉淀应急除镉技术"，即使用氢氧化钠或石灰，以及聚合氯化铝，絮凝沉降镉离子。2 月 23 日突发环境事件应急响应解除。事件发生期间，柳州市自来水水质均符合国家标准。可以看到本次事件确实给人民带来了健康问题，并且也造成了大量的经济损失。值得注意的是当地的环境保护部门响应和处理非常及时，并且处理方案精准，其技术掌握到位可见一斑。另外，本次事件的及时发现离不开河池市环保局对于环境的监测到位、监测方案的设计合理。

基于案例分析法和启发引导法，通过介绍"2012 年广西龙江镉污染事件"这一案例，展现我国对环境突发事件的解决能力，加强学生对生态环境应急治理的理解。

案例 7-4

知识点：金属化合物的测定。

思政维度：社会责任。

教学设计：由知识点"金属化合物的测定"引入"社会责任"的思政教育。金属化合物是水质监测中所关注的重点，因为有水俣病事件、骨痛病事件等著名的重金属污染的大型事故在先，以史为鉴，必须重视金属化合物的监测。水中金属化合物的排放来源非常广泛，小小一节干电池所带来的重金属污染都是不容小觑的，而且一般由于在水中扩散较快，一旦发生重金属污染事件，其影响都是非常广泛的。例如"2005 年珠江流域北江镉污染事故"，北江是珠江三大支流之一，也是广东各市的重要饮用水源。2005 年 12 月 15 日北江韶关段出现严重镉污染，高桥断面检测到镉浓度超标 12 倍多。韶关地处北江上游,一旦发生污染将直接影响下游城市数千万群众的饮水安全。经调查发现,此次北江韶关段镉污染事故,是由韶关某冶炼厂在设备检修期间超标排放含镉废水所致,是一次由企业违法超标排污导致的严重环境污染事故。从以上事例来看,对于环境中金属化合物的含量监测到位能够及时地保护我们人民的生命财产与安全。党的十九大以来,我们国家一直强调加强生态环境保护,建设美丽中国。而美丽中国的建设离不开我们环境人的献计献策。

以案例分析法和启发引导法讲授典型环境事故背后的原因,强调企业需承担的企业社会责任,引导学生作为未来的环境行业从业人员必须严格遵守规范,应具有社会责任意识,激发学生努力学习专业技术以及解决民生疾苦的强烈社会责任感。

3 大气和废气监测

【专业教学目标】

掌握大气和废气监测的概念、原理和方法,通过对于大气和废气监测的学习,提升在大气和废气各项指标的测试实验等方面的专业能力,提高对环境大气污染源的辨别能力。

【思政元素分析】

本章以大气污染监测的基本知识为基础,讲解大气监测的原理和方法。其中针对大气污染防治政策法规等知识点进行"社会责任""生态理念"等思政元素的挖掘。具体分析如下:

1. 社会责任

本章要求学生掌握大气环境质量监测方案,同时查阅有关"气十条"等大气污染防治政策法规,学习习近平生态文明思想中关于大气环境治理方面的精神,增强学生对生活在同一个地球上,呼吸着相同的空气,有义务和责任维护环境空气质量的社会责任的认同。

2. 生态理念

结合国情制定的蓝天保卫战目标任务、重点区域秋冬季大气污染综合治理攻坚、重点行业挥发性有机物污染治理措施、柴油货车污染治理措施、消耗臭氧层物质淘汰管理措施等,体现了人与自然和谐共存,共同承担环境保护历史重任的生态理念。

【教学设计实例】

案例 7-5

知识点:环境空气质量标准。

思政维度:社会责任。

教学设计:由知识点"环境空气质量标准"引入"社会责任"的思政教育。以空气质量标准为切入点,讲解空气质量标准中的环境空气功能区分类、标准分级、污染物项目、平均时间和浓度限值、监测方法、数据统计的有效性及实施与监督等内容。以伦敦烟雾事件和洛杉矶光化学烟雾事件为例说明空气质量标准的制定对控制大气污染的重要性。伦敦烟雾主要是煤炭燃烧排放二氧化硫(SO_2)、颗粒物以及SO_2氧化形成硫酸盐颗粒物造成大气污染的现象。洛杉矶光化学烟雾事件的发生是由于洛杉矶三面环山,大气污染物不易扩散,而且洛杉矶经常受到逆温的影响,更使污染物聚集在洛杉矶本地。汽车尾气中的烯烃类碳氢化合物和二氧化氮（NO_2）被排放到大气中后,在强烈的阳光紫外线照射下,会吸收太阳光所具有的能量。这些物质的分子在吸收了太阳光的能量后,会变得不稳定,原有的化学键遭到破坏,形成新的物质。

通过上述案例的讲解,让学生认同保护我们生活的家园是每个人的责任和义务,生活在同一个地球上,呼吸着相同的空气,有义务和责任维护环境空气质量,增强学生的社会责任感。

案例 7-6

知识点：大气污染监测。

思政维度：生态理念。

教学设计：由知识点"大气污染监测"引入"生态理念"的思政教育。首先,从大气污染来源切入,讲解大气污染来源分为天然来源和人为来源两类,结合儒家"天人合一"的思想,"人法地,地法天,天法道,道法自然",告诉学生要认识到顺应自然规律的重要性。以山西省大气污染来源为例进行思政教学。山西省作为全国的能源和重工业基地,近几年空气质量形势严峻,尤其是冬季大气污染日趋严重,再加上山西降雨量少、气候干旱、湿度低,大气中的污染物很难随雨落下,给当地生态环境造成压力。山西大气污染成因与过度开采煤矿不无关系。通过讲解此案例让学生深刻意识到破坏环境带来的经济发展是不长久和不健康的,要顺应自然规律,结合当地生态合理利用自然资源,同时做好环境保护措施,体现生态发展的理念。其次,顺势引出大气污染综合防治措施"气十条"。以北京市为例,应破解大气污染防治中的若干难点问题,实现首都空气质量长效改善。一是采取坚决措施应对秋冬季重污染问题,重点破解冬季采暖燃煤散烧顽疾,针对北京城中村、城乡接合部地区以及南四区(丰台、房山、通州、大兴),采用煤改电和冬季特别电价等措施,解决冬季居民采暖问题。二是重点推进北京南四区大气污染治理工作,精细化城市管理,严控扬尘污染,基本淘汰南四区燃煤锅炉,优先启动南四区民用散煤清洁能源替代工程,尽快完成南四区污染小企业退出。三是进一步提升北京市机动车污染排放控制能力。四是建立和完善非道路移动源的大气污染排放控制体系,建立统一的非道路移动源台账系统。五是科学确定北京市挥发性有机物与氮氧化物的协同减排策略。六是加强重污染天气应急减排力度。

通过案例分析让学生深刻认识,为了综合防治大气污染,不仅国家层面要出台政策,而且个人也要积极配合,使学生形成社会责任感,践行"五位一体"总体布局和共享、绿色的发展理念。

4 固体废物监测

【专业教学目标】

掌握固体废物监测的概念、原理和方法,具备固体废物污染判断力,提升在固体废物各项指标的测试实验等方面专业能力,提升对环境中固体废物的辨别能力。

【思政元素分析】

本章内容主要包括工业有害固废监测的特点,学生应掌握不同场所的布点方法、样品采集数量和分量的要求、样品的前处理方法,以及有害固废的特性分析等。其中可针对固体废物的管理和监测进行"法治意识""家国情怀"的思政元素挖掘。具体分析如下:

1.法治意识

固体废物,主要分为危险固废和一般固废,其中危险固废的环境危害尤其值得关注。通过对于"衢州某产业集聚区固体废物处理"案例的讲解,让学生认识到固体废物处置不当的潜在危害,加强学生对固体废物管理和监测重要性的认识。

2.家国情怀

我国已全面推进全区固体废物进口管理制度改革,实行固体废物无害化、资源化利用,禁止洋垃圾入境,保护生态环境安全和人民群众身体健康。通过"国务院禁止洋垃圾进入"这一案例的介绍使学生意识到固体废物合理处置和资源再利用的重要性,应理解党的方针政策,坚定中国特色社会主义信念,共建"绿水青山"家园。

【教学设计实例】

案例 7-7

知识点:工业有害固废的环境危害特点。

思政维度:法治意识。

教学设计:由知识点"工业有害固废的环境危害特点"引入"法治意识"的思政教育。固体废物的管理不只对固废本身的处置有着重要的意义,对于保护周边环境同样起着非常重要的作用。

衢州某产业集聚区成立于 2011 年,是浙江省重点打造的 15 个省级产业集聚区之一,定位于打造浙江绿色发展示范区。园区以氟化工、硅化工、金属制品业、特色石化材料、新材料等产业为主导,生物化工、环保产业等新兴产业同步发展。绿色产业集聚区内某化学工业有限公司厂区内原露天堆放约 110 万吨钢渣,场地淋溶液呈强碱性,地下水受到污染。经媒体曝光后,虽然清运处理了钢渣,但集聚区相关部门未对地下水污染状况进行全面调查,未制订全面整治方案,仅对部分区域进行了注酸中和,堆场污染问题未能彻底解决。2017 年,浙江省第一轮中央生态环境保护督察期间,群众投诉该化学工业有限公司原钢渣堆场仍有强碱性淋溶液直排。集聚区相关部门后续整改工作不彻底,对原注酸中和区域实施了防渗工程和淋溶液收集处理措施,但没有对其余污染区域进行全面整治,即上报衢州市完成整改并销号。环保督察发现,在该区域还违法堆存大量固体废物。约 2.3 万立方米电石渣堆存场地内无有效"三防"措施,淋溶液长期渗排、直排,污染地下水。在该区域采样监测,结果显示,淋溶液和地下水均呈强碱性。该产业集聚区相关部门没有严格践行绿色发展理念,对固体废物污染排查整治不到位,导致环境污染问题长期未能彻底解决。

固体废弃物对环境的危害很大,主要体现在以下几个方面:①侵占土地。如果固体废物不能及时处理和处置,随意堆放不仅将占用大量土地,而且会破坏地貌、植被、自然景观和农业生产。②污染土壤。如果固体废物处理不当,有害成分很容易通过地表径流进入土壤,杀死土壤中的有益微生物,破坏土壤结构,从而导致土壤条件恶化。③污染水体。固体废物可通过自然降水、随风漂移等方式进入地表径流,从而进入河流和湖泊等水体,造成地表水污染。

从违法堆存、污染地下水等典型问题出发,分析原因,采用上述的案例分析法,让学生了解固体废物监管的重要生态意义和违法成本,增强学生对于固废管理重要性的认识,提高学生的法治意识。

案例 7-8

知识点:生态监测的基本理论和方法。

思政维度:家国情怀。

教学设计:由知识点"生态监测的基本理论和方法"引入"家国情怀"的思政教育。洋垃圾,指进口固体废物,有时又特指以走私、夹带等方式进入的国家禁止进口的固体废物或未经许可擅自进入的限制进口的固体废物。从广东龙塘镇定安村"焚烧洋垃圾"事件,到重庆市"涉嫌走私电子洋垃圾"事件,其中令人深恶痛绝的电子洋垃圾经权威部门鉴定,含有大量的有毒有害物质,一台电脑显示器,仅铅含量平均就达 1 公斤多,属中国禁止进口的固体废物。从全面禁止洋垃圾入境切入,说明切实加强固体废物回收利用管理,发展循环经济,改善环境质量,维护国家生态环境安全和人民群众身体健康的重要性。

2020 年 11 月 30 日,生态环境部固体废物与化学品司司长邱启文说,截至 2020年 11 月 15 日,全国固体废物进口总量为 718 万吨,同比减少 41%。在生态环境部当天举行的新闻发布会上,邱启文表示,2017 年国务院办公厅印发《禁止洋垃圾入境推进固体废物进口管理制度改革实施方案》以来,这项改革取得明显成效。他介绍,我国固体废物进口量逐年大幅减少。2017 年、2018 年和 2019 年,全国固体废物进口量分别为 4227 万吨、2263 万吨和 1348 万吨,与改革前 2016 年的 4655 万吨相比,降幅明显。2020 年 1 月 24 日,生态环境部会同相关部门联合发布公告,自 2021 年 1 月 1日起,我国禁止以任何方式进口固体废物。

邱启文表示,全面禁止固体废物进口后,生态环境部将会同有关部门完善相关配套法规制度,同时积极配合海关总署充分发挥全国打击走私综合治理部际联席会议机制作用,持续开展打击洋垃圾走私行动,依法从严处罚进口固体废物等违法行为,有效切断洋垃圾走私供需利益链。此外,要继续加大对固体废物集散地、"散乱污"企业的清理整顿力度,加强固体废物循环利用行业监管,依法查处固体废物加工利用行业的环境违法行为。

"既要金山银山,又要绿水青山",这不能只是一种口号,更要落实于实际行动。面对洋垃圾,中国决不能手下留情。我国作为一个正在飞速发展的大国,扮演着"世界工厂"的角色,一定要防止在没有完成"中国创造"蜕变之前就变成"世界垃圾厂"。我们应全面贯彻党的十九大精神,深入贯彻习近平新时代中国特色社会主义思想,认真落实党中央、国务院决策部署,全面禁止洋垃圾入境,切实加强固体废物回收利用管理,发展循环经济,改善环境质量,维护国家生态环境安全和人民群众身体健康。

利用上述案例分析方法进行教学,一方面使得学生认识到固废管理、资源合理配置的重要性,另一方面也使学生意识到在国际竞争的大环境中更要注意维护国家的利益,从而更加拥护中国共产党领导,坚定中国特色社会主义制度自信,坚定中国特色社会主义信念,树立崇高的家国情怀。

5　土壤监测

【专业教学目标】

掌握土壤监测的概念、原理和方法,提升在土壤各项指标的测试实验等方面的专业能力,提高对环境中土壤污染的辨别能力。

【思政元素分析】

本章内容主要为土壤监测和土壤污染特点:污染面广,危害大,导致土壤性质恶化,肥力下降,并对土壤中生长的作物产生危害。其中可针对土壤污染危害大的特点,将"社会责任"作为课程思政维度。具体分析如下:

自从我国实行改革开放政策以来,国家整体经济建设得到显著提高,促使了工业、农业等行业的快速发展。在社会不断快速发展的过程中,企业生产活动中产生的工业废物对环境造成一定程度的污染,其中污染物对于土壤的破坏不可忽视。土壤是人们正常生活的重要根本,土壤的污染会导致土内部结构破坏以及质量的巨大变化,威胁人们居住环境的稳定性。提高我国土壤环境质量,有效地降低土壤污染物,保障社会整体环境洁净是我国现阶段重要发展目标。环境专业的学生作为专业环保人士及时发现或制止周边的土壤污染,可以体现自己作为公民的社会责任感。

【教学设计实例】

案例 7-9

知识点:土壤污染对人体健康和粮食安全的影响。

思政维度:社会责任。

教学设计:由知识点"土壤污染对人体健康和粮食安全的影响"引入"社会责任"的思政教育。近年来,土地污染事件频发,牵动人们的神经,人们也开始担心每天踩在脚下的土地是否安全。可以说,每一次土地污染事件都是一次创伤、一次教训和一次警示。

2015 年 9 月,江苏省某学校搬迁至新校址后,很多学生因为环境污染,出现了各种不适症状,引发社会广泛关注。媒体报道称,该学校新校址与一污染地块仅一路之隔,该污染场地原来是运作了几十年的农药厂、化工厂。学校很多在校学生不断出现不良反应和患上疾病,有 493 人出现血液指标异常、白细胞减少的情况或患上皮炎、湿疹、支气管炎等疾病。调查发现,污染地块部分污染物超标近 10 万倍,学校内污染物质与污染地块上的污染物质对应吻合。2016 年 4 月 17 日,央视曝光这一学校新址污染事件。2016 年 4 月 18 日凌晨,政府部门成立联合调查工作组,严肃问责了相关责任人 10 名,并对辖区人民政府给予通报批评。

2013 年 5 月,广州市食品药品监督管理局在其网站公布了 2013 年第一季度抽检结果。此次抽检大米及米制品的合格率较低,抽检的 18 批次中只有 10 批次合格,合格率为 55.56%。8 批次不合格的原因都是镉含量超标,镉大米事件随即引起轰动。镉超标大米主要产自湖南省,2013 年 5 月 29 日湖南省对曝光的生产企业首次回应了镉米事件,表示对加工单位进行了专门检查,对库存粮食加强了监测,强调湖南省绝大部分粮食及加工产品是安全的,尤其是畜禽水产品、蔬菜、水果等农产品质量合格率多年稳居全国前列。

土壤监测对粮食安全起着重要作用。土壤污染还可以通过吸入等直接暴露途径危害人体健康。通过上述案例的分析和叙述,促使学生积极主动地学习土壤监测的主要方法、特点和原理等,使学生意识到自身所肩负的修复环境、改善土壤的社会重责。

6 生态监测

【专业教学目标】

掌握生态监测的基本知识,包括生态监测的基本程序和主要概念、原理和方法,具备在生态监测和生态监测指标的测试技术与方法等方面的专业能力和对环境中生物污染的辨别能力。

【思政元素分析】

生态环境监测是环境监测发展的一个重要分支学科,是环境生态建设的技术保证和支持体系,是生态管理的基础,也是生态法律法规的依据。本章要求学生理解生态监测的基本概念和原理,掌握生态监测的基本程序和主要方法,具有综合应用多种方法处理环境监测实践问题的能力。引导学生重在整体综合,以对人类活动造成的生态破坏和影响进行测定,发掘"生态理念"思政元素。具体分析如下:

本章讲解的生态监测旨在保护生物多样性,有两个尺度,即宏观尺度的生态环境的多样性和微观尺度的物种多样性。这是生态监测的重点,通过案例讲解,让学生认识到生物多样性的意义,使学生理解"人与自然和谐相处"的理念,树立生态系统整体观、系统观。

【教学设计实例】

案例 7-10

知识点:生态监测的基本理论和方法。

思政维度:生态理念。

教学设计：由知识点"生态监测的基本理论和方法"引入"生态理念"的思政教育。假设我们可以提供水环境、大气环境、土壤环境等各项监测技术，我们也了解生态系统的各个组成部分，这是否就意味着我们可完整地理解并掌控某一个生态系统？——如何来验证我们对生态系统的认识是正确而全面的？为此科学家们模拟人类生存的地球即"生物圈一号"，构建了一个人类离开地球之后可以继续生存的生态系统"生物圈二号"，如果人类对生物圈的理解完全正确，那么这个生物圈可以一直稳定存在。

事实上，美国从 1984 年起花费了近 2 亿美元，在亚利桑那州建造了一个几乎完全密闭的"生物圈二号"实验基地。1993 年 1 月，8 名科学家进入"生物圈二号"。按照计划，他们将在里面待上两年，不发生严重意外的话，是不能提前出来的。要求两年中除了提供第一批包括种子在内的物品外，其余的一切都需要他们自己解决。能源，取自太阳；氧气，由他们种植的植物产生；粮食，靠他们自己在里面播种获得；肉类，取自他们养的鸡、鸭、猪、羊；里面的气候，也是由他们来设法控制，并尽可能模拟地球气候。总之，他们要设法保证这个小小的生态系统的平衡以维持自己的生存。结果一年多后，由于土壤中的碳与氧气反应生成二氧化碳，而部分二氧化碳与建筑"生物圈二号"所用的混凝土中的钙发生反应生成碳酸钙，导致"生物圈二号"的氧气含量从 21% 下降到 14%。由于没有调节好内部气候，粮食歉收，科学家们不得不吃种子勉强度日。最终，科学家不得不提前撤出实验室。更令人意外的是，"生物圈二号"运行三年后，其中的一氧化碳含量猛增到 79%，达到了足以使人体合成维生素 B12 的能力减弱、危害大脑健康的水平。1996 年 1 月 1 日，哥伦比亚大学接管了"生物圈二号"。同年 9 月，由数名科学家组成的委员会对实验进行了总结，他们的结论是，在现有的技术条件下，人类还无法模拟出一个类似地球的、可供人类生存的生态环境。

人类对自然的认识远没有达到可以控制的水平，人类需要对自然界有更多更深的认识，请保护好每一种生态环境。要树立正确的生态理念，把人类回归到自然环境，而不是一味地改变自然；人类首先要尊重自然，了解自然，然后才是顺应自然，保护自然。

案例 7-11

知识点：物种丰度。

思政维度：生态理念。

教学设计：由知识点"物种丰度"引入"生态理念"的思政教育。生物多样性的监测内容之一是物种数量的监测，但研究结果却向人类披露了一个残酷的事实：地球上的生物正在以 3 个物种每小时的速度消失，甚至还有一些物种，它们存在或者消失，都没有被人类关注到。物种的快速消失给人类带来的是一种恐慌，因此，以最快的速度发现、鉴定新物种，了解其生活习性，并实施必要的保护措施是当前生态保护工作的重点。那么区区一个物种对人类的意义究竟有多大呢？让我们来看看两位院士和一株野生稻、一株微生物的故事。

1970 年,袁隆平在海南岛发现了一株野生稻天然败育株。后来的研究发现,这株野生稻天然败育株的不育,是细胞质基因与细胞核基因互相作用造成的。袁隆平就是利用了这种细胞核与细胞质育性基因之间的相互作用,成功培育出了杂交水稻,让中国人从此不再受饥饿威胁。"井冈霉素",全中国的农民可能都知道,那是防治水稻常见病——稻纹枯病的必用农药。它的发明者正是浙江嵊州籍科学家沈寅初院士。沈寅初和他的实验团队人员跑遍全国各地的乡间田头,提取土壤样本,在经历了几万次的失败后,终在井冈山的土壤中发现了这种不知名的微生物,它的产物能防治水稻纹枯病。为了纪念它的发现,将这种微生物取名为"井冈霉素"。

一位科学家用野生稻株发明了杂交水稻,一位科学家用乡间土壤发明了高效的农药。这些实例让我们认识到每一个生物物种的重要性,认识到生物多样性对维持生态稳定的重要意义。

7 物理性污染监测

【专业教学目标】

掌握物理性污染检测的概念、原理和方法,具备在物理性污染监测指标的测试实验等方面的专业能力,提高对环境中物理性污染的辨别能力。

【思政元素分析】

本章内容主要为噪声、放射性物质等物理性污染的监测,蕴含思政元素,如"科学素养"。具体分析如下:

在物理性污染监测的教学实践中,充分解析"声音和噪声的共性与区别",开展科学思维方法的训练,培养学生全面、辩证看待问题的能力。

【教学设计实例】

案例 7-12

知识点:声音和噪声的共性与区别。

思政维度:科学素养。

教学设计:由知识点"声音和噪声的共性与区别"引入"科学素养"的思政教育。噪声在物理学上被定义为杂乱无章的声音,在环境学上则被定义为人们不需要的声音。如要保证谈话交流的顺畅需要声音在 50 分贝以下的环境,睡眠则需要声音在 30 分贝以下的环境。而剧院的声音远远超过 50 分贝,但依然一票难求。如果没有了爆竹声也就少了中国春节的喜庆味道。所以,对噪声的判断需要考虑环境需求,而不是简单的一刀切。事实上,声音对人类和动物都是非常重要的存在。

"人类离不开声音"。在绝对安静甚至接近安静的环境下,人的大脑和耳朵的反应会非常怪异,怪到会使人产生很多种诡异奇怪的声音体验,如听到自己血液涌向头部的声音、呼吸声、心跳声,以及消化系统咕噜咕噜的声音,有人还会产生持续性耳鸣。国外科学家专门设计了一个独特的房间,除了内部墙面上使用的凸出锥体结构用于吸声外,其他什么都没有,屋里极其安静。但是待在里面的人并不舒服,相反他们幻听到各种古怪的声音,并产生恐惧和不安这些负面感觉,且随时间的增加而变得更强烈。最终的结果是没有一个人能在里面舒服地待上一个小时。人类看似需要声音的陪伴。

声音对动物来说也同样很重要。蝙蝠可以说是特殊的动物了,它虽然有一双眼睛,却是动物界中的"盲人"。它的眼睛是名不副实的,因为它用耳朵听超声波来辨别位置和躲避障碍物。如果没有声音,蝙蝠听不见声音,捕不到食物,也不能够飞翔,那么生存的机会也就无从谈起。

人类有了听觉的那一刻起,就已经与声音共存了。声环境监测只能提供监测数据,污染水平还要根据所在的环境及功能需求进行判断。以此案例,培养学生全面、综合、辩证分析问题的科学思维。

案例 7-13

知识点:辐射的基本知识及其监测。

思政维度:科学素养。

教学设计:由知识点"辐射的基本知识及其监测"引入"科学素养"的思政教育。本章讲解的物理性污染监测中的辐射问题受到普遍关注,但是学生对于辐射污染的认识还很缺乏。通过讨论可提高学生的认知水平,有助于培养学生独立思考、独立判断的能力,避免人云亦云盲目跟从。

首先提问:5G 时代通信基站的辐射会不会更大?5G 对人体健康有危害吗?

引导 1:在我们的生活中,辐射是时刻存在的,但并不是全部有害。一部分辐射是大自然本身就有的,而一部分辐射是人类制造出来的。大自然辐射,最典型的,就是太阳发光发热产生的辐射。太阳就是一个场源。

引导 2:电磁波对人体的辐射危害有何规律?电磁波的频率越高,它的能量就越大。换言之,它的辐射就越大。由电磁波产生的辐射,就是电磁辐射。根据电磁波频率的不同,电磁辐射又分为电离辐射和非电离辐射。非电离辐射的频率,比电离辐射小得多。它的能量,也比电离辐射小得多。真正会对人体造成伤害的,是电离辐射。

引导 3:判断电磁波对人体的辐射危害程度的主要因素有哪些?主要看电磁辐射的剂量以及持续时间。剂量越大,持续时间越长,伤害就越大;反之,剂量越小,持续时间越短,伤害就越小,甚至可以被忽略,人类就可以合理利用。

引导 4:5G 基站分为宏基站和微基站。室外看到的那种大型的、带有板状天线的基站,是宏基站。正常情况下,一个宏基站的功率是 40W。距离基站 10m 的位置,辐射大约是 $3.18\mu W/cm^2$。包括 5G 在内的无线通信都属于非电离辐射,就是使用频率小于 $10\sim12Hz$ 的电磁波进行通信的一种方式。我国的标准是 $40\mu W/cm^2$,这到底有多大呢?以太阳光来对比一下。物理学家已经算出,地球上太阳光的辐射功率面密度大约是 $10^5\mu W/cm^2$。也就是说,我国标准中基站辐射的强度,是太阳光照射强度的 2500 分之一。而微基站(像无线路由器那样),虽然其离人体更近,但微基站的天线功率,都在 10W 以内,更多的是 100mW 级别。

引导 5:其实,通信基站的辐射量还没有一屋子家电辐射大,如吹风机、微波炉、电脑、彩电、冰箱……大家完全可以一种平常心态对待通信基站和微基站。

通过以上 5 个问题的引导,向学生讲解手机基站的辐射强度,引导学生将所学的知识用于解答公众的困惑,使学生形成批判质疑、实证求真的态度,让学生懂得猜测不如验证,事实胜于雄辩,应做好专业相关的公共宣传工作。同时激发学生专业热情,使学生重视物理性污染,掌握监测技术,为环境认识提供第一手数据资料。

8 监测管理和质量保证

【专业教学目标】

掌握监测管理和质量保证的概念、原理和方法,提升在监测数据的质量、数据处理等方面的专业能力,提高对监测数据管理的能力。

【思政元素分析】

本章内容主要集中在分析环境监测质量保证的意义。要保证数据的准确性和可比性,以便得出正确的监测结论。拟从环境工作者的"社会责任"这一思政维度进行分析,具体分析如下:

监测数据质量代表生态环境部门的形象和公信力。而监测数据作为日后环境修复方案制订的基础和依据则尤为重要,因此掌握环境监测实验方法,探测可靠准确的数据以为日后方案制订提供基本依据是我们环境人最为重要的社会责任之一。

【教学设计实例】

案例 7-14

知识点:环境监测数据的重要性。

思政维度:社会责任。

教学设计:由知识点"环境监测数据的重要性"引入"社会责任"的思政教育。《环境监测数据弄虚作假行为判定及处理办法》(以下简称《办法》)规定,篡改伪造监测数据将被严惩。《办法》于 2016 年 1 月 1 日起实施,其明确了篡改监测数据的 14 种情形,主要包括:未经批准部门同意,擅自停运、变更、增减环境监测点位或者故意改变环境监测点位属性的;采取人工遮挡、堵塞和喷淋等方式,干扰采样口或周围局部环境的;人为操纵、干预或者破坏排污单位生产工况、污染源净化设施,使生产或污染状况不符合实际情况等。同时,《办法》明确了伪造监测数据的 8 种情形,主要包括:纸质原始记录与电子存储记录不一致,或者谱图与分析结果不对应,或者用其他样品的分析结果和图谱替代的;监测报告与原始记录信息不一致,或者没有相应原始数据的;监测报告的副本与正本不一致的等。根据《办法》,涉嫌指使篡改、伪造监测数据的行为有5 种,主要包括:强令、授意有关人员篡改、伪造监测数据的;将考核达标或者评比排名情况列为下属监测机构、监测人员的工作考核要求,意图干预监测数据的等。《办法》明确,环境保护主管部门发现篡改、伪造监测数据,涉及目标考核的,视情节严重程度将考核结果降低等级或者确定为不合格,情节严重的,取消授予的环境保护荣誉称号;涉及县域生态考核的,视情节严重程度,建议国务院财政主管部门减少或者取消当年中央财政资金转移支付;涉及《大气污染防治行动计划》《水污染防治行动计划》排名的,分别以当日或当月监测数据的历史最高浓度值计算排名。

此案例说明了环境监测数据对于环境治理的重要性,启发学生在设计环境监测方案和实际监测过程中需严谨、缜密,且不得篡改监测数据。培养学生基本的学术道德和科学素养,引导学生要肩负起自身的社会责任,为自己监测所得的数据负责。

第 3 部分　课程思政元素案例总览

章节	知识点	思政维度	教学内容及目标
1. 环境监测概述	环境标准	法治意识、家国情怀	通过案例分析,在增强学生对于环境相关法规的了解的同时让学生意识到环保法治化的重要性,牢牢建立起依法治理环境、利用法律和学习法条的法治意识。同时引发学生对于环境标准设定意义的思考,激发学生为国家环境事业奋斗终生的家国情怀。
	监测技术概括	社会责任	通过对时事热点案例的讲解,例如 2020 年发生在浙江省的"衢州化工厂爆炸事故",让学生从事件中学会反思和分析,深刻理解所学技术对环境治理的重要性,引导学生应该肩负起生态文明建设的重任,努力学习专业知识,提高自身专业素质,勇担历史使命。
2. 水和废水监测	水质监测方案制订	生态理念	由知识点"水质监测方案制订"引入"生态理念"的思政教育。水质监测的目的在于保证水体安全的同时,为水环境修复提供基础数据,在此可引入浙江省"五水共治"方针的主要理念,并引导学生学习习近平所提出的"绿水青山就是金山银山"的理念。水质问题解决的首要手段便是水质监测,只有设计合理的水质监测方案才能够进行有效的生态环境修复,引入"2012 年广西龙江镉污染事件"这一案例进行具体分析。
	金属化合物的测定	社会责任	由知识点"金属化合物的测定"引入"社会责任"的思政教育。以史为鉴,利用水俣病事件、骨痛病事件等著名的重金属污染公害事件引入金属化合物监测的相关知识。通过引导学生讨论"2005 年珠江流域北江镉污染事故",培养学生的社会责任感和发现问题、分析问题、解决问题的能力。

章节	知识点	思政维度	教学内容及目标
3.大气和废气监测	环境空气质量标准	社会责任	主要以人类面临的主要大气污染问题为研究对象,探讨人类活动导致的环境污染的成因、特征及规律,目的是使学生在掌握一定知识的基础上,让学生了解当前全球和我国大气环境污染的严重性、危害及其产生的原因,树立人与自然和谐共存的观点,同时承担起保护环境的历史重任。以伦敦烟雾事件和洛杉矶光化学烟雾事件为例,说明空气质量标准的制定对控制大气污染的重要性。
	大气污染监测	生态理念	由知识点"大气污染监测"引入"生态理念"的思政教育。从大气污染来源切入,以山西省大气污染来源为例进行讲解。通过此案例分析,让学生深刻意识到经济发展需结合当地生态,合理利用自然资源,同时应做好环境保护措施,体现生态发展的理念。并将世界环境日、生态文明建设、碳排放权交易等知识点将思政教育中的认识与实践的统一、事物的普遍联系与发展、人类社会的发展规律等知识点贯穿教学实践。
4.固体废物监测	工业有害固废的环境危害特点	法治意识	固体废物的管理不只对固废本身的处置有重要的意义,对于保护周边环境同样有重要作用。从浙江衢州某产业集聚区大量固体废物违法堆存,污染地下水,问题长期得不到解决入手,分析由此引起的一系列环境问题,让学生了解固体废物监管的重要生态意义。
	生态监测的基本理论和方法	家国情怀	从全面禁止洋垃圾入境切入,说明切实加强固体废物回收利用管理,发展循环经济,改善环境质量,维护国家生态环境安全和人民群众身体健康的重要性,并帮助学生理解习近平提出的"既要金山银山,又要绿水青山"这一生态理念。由洋垃圾竞争案例唤醒学生在国际竞争大环境中维护国家利益的意识,培养学生的家国情怀。
5.土壤监测	土壤污染对人体健康和粮食安全的影响	社会责任	由江苏某学校土地污染事件等案例切入,针对后续检测和处理措施进行说明讲解,让学生意识到土壤监测对食品安全的重要性,促使学生积极学习专业知识,并培养学生的社会责任感。
6.生态监测	生态监测的基本理论和方法	生态理念	通过引入美国"生物圈二号"实验基地的介绍,从自然界的生态稳定与平衡的角度说明人对自然的认识还未达到可控水平,培养学生正确的环境保护意识和生态理念。
	物种丰度	生态理念	通过实例让我们认识到每一个生物物种的重要性,认识到生物多样性对维持生态稳定的重要意义。生物多样性监测就是在帮助人类更精准地察觉自然的变化。

章节	知识点	思政维度	教学内容及目标
7.物理性污染监测	声音和噪声的共性与区别	科学素养	通过案例的讲解,让学生正确地认识声音,给出严谨理性的判断,更好地享受生活,感受自然界的虫鸣鸟叫的美好。
	辐射的基本知识及其监测	科学素养	以"5G时代通信基站的辐射是否更大""5G对人体健康是否有危害"两个问题为切入点,引导学生用批判质疑和求证求真的态度,将所学知识用于解决公众困惑。
8.监测管理和质量保证	环境监测数据的重要性	社会责任	若监测数据失真,则会严重损害生态环境部门的形象和公信力,性质恶劣,教训惨痛,发人深思,令人警醒。应强化环境监测人员的法律意识、"红线"意识和职业道德意识,筑牢思想认识第一道防线,自觉维护环境监测数据客观公正。

第4部分　课程思政融入教学评价

1 教学效果评价方法

本课程课程思政目标的评价可通过平时评价和期末考核来实现:

(1)基于教学过程中涉及的环境热点问题、时事政治等,结合课程思政维度,布置若干相关思政目标的平时作业,并开展线上讨论等,引导和强化学生对内容的理解和认识,加深学生对思政目标的认识。

(2)基于与课程思政相关的简答或论述题进行期末考查,全面考查学生所学环境监测专业知识和思政目标体现。分别对平均得分和与思政维度相关的词频进行统计,评估课程思政教学的总体效果。

2 教学效果评价案例

案例 7-15

20世纪50年代,发达国家如美国、英国、日本等地发生了著名的环境公害事件,如大家耳熟能详的伦敦烟雾事件、洛杉矶光化学烟雾事件、骨痛病事件、水俣病事件等。我国改革开放之后,在经济发展飞速时期,也出现了一些环境事件,如松花江重大水污染事件、河北白洋淀死鱼事件、太湖水污染事件等。以此,你如何看待经济发展与环境问题之间的逻辑关联?

案例 7-16

某县生态环境局接到所辖某村庄村民举报称,该村庄主导风下风向3km处有一家火力发电厂,浓烟滚滚,怀疑村庄空气及附近农田受到污染,请求生态环境部门介入调查。该县环保技术人员实地勘察后发现村庄地势平坦,除火力发电厂外无其他污染源,请你继续对村庄空气质量、电厂周边农田土壤环境进行调查,以 PM10、SO_2、NO_x 和土壤中重金属 Pb、Cd 为代表设计一份监测方案,论述监测点布设、样品采集和制备、预处理及相关分析方法等。

"环境伦理学"课程思政教学设计

第1部分 课程思政融入教学大纲

1 课程简介

"环境伦理学"是关于人与自然关系的伦理信念、道德态度和行为规范的理论体系,是一门尊重自然价值和权利的伦理学;它不是传统伦理学向自然领域的简单扩展,而是在人类反思生态环境问题的基础上产生的一门新兴学科。本课程主要讲述环境伦理学的学科性质、中西方环境伦理学的历史演进、环境伦理学的主要理论流派;主要研究自然的价值、自然的权利、环境伦理的基本原则、环境道德的主要规范,以及与决策、科学技术、人口、湿地和荒野保护、可持续发展、环境法治等有关的环境伦理问题。环境伦理学不是抽象的理论探讨,而是有着明确的价值取向。它来源于对现实环境问题的思考,目的是为环境保护实践提供道德的理论支撑。

2 教学目标

2.1 专业教学目标

(1)了解环境伦理学的历史演进及主要思想流派,认识自然的价值与权利,掌握环境伦理的基本原则及主要道德规范。

(2)具备对实际工程问题中环境伦理的解读能力及有关环境工程伦理的决策能力。

2.2 思政教学目标

(1)培养学生的环境伦理意识,引导学生正确理解工程建设中应遵守的环境伦理道德规范以及应承担的社会责任。

(2)引导学生尊重自然的价值和权利,培养学生"人与自然和谐相处""生命共同体"等生态理念。

(3)培养学生良好的科学素养和法治意识,增强学生对国家的政治认同和文化自信。

3 思政元素分析

本课程主要从"生态理念""社会责任""家国情怀""政治认同""文化自信""法治意识""工程伦理""科学素养"这八个维度挖掘思政元素。具体分析如下：

1.生态理念

环境伦理学是一门尊重自然价值和权利的伦理学学科，诸多理念和主张与"人与自然和谐相处""人与自然是生命共同体"等理念不谋而合，通过讲解"绿色铁路——青藏铁路"等案例，使学生树立科学、系统的生态理念。

2.社会责任

主要体现在环境保护和污染问题治理中社会各界应承担的责任，通过"日本福岛核泄漏事故"等案例的分析，实现对学生社会责任的教育。

3.家国情怀

主要体现在对国家、民族、人民的热爱和认同，通过讲解习近平主席在联合国大会上有关碳排放的重要讲话，以及阐述中国在国际事务中的大国担当，增强学生的家国情怀。

4.政治认同

主要体现在拥护中国共产党领导和对中国特色社会主义制度的认同，通过讲解"黄河治理"等案例，增强学生的政治认同。

5.文化自信

主要体现在对中国文化的认同和赞赏，通过讲解中国古代生态智慧等相关知识，挖掘中华优秀传统文化中的环境伦理学元素，提升学生的文化自信。

6.法治意识

主要体现在环境管理中的法律保障，通过污染案件判决等案例的分析教学，加强学生对法治意识的全方位认知，引导学生树立环保相关的法治意识。

7.工程伦理

主要体现在工程师对环境的伦理责任和环境道德规范，通过讲解"农药过度施用"等案例，培养学生在工程实践中解读环境伦理的能力。

8.科学素养

引导学生运用科学辩证的思维认识环境和社会问题，通过人口控制政策、生物中心主义等案例的教学，培养学生的科学素养。

第 2 部分　课程思政融入课堂教学

1　绪　论

【专业教学目标】

通过本章的学习,了解环境及环境伦理学基本知识、环境伦理学的学科性质、环境伦理学产生的现实要求,理解学习环境伦理学的意义,以及掌握环境伦理学研究的主要内容。

【思政元素分析】

本章内容为环境伦理学的概述,主要从"人类面临的环境问题""环境伦理学的产生过程"两个知识点中分别挖掘"家国情怀"和"生态理念"思政元素。具体分析如下:

1. 家国情怀

环境伦理学是在人类反思生态环境问题的基础上产生的一门新兴学科。面对人类当前面临的环境问题,中国始终采取积极态度,在国际舞台上展现了大国担当。以此为切入点,通过讲解习近平主席在联合国大会上有关碳排放的重要讲话,增强学生的家国情怀,进而实现家国情怀教育。

2. 生态理念

奥尔多·利奥波德"大地伦理"的提出,标志着环境伦理学的产生。大地伦理提出,人类应该从"自然的征服者"转变成"自然的成员",人与人的伦理关系应该扩展到整个自然领域。以此为切入点,通过"绿色铁路——青藏铁路"和"青山变秃山,献礼工程成伤心工程"等正反案例分析,向学生传递"人与自然和谐相处""人与自然是生命共同体"等理念。

【教学设计实例】

案例 8-1

知识点:人类面临的环境问题。

思政维度:家国情怀。

教学设计:由知识点"人类面临的环境问题"引入"家国情怀"的思政教育。环境伦理学是在人类反思生态环境问题的基础上产生的一门新兴学科。在讲解人类当前面临的环境问题时,以全球变暖问题为例,向学生介绍中国在对待全球性环境问题上的态度。2020 年 9 月 22 日,中国国家主席习近平在第七十五届联合国大会一般性辩论上宣布,中国将提高国家自主贡献力度,采取更加有力的政策和措施,二氧化碳排放力争于2030年前达到峰值,努力争取2060年前实现碳中和。① 习近平主席向世界宣布我国实现碳达峰和碳中和的目标及时间节点,充分展现了我国积极应对全球气候变化、建设清洁美丽世界的大国担当。面对气候变暖等全球性环境问题,中国作为全球最大的发展中国家和碳排放大国,并未采取回避态度,而是勇于承担起国际责任,推动和引领国际社会应对气候变化行动,从而在整体上促进和实现全球生态文明建设,这是对习近平生态文明思想的重要实践。

以上内容通过视频展示法、案例分析法进行教学,展现中国在国际舞台上的大国担当,实现对学生的家国情怀教育。

案例 8-2

知识点:环境伦理学的产生过程。

思政维度:生态理念。

教学设计:由知识点"环境伦理学的产生过程"中奥尔多·利奥波德"大地伦理"引入"生态理念"的思政教育。大地伦理提出,人类应该从"自然的征服者"转变成"自然的成员",人与人的伦理关系应该扩展到整个自然领域,由此引出"人与自然和谐相处""人与自然是生命共同体"等理念。

正面案例"绿色铁路——青藏铁路"中生态保护是青藏铁路设计的基本理念:在铁路线路选择上,尽量避开了野生动物栖息、活动的重点区域;在铁路修建过程中,专门设置了野生动物通道,以保障野生动物的正常生活、迁徙和繁衍。由此可见,青藏铁路的设计和修建过程,充分体现了"人与自然和谐相处"的理念。人与自然关系经历了人类依附自然到利用自然,再到人与自然和谐共生的发展过程。今天,人类社会正日益形成这样的普遍共识:人因自然而生,人与自然是一种共生关系,人类必须尊重自然、顺应自然、保护自然。

反面案例"青山变秃山,献礼工程成伤心工程"中某公路工程以"遇山开山、遇水架桥"的原始方式修路,这种不惜以牺牲自然环境为代价的工程,完全违背了"绿水青山就是金山银山""人与自然和谐相处"等一系列生态理念。在过去,人们只关心是否把工程做好;然而,随着生态理念的深入人心,现在人们更关心是否做了好工程。人类社会的发展离不开工程活动,工程活动的推进难免会对自然环境造成影响,因此如何将生态理念融入工程活动的设计与实施过程中,做到工程实践与环境生态保护的协调发展至关重要,也是人类社会发展的必然趋势。

以上内容通过案例分析法进行教学,向学生传输"人与自然和谐相处""人与自然是生命共同体"等理念。

---

① 《习近平在第七十五届联合国大会一般性辩论上的讲话》,共产党员网,https://www.12371.cn/2020/09/23/ARTI1600815270972931.shtml。

2 环境伦理学的历史演进

【专业教学目标】

通过本章学习,理解和掌握环境伦理学发展的驱动力和发展背景;掌握环境伦理学的思想形成,包括西方早期的资源保护运动;掌握环境伦理学的几个主要研究方向和发展趋势;理解中国古代哲学智慧和生态保护之间的关系等。培养学生对环境伦理的理解能力。

【思政元素分析】

本章内容为环境伦理学的历史演进,主要从"环境伦理学的形成及其发展""中国古代生态智慧的现代性转换"两个知识点中分别挖掘"社会责任"和"文化自信"思政元素进行融合。具体分析如下:

1. 社会责任

环境伦理学的研究对象具有人与自然、人与社会、社会与自然三个层次,这三个层次是逐渐扩展并上升的,由于社会发展程度的不断提高与社会的成熟,社会完全外化成了个人生存发展的环境条件。对此进行讲述,激发学生的环保意识和社会责任感。

2. 文化自信

中国古代的生态智慧与环境伦理学的思想相契合,今天的中国亦是绿色生活的积极倡导者和实践者,始终在为建设人类共同的美好家园而辛勤耕耘,积极做全球生态文明建设的重要参与者、贡献者、引领者,为世界环境改善贡献中国力量。对此进行讲述,激发学生对民族文化的强烈自信心。

【教学设计实例】

案例 8-3

知识点:环境伦理学的形成及其发展

思政维度:社会责任

教学设计:由知识点"环境伦理学的形成及其发展"引入"社会责任"的思政教育。环境伦理思想的形成与人类工业文明的进程紧密相关,它是人类在对资源过度开发和环境破坏问题反思的基础上形成的。在介绍环境伦理学的形成及其发展的过程中,要提到人类行为对环境破坏的案例,强调社会责任感对环境保护的重要性。例如日本福岛核泄漏事故,2011 年 3 月,里氏 9.0 级地震导致福岛核电站发生爆炸。在这次事故处理过程中,负责福岛核电站运营的东京电力公司多次篡改、伪造核电站的安全记录,且东京电力公司并没有在地震发生后的第一时间采取正确的"停机、冷却、封闭"的措施,导致核辐射进一步扩散。此外,2021 年 4 月,日本政府不顾多方反对,执意决定将福岛第一核电站上百万吨核污染水排入大海。在这起核泄漏事故的应对和处理过程中,日本企业没有肩负起应有的社会责任,导致了事故后果的进一步升级;日本政府更是无视其对国际社会应有的责任,他们的行为对地球环境(尤其是海洋环境)造成了难以估量的破坏。地球是全人类共同的家园,保护地球环境是每个国家、企业和公民应尽的责任和义务。

对以上内容通过案例分析法进行教学,让学生充分认识到社会责任对环境保护的重要性,尤其是企业必须承担的社会责任,引导学生认识到未来成为环境行业从业人员必须以公共利益为上,要具备社会责任意识。

案例 8-4

知识点:中国古代生态智慧的现代性转换

思政维度:文化自信

教学设计:由知识点"中国古代生态智慧的现代性转换"引入"文化自信"的思政教育。我国古代生态智慧作为处理人与自然关系的正确原则,对于我国生态资源的保护起到了积极作用。在古代典籍中记载了大量的环境保护思想和言论。例如,春秋时期的思想家管仲作的《管子》就记载了他许多有价值的环境保护思想和主张。《管子·轻重篇》认为山川林泽是产薪柴和水产的地方,政府应该管理好这些资源,不能管理好山川林泽的人就不配做君王("为人君而不能谨守其山林菹泽草莱,不可以立为天下王")。管仲还提出了"以时禁发"的原则,主张靠法令保护生物资源。面对当代凸显的生态环境问题,我们不仅要汲取古代生态智慧的精华,更要实现现代性的转换。我国在生态保护和环境治理方面取得了诸多成就。例如,浙江省大力推进"五水共治"、"三改一拆"、"四边三化"行动、"811"环境污染整治行动等工作,对破坏了的环境进行深入广泛的整治,重塑了绿水青山的美丽景象。在中华民族的历史长河里,保护生态环境的思想从未缺席,我们有足够的理由相信,在先进的生态理念引领下,在中国人民的共同努力下,我们的生态环境会越来越好。

对以上内容通过案例分析法、互动式教学法、启发引导教学法进行教学,结合环境伦理学课程知识点,激发学生对中华优秀传统文化的自信。

3 西方环境伦理学主要流派

【专业教学目标】

通过本章学习,了解和掌握西方环境伦理学中的人类中心主义、动物解放/权利论、生物中心主义和生态中心主义中所倡导的理念和各个流派之间的发展关系,培养对环境伦理的理解能力。

【思政元素分析】

本章内容为西方环境伦理学主要流派,主要从"人类中心主义"和"生物中心主义"两个知识点中分别挖掘"生态理念"和"科学素养"思政元素。具体分析如下:

1. 生态理念

在介绍人类中心主义的同时阐述其局限性,帮助学生理解生态理念中人与自然和谐的基本要义。通过讲解"延安退耕还林"案例,要求学生践行"既要绿水青山,也要金山银山,宁要绿水青山,不要金山银山,而且绿水青山就是金山银山"的理念,正确处理好人与自然的关系,与自然和谐共生。

2. 科学素养

生物多样性降低是目前人类面临的环境问题之一,保护生物多样性刻不容缓。然而,社会上也出现了一些盲目放生的行为,最终破坏了当地的生态系统。通过案例分析,让学生认识到科学放生的重要性,进而培养学生的科学素养。

【教学设计实例】

案例 8-5

知识点:人类中心主义。

思政维度:生态理念。

教学设计:由"人类中心主义"知识点引入"生态理念"的思政教育。正确认识人对自然的依存关系,即人与自然、人与社会的辩证关系是人类社会永恒的主题。物质资料的生产和再生产以及人自身的生产和再生产,都是以自然环境的存在和发展为前提的,没有自然环境就没有人本身。延安被誉为全国退耕还林第一市,创造了黄土高原生态修复的奇迹。从 1998 年吴起县首开全国封山禁牧先河,到 1999 年在全国率先开展大规模退耕还林,成为最早试点,用 20 年的时间,退出了一片片青山,还出了一洼洼绿地;2018 年延安经济增速重回全省第一方阵,生动诠释了"绿水青山就是金山银山"的理念。

对以上内容通过案例分析法进行教学,让学生了解将自然生态与人文生态有机联结起来,以自然价值的重估,挖掘新的人文意蕴,绝不是简单地保证自然生态系统的完整,而是意在更为深层的目的,即不仅规范人的行为,更要养成尊重自然的生态德行,激发内源性发展需要的自我满足,提升人们获得真实幸福感的道德能力。让学生明白人类可以利用自然、改造自然,但归根结底是自然的一部分,必须呵护自然,不能凌驾于自然之上。

案例 8-6

知识点:生物中心主义。

思政维度:科学素养。

教学设计:由"生物中心主义"知识点引入"科学素养"的思政教育。人类是地球生命共同体的成员,其他生物亦然。人类与其他物种构成相互依存的系统。由于人类社会的快速发展,当今人类已面临生物多样性降低的环境问题,保护生物多样性已成为热点话题。但随之也出现了一些盲目放生的行为。2015 年 10 月,放生人士在南京阅江楼风景区附近的护城河边投放几十袋、数千斤螺蛳,因投放密集,造成了大量螺蛳死亡,并致河水发臭。2016 年 1 月,两位雇主雇用一辆小货车运载一车动物,包括果狸、斑鸠、黄鳝等,还有 11 笼近百只老鼠,准备在广东某村放生,被村民制止。据村民反映,经常有人在河里放生鱼、毒蛇,在山里放生的兔子死去不少,恶臭难闻。上述盲目放生现象主要源于公众科学认识的缺失。不可否认,保护和善待动物是生态文明建设进程中不可或缺的部分,这也是环境道德规范的要求之一。然而,生态系统是一个很精密、相互关联的体系,随意地添加或者减少其组成部分或改变各个部分之间的比例关系,都会对系统的稳定和健康造成危害。对动物的放生行为意在保护动物生命,但应该是一种严格的、科学的、专业的活动,而不应该成为一种随意的、大众的、作秀的活动。科学放生是热爱自然与绿色意识的体现,放生者应该尊重自然、爱惜生命,对被放生动物的习性、放生地的生态等要充分了解,学习科学放生知识和环境保护常识后再去放生。做到科学放生,让放生回归本意和初心。

对以上内容通过案例分析法进行教学,引导学生从科学、辩证的角度看待科学问题,培养学生的科学素养。

4 环境道德的主要规范

【专业教学目标】

通过本章学习,理解和掌握保护环境、生态公正、尊重生命、善待自然和适度消费等五个方面的环境道德主要规范。培养对环境伦理的解读能力及有关环境工程伦理的决策能力。

【思政元素分析】

本章内容为环境道德的主要规范,主要从"保护环境"和"生态公德"两个知识点中分别挖掘"社会责任"和"家国情怀"思政元素。具体分析如下:

1. 社会责任

生态伦理文化的发展是人类可持续发展的关键因素,只有整个社会的行为生态化,并且上升到道德水平和法律层面才可能保证人类的和谐发展。通过"垃圾分类"案例分析,从个人的环保意识和行为的产生,到企业的清洁生产和资源的再利用,再结合政府部门的政策指导,因势利导培养学生自觉遵守环保行为规范的意识。

2. 家国情怀

利用佩基的"代际多数原则"和约翰·罗尔斯的《正义论》来解释如何对资源和环境在代与代之间进行公平分配,通过讲解中国禁止洋垃圾进口引出国际处理代内平等的原则问题,使学生深刻认识国家政府在保障国家生态安全和人民群众健康方面做出的努力,从而增强学生爱国主义情怀和民族自豪感。

【教学设计实例】

案例 8-7

知识点:保护环境。

思政维度:社会责任。

教学设计:由"保护环境"知识点引入"社会责任"的思政教育。环境保护,是指人类为解决现实或潜在的环境问题,协调人类与环境的关系,保障经济社会的持续发展而采取的各种行动的总称。其方法和手段有工程技术、行政管理,也有法律、经济、宣传教育等方面。近些年,随着经济社会发展和物质消费水平大幅提高,我国生活垃圾产生量也在迅速增长,由此引发的环境问题日益突出。2019 年 1 月,上海通过了《上海市生活垃圾管理条例》,对多个小区开展垃圾分类试点,同年 7 月上海步入生活垃圾强制分类的时代。杭州市余杭区智慧垃圾分类一体化项目运用"四化六定"模式,采用智能垃圾袋发放机、智能二分类箱、智能电子秤等设备,并将运营管理过程纳入了智慧垃圾分类云平台,实现了硬件和软件相结合的垃圾分类一体化。每个人都有保护自己家园的责任。保护环境,要从自我做起,保护环境,要从大家做起。守住生态环境底线,不仅是政府、企业的责任,个人和媒体在监督生态环境保护方面也肩负着社会责任。

对以上内容通过案例分析法进行教学,增强学生的感官认识,触动学生,让他们了解到小小的垃圾分类其实是从垃圾产生者、政府部门、管理责任人、收运处置单位,到社会组织各司其职、各尽其责的全社会责任,每个公民都在其中扮演了不可或缺的角色。教师应教育青年学生从身边的小事做起,积极主动自觉践行,养成良好的生活习惯和环保意识。鼓励环境保护专业的学生带头践行公民社会责任。

案例 8-8

知识点:生态公德。

思政维度:家国情怀。

教学设计:由"生态公德"知识点引入"家国情怀"的思政教育。在生态文明时代,生态道德水平高低是衡量一个国家、一个民族文明程度的重要标志,也是衡量一个人综合素质的重要尺度。仅靠法律和制度的硬约束,缺乏"发乎情,止乎礼"的道德修养,是很难建成生态文明社会的。因此,培养善德善行的生态美德,激发社会成员对自然的热爱、尊重和感恩是当务之急。2017 年 7 月,中国政府宣布,为了解决国内的污染问题,2018 年 1 月起全面禁止从国外进口 24 种洋垃圾。此后,生态环境部、商务部、国家发改委、海关总署联合发布《关于全面禁止进口固体废物有关事项的公告》,从 2021 年 1 月 1 日起我国全面禁止以任何方式进口固体废物,禁止我国境外的固体废物进境倾倒、堆放、处置。禁止洋垃圾入境、推进固体废物进口制度管理改革,是中国政府贯彻落实新发展理念、着力改善生态环境质量、保障国家生态安全和人民群众健康的一个重大举措,这也是中国政府根据国际法所享有的权利,得到广大中国人民的坚决支持。

对以上内容通过视频展示法、案例分析法进行教学,通过介绍倒逼垃圾出口国提升自身的垃圾处理能力,加快资源再生技术研发和利用等新政策,让学生感受我国建立起的生态环境保护制度屏障的森严与庄重,增强学生对国家的自豪感和认同。

5 世界人口问题及人口伦理

【专业教学目标】

通过本章学习,掌握和理解人口总量变化和环境变化之间的相互作用关系、人口结构对全球和中国可持续发展的影响,认识人口增长过程中的环境伦理问题。培养对人口伦理的解读能力。

【思政元素分析】

本章内容为世界人口问题及人口伦理,主要从"人口增长对环境和社会经济的影响"和"人口控制政策"知识点中分别挖掘"生态理念"和"科学素养"两个思政元素进行融合。具体分析如下：

1.生态理念

20世纪随着世界人口的不断增加，人类对资源的需求也不断增加。然而，大多数可利用的自然资源是十分有限的，因此，人口的增长以及人类的需求与资源的可承受力相协调变得尤为重要。把世界人口增长和中国人口增长的比例与资源危机（植被破坏、耕地减少等）两方面结合进行讲解，引发学生对人口持续增加对中国可持续发展影响的思考，向学生传输"人与自然和谐共生"的科学自然观。

2.科学素养

进入21世纪，全球多数发达国家的人口开始呈现负增长的形势。东亚国家，包括日本、韩国的人口负增长问题也尤其突出。总人口的增长问题不再是当下的社会发展和环境问题。中国的生育问题、老龄化问题和城市化问题成了新的严峻问题。在不同的发展阶段，科学施行不同的人口控制政策对协调环境和发展是至关重要的。通过讲解这些内容，培养学生科学看待社会问题的素养。

【教学设计实例】

案例 8-9

知识点：人口增长对环境和社会经济的影响。

思政维度：生态理念。

教学设计：由"人口增长对环境和社会经济的影响"知识点引入"生态理念"的思政教育。人口的数量、质量、结构、分布等与环境、资源有着密切的关系，对其有着很大的影响。人口的增大可以促进经济发展，使资源利用合理和环境优化；也可以阻碍经济发展，造成资源过度开采和环境恶化。人类生存和发展都是有条件的，不顾生存和发展条件的人口增长是不能长久的。上述诸方面既相互独立又相互依存的关系说明，只有各方面都能持续发展，同时也为别的方面创造条件，人类生存和发展才能步入良性循环轨道。比如，20世纪新中国成立以后，由于发展和生产需要，中国的人口呈现了暴发式增长。人口的增长给新中国的发展和改革开放过程中的发展都带来了巨大的人口红利。但是，在这个过程中，中国的生态环境也付出了不小的代价，造成了大气、水、土壤等环境的污染，造成生态系统的平衡破坏。

对以上内容通过案例分析法进行教学，让学生认识到一味地以人口增长红利来解决经济社会发展问题会造成环境生态的破坏，阻碍环境可持续发展的进程；也让学生明白在思考发展和人口问题的时候，也不应该忘记保护生态环境的理念，只有时刻牢记人口、环境、发展的统一，才能真正达到可持续发展的目标。

案例 8-10

知识点：人口控制政策。

思政维度：科学素养。

教学设计：由"人口控制政策"知识点引入"科学素养"的思政教育。世界人口的急剧增长,给发展中国家带来了沉重的经济和社会负担。人口增长导致交通压力增大、就业困难、饥饿贫困、资源短缺等一系列问题,所以如何控制人口数量至关重要。比如,20世纪中国人口控制政策的实施有效缓解了人口对资源环境的压力,改善了人民群众的生存和发展状况。但是,伴随着人口总量的控制,进入21世纪以来,中国的人口呈现出新的问题,包括生育率降低、人口老龄化问题严重、城市化问题突出等。城市化问题的日益突出,造成城市人口密集,从而导致资源紧缺,降低城市人口的生育意愿,老龄化问题突出,人口也出现了负增长的状态。因此,中国政府又开始推行二孩政策、三孩政策,以解决发展瓶颈。也鼓励更多的年轻人去中西部城市或者二、三线城市发展,以缓解大城市的资源和环境问题。所以说,在不同的发展阶段,科学施行不同的人口控制政策对协调环境和发展是至关重要的。

对以上内容通过案例分析法进行教学,引导学生用辩证思想去看待问题,分析问题时要从正与反两个角度去思考,同时也让学生认识到人口问题和社会经济环境的发展阶段有一定的关系,要根据其中科学关系在不同阶段的体现来制定不同的人口政策以解决问题,这就是在探讨人口和环境问题过程中科学素养的重要性。

6 生态保护中的环境伦理

【专业教学目标】

通过本章学习,掌握海洋环境污染的特点和分类及其危害、湿地保护的意义与方法,并理解荒野的价值。培养对生态保护工程中环境伦理的解读和决策能力。

【思政元素分析】

本章内容为生态保护中的环境伦理,主要从"环境工程中的生态安全"和"环境保护的价值所在"知识点中分别挖掘"工程伦理"和"政治认同"两个思政元素。具体分析如下:

1.工程伦理

引入环境工程概念,从环境伦理观念的确立、工程中的环境价值和环境问题、工程中的环境伦理原则、工程师的环境伦理着手简述环境工程中的生态安全,培养学生的环境意识和环境伦理责任感。以此引导学生思考生态保护过程中的环境工程是否与环境生态安全达到了完美的平衡。

2.政治认同

我国在环境污染治理与生态文明建设方面取得了巨大成就,加强生态文明建设、加强环境治理已经成为新形势下经济高质量发展的重要推动力,这些都彰显了中国特色社会主义制度的优越性。以此引导学生更加坚定中国特色社会主义道路自信、理论自信、制度自信、文化自信,积极投身社会主义生态文明建设。

【教学设计实例】

案例 8-11

知识点:环境工程中的生态安全。

思政维度:工程伦理。

教学设计：由"环境工程中的生态安全"知识点引入"工程伦理"的思政教育。环境工程是研究和从事防治环境污染和提高环境质量的科学技术，是人类为减小工业化生产过程和人类生活过程对环境的影响进行污染治理的工程手段。但是在工程实施过程中，经常会出现标准过时或不全面、对生态安全的损害缺乏判定标准等问题。在2014年某市自来水苯超标事件中，该市水务集团公司检测显示出厂水苯含量高达118微克/升，之后专家组初步确认含油污水是导致自来水苯超标的直接原因，而油污主要来源于该市石化企业1987年和2002年的两次爆炸事故，该两次事故使渣油泄露渗入地下。

对以上内容通过视频展示法、案例分析法进行教学，引导学生认识到不论是个体还是社会群体都拥有对干净的土地、空气、水和其他自然环境平等享用的权利，在环境工程建设中要将公众健康和生态保护置于首位，既要达到生产发展目标，也要坚守环境保护的底线，从道德和伦理的层面约束工程技术开发。

案例 8-12

知识点：环境保护的价值所在。

思政维度：政治认同。

教学设计：由"环境保护的价值所在"知识点引入"政治认同"的思政教育。近十年来，随着黄河流域社会经济的快速发展，该流域废污水排放量急剧增加，加之天然来水量偏小，黄河流域水污染日益严重；全球变暖、植被破坏和流域人口激增等问题导致黄河从1972年起就经常出现断流现象。2021年，中共中央、国务院印发的《黄河流域生态保护和高质量发展规划纲要》提出，将黄河流域生态保护和高质量发展作为事关中华民族伟大复兴的千秋大计，让黄河成为造福人民的幸福河。

对以上内容通过案例分析法进行教学，让学生意识到我国治理体系和治理能力现代化进程明显加快，中国特色社会主义制度为黄河流域生态保护和高质量发展提供了稳固有力的制度保障；引导学生更加坚定中国特色社会主义道路自信、理论自信、制度自信、文化自信，增强对国家的政治认同。

7 工程中的伦理问题

【专业教学目标】

通过本章的学习，了解工程风险的来源、防范及评估，理解工程师的环境道德规范，认识工程师对环境的伦理责任。培养对环境伦理的解读能力及有关环境工程伦理的决策能力。

【思政元素分析】

本章内容为工程中的伦理问题，主要从"工程师对环境的伦理责任"知识点中挖掘"生态理念"和"社会责任"两个思政元素进行融合。具体分析如下：

1.生态理念

工程师对环境的伦理责任包括在工程设计论证中应考虑是否有利于生态系统的

稳定,是否增进生态安全、减少环境污染,是否节约利用非再生性自然资源,是否将生产过程中的废弃物尽可能都无害化排放与最小量化排放等,充分体现了"人与自然和谐相处""人与自然是生命共同体"等理念,以此为切入点,通过"绿色奥运——北京冬奥会"案例分析,向学生传递"人与自然和谐相处""人与自然是生命共同体"等理念。

2.社会责任

工程师对环境的伦理责任中的维护生态系统稳定、增进生态安全、减少环境污染是社会各界的责任,以此为切入点,通过"生物多样性的消失"案例分析,加强对学生的社会责任教育。

【教学设计实例】

案例 8-13

知识点:工程师对环境的伦理责任。

思政维度:生态理念。

教学设计:由"工程师对环境的伦理责任"知识点引入"生态理念"思政教育。在讲解"在工程设计论证中应考虑是否有利于生态系统的稳定,是否增进生态安全、减少环境污染,是否节约利用非再生性自然资源,是否将生产过程中的废弃物尽可能都无害化排放与最小量化排放"等工程师对环境的伦理责任时,采用案例解析法,引入"绿色奥运——北京冬奥会"案例,从生态理念角度进行解析。本案例中北京冬奥会是绿色体育的大规模实践。作为人类重要的工程活动之一,奥运会的举办不可避免会对自然环境造成一定的负面影响,如占用大面积土地、消耗大量资源、产生大量污染等。然而,北京冬奥会的组织者在承办奥运会期间全程践行低碳管理和生态保护,碳排放全部中和,采取低碳场馆、低碳能源、低碳办公、低碳交通措施,将绿色体育理念落实到奥运会整个过程。绿色体育具有浓郁的绿色理念,它解决了人、运动、环境之间的割裂和破损问题,把体育融入社会与自然,将体育与经济、生态相结合,在发展体育事业的同时理性地对待与体育运动有关的自然环境。在推进生态文明建设、构建和谐社会的进程中,绿色体育展现了其独特的价值和作用。

对以上内容通过案例解析法进行教学,向学生传递"人与自然和谐相处""人与自然是生命共同体"等理念。

案例 8-14

知识点:工程师对环境的伦理责任。

思政维度:社会责任。

教学设计:由"工程师对环境的伦理责任"知识点引入"社会责任"思政教育。在讲解工程师对环境的伦理责任之一"维护生态系统稳定、增进生态安全、减少环境污染"时,采用案例解析法,引入"生物多样性的消失"案例,从社会责任角度进行解析。生物多样性是人类生存不可或缺的组成部分,保护生物多样性是人类的共同责任,需要社会各方面、学界各学科领域的共同关注和行动。保护生物多样性已引起世界各国的高度重视,早在 1992 年 6 月在巴西里约热内卢召开的联合国环境与发展大会上通过了《生物多样性公约》,有 153 个国家在公约上签字。此外,联合国大会于 2000 年 12 月通过了第 55/201 号决议,宣布每年 5 月 22 日为国际生物多样性日。这标志着保护生物多样性已成为世界各国政府、组织和公民应尽的义务和责任。长期以来,中国政府在生物多样性保护领域作出了一系列重要决策部署,全国多地建立了全面的保护体系,社会各界也积极参与这一保护行动,尽己所能贡献着自己的智慧和力量。

对以上内容通过案例分析法进行教学,培养学生高度的责任感和保护意识,引导学生从我做起,从自身做起,从身边做起,共同保护地球的生物多样性,实现社会责任教育。

8 农药的功与过

【专业教学目标】

通过本章学习,了解农药的发展历史,认识农药过度施用带来的环境问题及伦理问题。培养对实际环境问题中的环境伦理的解读能力。

【思政元素分析】

本章内容为农药的发展历史、农药过度施用带来的环境问题及伦理问题,主要从农药过度施用带来的环境问题和伦理问题等知识点中分别挖掘"生态理念""工程伦理"等思政元素进行融合。具体分析如下:

1. 生态理念

农药的过度施用可引起土壤污染、水污染和大气污染等一系列环境问题,对生态系统造成不可忽视的负面影响,破坏人与自然和谐相处关系,不利于人类的可持续发展。通过讲述农药过度施用带来的环境问题,向学生传输"人与自然和谐相处"等理念的重要性。

2. 工程伦理

农药过度施用违背了环境道德主要规范,违背了代内公平和代际公平原则,以"农村和城市的农药污染差异"为例进行教学,引导学生正确理解农药过度施用带来的环境伦理问题,同时倡导学生在今后的工程实践中重视环境伦理责任。

【教学设计实例】

案例 8-15

知识点:农药过度施用带来的环境问题。

思政维度:生态理念。

教学设计:由"农药过度施用带来的环境问题"知识点引入"生态理念"的思政教育。通过图片展示法,向学生展示农药过度施用引起的土壤污染、水污染和大气污染等一系列环境问题。环境中的农药残留可直接污染农副产品,抑或通过生物富集、生物放大等途径在生态系统中进行传递,最终对人类健康造成威胁。以此为切入点,讲述农药的过度施用破坏了人与自然和谐相处关系,不利于人类的可持续发展。

对以上内容通过案例分析法、图片展示法进行教学,从反面角度向学生传输"人与自然和谐相处"等理念的重要性。

案例 8-16

知识点:农药过度施用带来的伦理问题。

思政维度:工程伦理。

教学设计:由"农药过度施用带来的伦理问题"知识点引入"工程伦理"的思政教育。农药过度施用会引起环境污染和生物多样性锐减,违背了"保护环境""生态公正""尊重生命"和"善待自然"等环境道德主要规范。同时,农药过度施用违背了代内和代际公平原则。以"农村和城市的农药污染差异"为例进行环境伦理分析。农药污染分布不均,农村的农药污染程度远高于城市,农村居民受到的农药暴露风险更高;污染治理投入分配不均,对农村环境污染治理的资源投入小于城市,此为代内不公平。此外,某些农药具有较长的半衰期,可在环境中持久性残留,由上一代造成的农药污染问题可延续到下一代,损害下一代对良好生存环境的选择权,此为代际不公平。鉴于农药过度施用带来的诸多环境伦理问题,倡导学生在今后的工程实践中重视"在工程设计论证中考虑是否有利于生态系统的稳定,是否增进生态安全、减少环境污染,是否节约利用非再生性自然资源,是否将生产过程中的废弃物尽可能都无害化排放与最小量化排放"等环境伦理责任。对以上内容通过案例分析法和视频展示法进行教学,实现对学生工程伦理意识的培养。

9 抗生素——回天乏术的万用良药

【专业教学目标】

通过本章学习,了解抗生素的发展历史,认识抗生素滥用所带来的环境和健康问题,理解其中涉及的伦理问题。培养对实际环境问题中环境伦理的解读能力。

【思政元素分析】

本章内容为抗生素的发展历史、抗生素滥用所带来的环境健康问题及伦理问题,主要从"抗生素滥用引起的食品安全问题"知识点中分别挖掘"社会责任"和"法治意识"两个思政元素进行融合,具体分析如下:

1. 社会责任

抗生素在畜牧业中的滥用可诱发食品安全问题。"民以食为天,食以安为先",食品安全与每一位老百姓息息相关,保障食品安全需社会各界的共同参与和努力。通过探讨政府、企业和消费者在维护食品安全中应肩负的责任,实现对学生社会责任的教育。

2. 法治意识

法治管理是保障食品安全的重要前提。我国高度重视食品安全法治建设,有关食品安全法规制度和法治体系日趋完善。在食品安全的法治管理践行中,企业和消费者的法治意识亦是至关重要的。通过介绍我国食品安全法的建设历程,培养学生的法治意识。

【教学设计实例】

案例 8-17

知识点：抗生素滥用引起的食品安全问题。

思政维度：社会责任。

教学设计：由"抗生素滥用引起的食品安全问题"知识点引入"社会责任"的思政教育。"民以食为天，食以安为先"，食品安全与每一位老百姓息息相关，其一直是全社会共同关注的话题。探讨政府、企业和消费者在维护食品安全中应肩负的责任。对于政府而言，应建立和健全食品安全执法机制，完善日常监管措施，增强对食品制假售假人员的惩处力度，同时加强食品安全的宣传普及工作，进一步激发广大群众参与食品安全治理的积极性。对于企业而言，要强化责任意识，把食品安全问题作为企业生存和发展的道德底线，把食品安全上升为对消费者的承诺，杜绝问题食品。对于消费者而言，应该提高自我防护意识，若接触到问题食品，则应积极进行维权，及时向相关部门进行举报揭发和提醒身边的朋友。

案例 8-18

知识点：抗生素滥用引起的食品安全问题。

思政维度：法治意识。

教学设计：该知识点还可以以"法治意识"为目标开展课程思政教学。"民以食为天，食以安为先，安以法为依"，安全取决于法治的发达程度，没有法治就没有食品安全，法治管理是保障食品安全的重要前提。教师向学生介绍我国食品安全法治建设的进展：党的十八大以来，我国高度重视食品安全法治建设。2015 年 4 月、2018 年 12 月，全国人大常委会先后两次对食品安全法进行修正。2019 年 2 月，中共中央办公厅、国务院办公厅印发《地方党政领导干部食品安全责任制规定》，同年 5 月，发布《中共中央国务院关于深化改革加强食品安全工作的意见》，标志着我国正在逐步完善食品安全法规制度和法治体系。随后，教师指出，在食品安全的法治管理践行中，企业和消费者的法治意识至关重要。企业的法治意识决定了食品的安全性，而消费者的法治意识则与劣质食品造成的社会危害性密切相关。

对以上内容采用视频展示法和案例分析法进行教学，通过播放《老梁揭秘：滥用抗生素的危害》视频，从社会责任和法治意识角度进行课程思政教学。最后，教师现场呼吁学生加入维护食品安全的行动中，进行社会责任教育。

10 环境伦理与环境法制

【专业教学目标】

了解环境法学的产生、发展、体系及学科属性，并掌握环境法学与环境伦理学之间的区别与联系。培养对环境伦理和环境法制之间关系的理解和实践能力。

【思政元素分析】

本章内容为环境立法的一般情况、环境法基本原则与环境伦理基本原则以及环境法的实施与环境道德建设,主要从"环境法的实施"和"环境法的基本原则"知识点中分别挖掘"法治意识"和"家国情怀"两个思政元素进行融合,具体分析如下:

1.法治意识

讲述环境法的实施,通过生态环境保护典型案例的讲述,培养学生的法治意识。

2.家国情怀

通过讲述环境法的基本原则,谈到当今世界的环境条约,引入世界各界对中国在环境保护方面的评价,激发学生家国情怀,培养学生强烈的民族认同。

【教学设计实例】

案例 8-19

知识点:环境法的实施。

思政维度:法治意识。

教学设计:由"环境法的实施"知识点引入"法治意识"的思政教育。在人们生产、生活中若忽视环境法,往往会造成严重后果。例如,董某某等19人偷排废液污染环境案:2015年2至5月,被告人董某某等19人挖设隐蔽排污管道,将管道连接到河北省蠡县城市下水管网,用于偷排废液。作案期间,被告人向管道排放了大量的废酸、废碱液。5月18日,由于下水道中大量废水外溢,产生大量硫化氢气体,周边饭店的被害人李某被熏倒,经抢救无效死亡。该案件中的董某某等人的行为根据《刑法》第三百三十八条规定,违反了防治环境污染的法律规定,造成环境污染,后果严重,依照法律应受到刑事处罚。

对以上内容通过案例分析法进行教学,加强学生对法治意识的全方位认知,培养学生文明、和谐、友善的法律文化情怀和爱国、敬业、诚信的职业道德操守,引导学生实践公正、平等、法治的法律理想信念,成为有爱国情怀、有责任担当、有守职业规范、有过硬本领的新青年。

案例 8-20

知识点:环境法的基本原则。

思政维度:家国情怀。

教学设计:由"环境法的基本原则"知识点引入"家国情怀"的思政教育。当前,全球环境治理面临挑战,世界各国共同制定了环境条约,中国一直是全球环境保护的积极践行者。联合国前秘书长潘基文曾由衷称赞,"中国是可持续发展议程的带头人。"英国《金融时报》网站称,在《巴黎协定》危急关头,中国提出碳排放承诺赢得了世界的称赞。欧盟委员会主席冯德莱恩称,中国宣布的这一目标"令人鼓舞"。非营利研究机构气候行动追踪组织称,中国的新目标一旦实现,将是所有国家中减排力度最大的,将使全球变暖预测值降低0.2~0.3℃。《自然》杂志子刊曾刊登的一份研究报告指出,自21世纪初以来,地球新增的植被面积相当于一个亚马孙雨林,中国是重要贡献者之一。在保护生物多样性上,中国同样行胜于言,中国是最早批准《生物多样性公约》的国家之一。联合国《生物多样性公约》秘书处执行秘书伊丽莎白·穆雷玛指出

"中国将生物多样性保护置于政府工作重要位置,设立生态红线,通过出台严厉的监管措施惩治污染环境行为;还通过立法来严厉打击非法野生动物捕猎、交易、运输、消费等行为"。

通过讲述上文中提到的世界各界对中国环境治理工作的肯定,包括中国将理念付诸实践,积极参与全球环境治理,大力推动环境领域国际合作,激发学生爱国主义热情,增强学生的家国情怀。

第3部分　课程思政元素案例总览

章节	知识点	思政维度	教学内容及目标
1.绪论	人类面临的环境问题	家国情怀	以全球变暖问题为例,向学生介绍中国在对待全球性环境问题上的积极态度,在国际舞台上展现的大国担当,增强学生的家国情怀。
	环境伦理学的产生过程	生态理念	通过"绿色铁路——青藏铁路"和"青山变秃山,献礼工程成伤心工程"正反案例分析,向学生传递"人与自然和谐相处""人与自然是生命共同体"等理念。
2.环境伦理学的历史演进	环境伦理学的形成及其发展	社会责任	通过讲述"日本福岛核泄漏事故"案例,让学生充分认识到社会责任对环境保护的重要性。
	中国古代生态智慧的现代性转换	文化自信	通过讲述中国古代生态智慧等知识,激发学生对民族文化的强烈自信。
3.西方环境伦理学主要流派	人类中心主义	生态理念	通过案例分析,向学生传输"绿水青山就是金山银山"的理念。
	生物中心主义	科学素养	通过案例分析,让学生认识到科学放生的重要性,进而培养学生的科学素养。
4.环境道德的主要规范	保护环境	社会责任	通过讲述生活中熟悉的垃圾分类案例增强学生的感官认识,触动学生,让他们了解到小小的垃圾分类其实是从垃圾产生者、政府部门、管理责任人、收运处置单位,再到社会组织各司其职、各尽其责的全社会责任。
	生态公德	家国情怀	通过"禁止洋垃圾进口"案例分析,使学生深刻认识国家政府在保障国家生态安全和人民群众健康方面做出的努力,从而增强学生爱国主义情怀和民族自豪感。

章节	知识点	思政维度	教学内容及目标
5. 世界人口问题及人口伦理	人口增长对环境和社会经济的影响	生态理念	通过案例分析,引导学生树立和落实科学发展观,学习习近平生态文明思想,明白应坚持人口、资源、环境与经济全面、协调、可持续发展。
	人口控制政策	科学素养	在不同的发展阶段,科学施行不同的人口控制政策对协调环境和发展是至关重要的,通过案例分析,培养学生科学看待社会问题的素养。
6. 生态保护中的环境伦理	环境工程中的生态安全	工程伦理	通过"2014 年某市自来水苯超标事件"案例分析,教育学生在环境工程建设过程中要将公众健康和生态保护置于首位,坚守科研底线。
	环境保护的价值所在	政治认同	通过介绍我国在环境保护与生态文明建设方面取得的成绩,向学生展示中国特色社会主义制度的优越性,引导学生更加坚定中国特色社会主义道路自信、理论自信、制度自信、文化自信,积极投身社会主义生态文明建设。
7. 工程中的伦理问题	工程师对环境的伦理责任	生态理念	通过"绿色奥运——北京冬奥会"案例分析,向学生传递"人与自然和谐相处""人与自然是生命共同体"等理念。
	工程师对环境的伦理责任	社会责任	工程师对环境的伦理责任中的维护生态系统稳定、增进生态安全、减少环境污染是社会各界的责任,通过"生物多样性的消失"案例分析,加强对学生的社会责任教育。
8. 农药的功与过	农药过度施用带来的环境问题	生态理念	通过讲述农药过度施用带来的环境问题,从反面角度向学生传输"人与自然和谐相处"等理念的重要性。
	农药过度施用带来的伦理问题	工程伦理	农药过度施用违背了环境道德主要规范,违背了代内公平和代际公平原则。教师对此进行讲解,引导学生正确理解农药过度施用带来的环境伦理问题,倡导学生在工程实践中重视工程师对环境的伦理责任。
9. 抗生素——回天乏术的万用良药	抗生素滥用引起的食品安全问题	社会责任	通过探讨政府、企业和消费者在维护食品安全中应肩负的责任,实现对学生社会责任的教育。
	抗生素滥用引起的食品安全问题	法治意识	通过介绍我国食品安全法治建设的进展,培养学生的法治意识。
10. 环境伦理与环境法制	环境法的实施	法治意识	通过"董某某等 19 人污染案"的案例分析,加强学生对法治意识的全方位认知。
	环境法的基本原则	家国情怀	通过讲述环境法的基本原则,谈到当今世界的环境条约,引入世界各界对中国在环境保护方面的评价,增强学生的家国情怀。

第 4 部分　课程思政融入教学评价

1　教学效果评价方法

本课程主要从"生态理念""社会责任""家国情怀""政治认同""文化自信""法治意识""工程伦理""科学素养"等维度考查课程思政教学效果,通过学生作主题报告、提交纪录片观后感和期末考核等方式对教学目标进行评价,具体评价方式如下:

(1)本课程要求学生自由组队,以"环境伦理"为主题,完成主题报告。根据该报告整体评价学生对环境道德主要规范和应承担的环境伦理责任的理解程度。同时,任课教师记录每周主题报告中相关思政元素的体现频次,根据该频次随教学周的变化来评估本课程思政教学的效果。

(2)本课程在学期中段安排学生集体观看《海洋》纪录片,并要求提交观后感一份,根据观后感评价学生的生态理念和环境伦理意识。

(3)本课程期末考核中设置开放性试题,将专业知识考核和思政效果评价相融合,整体评价本课程的思政教学效果。

2　教学效果评价案例

案例 8-21

人类利用科学技术通过工程改变着环境,工程与环境有着不可分割的关系,工程对环境的影响不可避免。一项大型工程,从工程开始提议,到设计,到建设,整个过程都涉及伦理问题,请你结合实例阐述工程设计中工程师所应承担的环境伦理责任,同时谈谈在今后的工程实践中你将如何落实环境伦理责任。

案例 8-22

情况一,在传染病防控过程中,发现某一种动物是病原体主要传播者,人类对该物种进行捕杀并做无害化处理。情况二,过去 30 年,非洲象数量从 130 万头降至 40 余万头;在非洲大陆,拥有巨大象牙的大象只有不到 40 头,每年仍有数以万计的大象因象牙被猎杀。请从动物解放/权利论角度对两者情况进行分析,同时围绕"如何做好动物保护"谈谈你的看法。

案例 8-23

2017 年 7 月 7 日,港珠澳大桥主体工程贯通,它的非通航孔桥部分在设计阶段有 318 个桥墩,但到了最终施工阶段减少到了 224 个,这一做法正是为了保护这片海域的中华白海豚。请谈谈你对上述案例的看法。

"生态学"课程思政教学设计

第1部分　课程思政融入教学大纲

1　课程简介

"生态学"是环境科学与工程本科专业的专业基础课之一。生态学研究生物与环境之间的关系,是协调和统筹人与自然关系的指导性学科,是引领人类可持续发展的主要基础理论。其知识点多,涉及的交叉学科广,研究对象的空间尺度变化大(从分子生态学到全球生态学),时间跨度长,具有综合性、宏观性、战略性、实用性等特点。在大型工程中引入生态学的理念,可以实现人与自然的和谐发展、人与野生生物的和谐共处。

生态学的理论课教学应注意把具体的生态学知识融合到整体的生态思想和理论中,突出对学生系统性、动态性、时空尺度变化等生态思维方式的培养;应注重培养学生应用生态学的专业技能,提高分析和解决实际问题的能力。

2　教学目标

2.1　专业教学目标

(1)全面、系统地掌握生态学的基本概念和理论。

(2)理解生物与环境相互作用的一般原理,尤其要关注人类活动下生态过程的变化以及对人类生存的影响。

(3)在生态学视角上认识生命世界、认识生态环境,并掌握解决相关问题的基本思路和方法。

(4)在遵循生态规律的前提下,正确运用生态学的理论去开发生物资源、维护生态安全、管理自然环境。

2.2　思政教学目标

(1)激发热爱大自然、保护生态环境的社会责任感,建立关爱生命、关爱人类共同家园的生态意识和理念。

(2)了解中华传统文化中的生态学智慧和实践,理解习近平生态文明思想的深刻内涵,增强文化自信和制度自信。

3 思政元素分析

本课程主要从"生态理念""科学素养""社会责任""政治认同"等四个维度发掘思政元素。具体分析如下:

1.生态理念

生态理念的培养是生态学课程教育的主要目标,是题中应有之义,几乎体现并贯穿于本课程的每一个知识点,而可持续发展更是 21 世纪生态学的显著特点。引导学生树立保护环境、关爱人类家园的生态意识,使其能够进一步深刻理解生态系统的整体性,领会习近平生态文明思想的科学内涵和理论逻辑,自觉成为习近平生态文明思想的坚定信仰者、忠实践行者、不懈奋斗者。

2.科学素养

对学生进行科学思维方法的训练和科学伦理的教育。比如,环境保护与可持续发展章节中的"走可持续发展之路"的提出,即是生态学家和整个人类社会对以往发展模式的反思和否定,体现了生态学与社会发展和生产实际相结合时,自然科学与经济、伦理甚至哲学的碰撞和融合。对此进行讲解,培养学生实事求是的辩证思维和严谨求实的科学态度。

3.社会责任

引导学生将可持续发展的理念内化为精神追求、外化为自觉行动。通过在环境容纳量与种群资源的合理利用等章节中融入人口政策、低碳生活等案例,引导学生在学习、生活和今后的工作中切实践行可持续发展的社会责任。

4.政治认同

教师向学生讲述,在中国共产党的带领下,中国人民建设生态文明和人类共同家园的伟大历程和在其中展现出的体制优势,从而使学生凝聚对以中国共产党领导为最本质特征的中国特色社会主义的政治认同。比如在讲授"生态系统的退化与恢复"等章节中重点介绍我国新中国成立后的沙漠化防治等生态系统恢复工作,讲好生态文明的中国故事,让学生从党和政府建设生态文明的各项具体举措中感受我国的政治体制优势。

第 2 部分　课程思政融入课堂教学

1　绪论

【专业教学目标】

生态学是研究生物与环境间相互关系的学科。本章主要讲述生态学的概念、历史沿革以及生态学的任务,使学生了解生态学的研究对象、内容、范围、方法以及生态学的最新进展,特别是 21 世纪生态学的发展方向。学习生态学,不仅要掌握生物与环境相互作用的一般原理,更要重点关注人类活动下生态过程的变化及其对人类生存的影响。

【思政元素分析】

本章内容具有开宗明义的作用,适合与思政教育结合,使学生认识到学习生态学以及树立生态理念的重要性和必要性。可围绕"科学素养"和"文化自信"两个维度发掘本章的思政元素。具体分析如下:

1.科学素养

生态学的发展经历了漫长的历史过程,而 21 世纪的生态学突出表现在"可持续发展"概念的提出与实践上。这反映了人类对自身发展模式的质疑和否定。以人类对自身发展道路的反思为例进行讲解,使学生认识到在学科的发展过程中,勇于质疑、实事求是、追求真理的科学素养具有重要意义。

2.文化自信

在生态学的发展历程中,中华民族传统的生态观点具有重要的意义和贡献,马克思主义哲学在当今生态文明建设中具有指导作用。相关内容的教学可增强学生的民族自豪感和文化自信。

【教学设计实例】

案例 9-1

知识点:21 世纪的生态学。

思政维度:科学素养。

教学设计:在知识点"21 世纪的生态学"中引入"科学素养"的思政教育。生态学研究已经为了解自然和人类对自然的影响做出了巨大的贡献,而随着世界人口的急剧增长和人类对生态系统的不断干扰和破坏,环境问题将是 21 世纪人类面临的最大挑战。因此,生态学的研究重点将从以自然现象为主,扩展到自然-经济-社会复合系统,而 21 世纪的生态学则突出表现在可持续发展概念的提出与实践上。可持续发展反映了人类对自身发展模式的怀疑和否定,也反映了对今后发展道路和发展目标的憧憬和向往。人类对以往发展道路的反思是深刻的,具有划时代的意义。但是,这一反思过程也充满了痛苦和波折,闪耀着无数科研工作者坚持真理、勇于质疑的精神光辉。

对以上内容可通过案例分析法、自主研讨等进行教学。具体而言,可让学生在课外重读经典著作《寂静的春天》,了解该书作者蕾切尔·卡逊(Rachel Carson)为坚持科学真理和农药公司的博弈和抗争。Carson 女士出于对人类生态环境保护的科学性、前瞻性和长远性的思考,勇敢面对著作出版后所引起的巨大争议,其几乎以一己之力唤起公众对农药滥用的重视,对人类生态环境保护产生重要影响和积极作用。类似的,铅污染吹哨人克莱尔·卡梅伦·帕特森(Clair Cameron Patterson)首次发现含铅汽油对环境的污染。虽然被当时的石油公司和某些专家排挤打压,但他还是不改本心,通过严谨的科学实验和翔实的研究数据使人们意识到铅污染的严重性,最终让世界作出改变。对这些案例进行讲解,让学生深刻认识到在某一学科乃至人类发展过程中,勇于质疑、实事求是、追求真理等科学素养具有重要意义。

案例 9-2

知识点:生态学的发展。

思政维度:文化自信。

教学设计:在知识点"生态学的发展"中,引入"文化自信"的思政教育。在生态学的萌芽时期处处闪现着中华民族的传统智慧。比如在公元前 100 年前后所确立的二十四节气既已反映生物现象与气候之间的关系,并用于指导人类的生产活动;同时期还出现了记述鸟类生态的《禽经》,记述了不少动物的行为;而儒家和道家"天人合一""道法自然"等则已经将人和自然间关系的论述上升到了哲学高度。更为重要的,恩格斯曾经说过,"我们不要过分陶醉于我们人类对自然界的胜利。对于每一次这样的胜利,自然界都对我们进行了报复",生动反映了马克思主义哲学对生态文明和人类发展的前瞻思考。习近平生态文明思想是马克思主义基本原理同中国生态文明建设实践相结合、同中华优秀传统生态文化相结合的重大成果,为我国的生态学发展提供了理论指导。

利用案例分析法、问题引导法等方法进行教学,充分挖掘中华优秀传统文化中的生态学素材,以传递文化自信为目标,切实提升学生对民族、道路和制度的自豪感,使学生进一步增强文化自信。

2 生物与环境

【专业教学目标】

本章主要讲述环境的概念和生态因子对生物的影响。生物不能脱离生存环境而存在,要不断适应异质性的环境;同时,环境又需要生物来维持与调控,生物与环境间是相互依存、协同进化的。通过学习本章,学生能够掌握生物和环境的基本概念,并正确认识人与自然的关系。

【思政元素分析】

本章主要讲述生物与环境,包括环境的概念、生态因子的作用和生物的适应,以及人与环境的关系。可围绕"科学素养"和"生态理念"两个维度发掘本章的思政元素。具体分析如下:

1. 科学素养

生物的生存和繁衍依赖于各种生态因子的综合作用。在"生态因子"这一知识点的教学中,可融入马克思主义辩证法,指导学生用马克思主义的立场观点方法学习科学理论,从而提高学生正确认识问题、分析问题和解决问题的能力。

2. 生态理念

自然环境是人类生存、繁衍和发展的基础。既要环境满足人类不断提高物质、文化生活水平的需要,也要人类保护环境和提高环境质量。在"人类活动对环境的影响"这一知识点中,以复活节岛为例,生动展示人们为了自身的生存和发展,对环境的过度利用和改造所造成的恶果。相关内容的教学有助于学生正确认识人与自然的关系,增强其对生态理念的理解。

【教学设计实例】

案例 9-3

知识点:生态因子。

思政维度:科学素养。

教学设计:在知识点"生态因子"中,引入"科学素养"的思政教育。生态因子作用有综合作用、主导因子作用、直接作用和间接作用等类型。环境中各种生态因子不是孤立存在的,而是彼此联系、互相促进、互相制约的。生态因子所产生的作用虽然有直接和间接、主要和次要、重要和不重要之分,但它们在一定条件下又可以相互转化。比如,植物发生春化作用时,温度是主导因子,湿度和通气条件是次要因子;光照在植物的春化阶段并不起作用,但在光周期阶段则是很重要的;当植物进行光合作用时,如果光照不足,可以适当增加二氧化碳的量;环境中的地形因子对植物的作用不是直接的,但其能影响光照、温度、雨水等因子的分布,从而对生物产生间接作用;等等。以上知识点生动反映了马克思主义辩证法有关主要矛盾和次要矛盾、矛盾的主要方面和次要方面的相关论述。

利用启发引导教学法、随机渗透法等进行教学,使学生在学习专业知识过程中,遇到具体的科学问题的时候,能够以马克思主义哲学的方法进行思考和总结,培养其哲学思辨的能力,并运用于今后的学习与科研工作。

案例 9-4

知识点:人类活动对环境的影响。

思政维度:生态理念。

教学设计:在知识点"人类活动对环境的影响"中,引入"生态理念"的思政教育。自然环境是人类生存、繁衍的物质基础,而人类与周围环境间存在着对立又统一的辩证关系。比如著名的复活节岛,虽然孤悬在浩瀚的南太平洋中,但却有着宜人的气候、柔软的沙滩、甘甜的溪流、茂盛的棕榈、成群的海鸟⋯⋯岛上原居民一度安居乐业,并发展出独有的文明,建造起连现代人都为之惊叹的巨型石像。然而,由于人口的快速膨胀,人们砍伐树木、开垦农田、修筑房屋、建造独木舟,使得海岛的环境被严重破坏,并最终成为"死亡之岛"。与复活节岛相似的,我们的地球也是茫茫宇宙中一个"小岛"。为了保证复活节岛的悲剧不会在地球重演,我们应全面正确地认识环境,遵循环境发展变化的内在规律,强调经济、社会和环境的协调统一发展,建立人与自然间相互补偿的良性关系。

通过案例分析法、课间漫谈法等,在帮助学生学习生态系统平衡的同时,使学生理解人类活动对于生态环境的重要影响,引导学生树立生态理念,在学习和未来工作中,要从生态系统的整体性去看待问题,尽量减小人为活动对于环境的负面作用。

3 种群

【专业教学目标】

通过种群基本特征、生活史、种内与种间关系的学习,学生应认识到种群是生态学各层次中最重要的一个层次,又是群落结构和功能的最基本单位。同时,通过学习,学生应能认识种群的基本知识和基本理论在实施生态恢复、生态工程等生态建设方面的重要意义,具备将其应用于生物资源的开发与保护中的能力。

【思政元素分析】

该部分内容主要讲述种群的时空动态、数量调节、生活史对策、种内与种间关系。可围绕"生态理念"和"社会责任"两个维度发掘本部分的思政元素。具体分析如下:

1. 生态理念

种群资源的合理利用和环境容纳量密切相关,人类对资源的利用强度要依据资源的环境容纳量原则。比如在对野生动植物资源的开发和利用方面要遵循"$K/2$ 捕获策略",当种群数为环境容纳量的一半时,种群增长速度最快,可提供的资源数量最多,而又不影响资源的再生。相关内容的讲解将使学生正确认识资源环境保护的科学依据与重要意义,培养学生合理利用种群资源的生态理念。

2. 社会责任

种群动态变化中种群增长率的大小主要涉及世代增长率和世代时间,而我国在不同历史阶段实行的生育政策为世界人口和资源问题的缓解做出了巨大贡献,体现了我国政府的大国担当。通过正确解析我国生育政策以及在不同历史时期进行调整的科学依据,使学生认识到公民个体对于世界人口问题所肩负的社会责任。

【教学设计实例】

案例 9-5

知识点:环境容纳量与资源的合理利用。

思政维度:生态理念。

教学设计:在知识点"环境容纳量与资源的合理利用"中,引入"生态理念"的思政教育。地球是一个物质有限、能源有限、空间有限、综合容纳量有限的环境,人类只有以有限的人口、经济和社会规模来适应这种限制,才能实现可持续发展。人类利用资源要依据环境容纳量原则,合理利用资源是自然伦理观的具体实践。例如,为获得最大可持续产量,一般将种群的数量控制在环境容纳量的一半,即渔业、狩猎业、林业等行业理论上常用的"$K/2$ 捕获策略"。当种群数量大于 $K/2$ 时,种群的增长速度将开始下降。当过度猎取导致种群数量少于 $K/2$ 时,种群增长速度下降,获取的资源数量减少,且会影响资源的再生。"涸泽而渔"或"杀鸡取卵",如此掠夺式的采收利用,都将使得资源迅速枯竭,生态系统失去平衡。

利用案例分析法、互动式教学法等,从生态系统保护角度进行教学,使学生切实掌握资源保护的科学内涵,提升学生合理利用种群资源的生态理念。

案例 9-6

知识点:种群动态。

思政维度:社会责任。

教学设计:种群增长模型中,种群增长率 $r = (\ln R_0)/T$,其中 R_0 是世代净增长率,T 是世代时间。通过限制每对夫妇的子女数,即降低世代增长率 R_0,同时,通过推迟首次生育时间(晚婚晚育),使世代时间 T 值增大,可以减缓人口的增长。在我国,计划生育政策的实行使得世界 60 亿人口和我国 13 亿人口日的到来各推迟 4 年,这是一个负责任的大国对世界的巨大牺牲与贡献。40 多年来,我国实施人口与发展综合决策,不断完善计划生育政策,走出了一条中国特色统筹解决人口问题的道路。进入 21 世纪以来,我国人口发展的内在动力和外部条件发生了显著变化。从我国人口年龄结构和性别比的年龄金字塔的逐年变化趋势可以发现,我国人口总量增长势头明显减弱,劳动年龄人口和育龄妇女开始减少,老龄化程度不断加深。改革完善计划生育服务管理,可促进人口长期均衡发展,有利于优化人口结构,增加劳动力供给,减缓人口老龄化压力。在调整生育政策的同时,应更加注重劳动力素质的提高,以确保中华民族生生不息、伟大祖国繁荣兴盛。

通过案例分析法以及课间漫谈法进行教学,使得学生清楚了解我国实行计划生育的历史背景以及在新时代下相关政策调整的原因,并由此认识到个体对于解决世界性问题所肩负的社会责任。

4 生物群落

【专业教学目标】

熟悉和掌握生物群落的组成和结构以及动态变化,认识生物群落的变化规律,及其在保护自然环境和提高群落生产力方面的作用。在此基础上,能够认识到生物群落学的基础理论知识在农业、林业、畜牧业等相关领域中的应用,并用以阐释和解决在土地利用、自然保护诸多领域的相关问题。

【思政元素分析】

该部分主要内容包括群落的基本概念、特征以及动态变化,可围绕"生态理念"和"社会责任"两个维度发掘本部分的思政元素。具体分析如下:

1. 生态理念

物种多样性变化会引起群落结构的变化,进而导致一系列生态效应。比如,海藻具有固碳、释氧的作用,其种类和数量的变化将改变大气湿度和温度,甚至影响当地和全球的气候。通过学习本章,学生充分认识到物种资源的重要性,提升保护生物多样性的生态意识。

2. 社会责任

外来物种的入侵是一个全球性问题,我国是遭受外来有害物种入侵危害最为严重的国家之一。比如 2006 年震惊世人的北京福寿螺事件。通过本部分内容学习,学生能自觉担负公民个人在生物安全防控中的社会责任,了解《生物安全法》,了解反对外来物种入侵的公众参与机制。

【教学设计实例】

案例 9-7

知识点:物种多样性变化。

思政维度:生态理念。

教学设计:在知识点"物种多样性变化"中,引入"生态理念"的思政教育。物种多样性既是遗传多样性的载体,又是生态系统多样性的基础,因此,物种多样性保护是最关键和最基本的保护。由于人类对资源的无节制索取,许多物种不断减少、濒危甚至灭亡,比如渡渡鸟、北美旅鸽、欧洲野牛、袋狼等。物种多样性降低将影响生态系统的稳定性以及生产力,乃至全球气候。事实上,某些不为人注意的生物对生态系统的作用更为重要。比如,海洋中的藻类与陆生植物一样可以吸收二氧化碳,调节气候,而海藻的减少必定会减弱吸收二氧化碳、释放氧气的作用,导致大气湿度和温度的改变,从而影响当地和全球的气候。此外,某些海藻会释放出硫酸二甲酯等化学物质,而硫酸二甲酯与云的形成有很大关系,大量的云层覆盖将导致减少到达地球表面的总热量,有助于降低温度。

通过案例分析法、互动式教学法等进行教学,使得学生正确认识到物种资源的重要性,了解物种保护的主要措施,提升维护地球生物多样性的生态意识。

案例 9-8

知识点:外来物种入侵。

思政维度:社会责任。

教学设计:在知识点"外来物种入侵"中,引入"社会责任"的思政教育。伴随着人们的经济活动和国际交往,外来物种入侵已成为我国面临的重大生物安全问题。据报道,入侵我国的物种已确认有 500 余种,其中已有 20 多种暴发成灾,我国成为遭受外来入侵生物危害最严重的国家之一。比如,1987 年,四川引入原产于南美洲亚马孙流域的瓶螺,在四川省泸州市等地形成田间自然种群,危害水稻和其他水生作物,对当地水生贝类、水生植物造成严重威胁。瓶螺由于携带管圆线虫，2006年造成震惊世人的北京福寿螺事件。又比如，紫茎泽兰从西南边境传入我国，在云贵川等地迅速泛滥成灾，其可引起动物哮喘病，在1979年造成云南52个县179个乡发病马5015匹，死亡3486匹，甚至出现"无马县"，严重侵害当地的农作物和牲畜安全。

类似的，我国前几年疯炒藏獒。然而，随着藏獒经济崩盘，无数藏獒被遗弃，在青藏高原造成物种入侵，并带来严重后果。流浪的藏獒不但攻击野生物，破坏当地的生态系统，而且导致以狗为宿主的棘球蚴病、狂犬病流行，危害人体健康，藏獒甚至直接攻击人类，成为生态灾难。为了维护国家安全，防范和应对生物安全风险，保障人民生命健康，保护生物资源和生态环境，制定了《生物安全法》，该法由第十三届全国人民代表大会常务委员会第二十二次会议于2020年10月17日通过，自2021年4月15日起施行。习近平总书记强调："把生物安全纳入国家安全体系，系统规划国家生物安全风险防控和治理体系建设，全面提高国家生物安全治理能力。"[1]

通过案例分析法和课间漫谈法进行教学，使得学生正确认识到物种入侵的危害，从而肩负起公民个人在生物安全防控中的社会责任，在今后的国际交往和社会生活中自觉抵制可能导致物种入侵的行为。

5 生态系统

【专业教学目标】

生态系统研究是现代生态学研究的主流。当前全球所面临的重要资源和环境问题的解决，都依赖于对生态系统结构和功能、多样性与稳定性，以及生态系统的演替、受干扰后的恢复能力和自我调节能力的研究。通过对生态系统结构、功能的介绍，使学生了解生态系统中的能量流动、物质循环、发展趋势以及自我调节机制等。

【思政元素分析】

该部分主要内容包括生态系统的一般特征、能量流动、物质循环和生态系统的自组织调节等。可围绕"生态理念"和"家国情怀"两个维度发掘本部分的思政元素。具体分析如下：

1. 生态理念

生物地球化学循环和人体健康密切相关，而人类的生产活动在地球生物化学循环中有非常重要的作用。以放射性核素循环为例，通过讲解三英里岛、切尔诺贝利和福岛核事故，深度解析放射性核素污染及其在生态系统中的循环过程，使得学生充分认识到人类活动对生态系统物质循环以及自身生存发展的影响，深刻领会人类命运共同体理念。

2. 家国情怀

生态系统的初级净生产量与人类消费密切相关。介绍我国农业安全战略案例，

① 《习近平主持召开中央全面深化改革委员会第十二次会议强调 完善重大疫情防控体制机制健全国家公共卫生应急管理体系 李克强王沪宁韩正出席》，共产党员网，https://www.12371.cn/2020/02/14/ARTI1581684197364143.shtml。

使学生充分了解新中国成立后我国政府在促进人民生存权、发展权方面所取得的一系列进展,深刻理解"生存权、发展权是首要人权"这一重要论断,从而增强学生对中国特色社会主义制度的信心,进一步提升爱家爱国爱党的情怀。

【教学设计实例】

案例 9-9

知识点:地球化学循环。

思政维度:生态理念。

教学设计:在知识点"地球化学循环"中,引入"生态理念"的思政教育。人类的生产活动在地球化学循环中具有重要的作用,可以加速化学循环的进程,扩大化学循环的规模。以放射性核素循环为例,放射性核素可在多种介质中循环,无论裂变还是不裂变,均可以进入大气层,然后通过降水、尘埃和其他物质带回到陆地或者水体中。各种放射性核素转移到人体后,其放射线对机体产生持续照射,直至其蜕变成稳定性核素或全部排出体外为止。

在切尔诺贝利事故中,因原子炉熔毁而漏出的辐射尘飘到了俄罗斯、白俄罗斯和乌克兰,甚至影响了英伦三岛。在灾难过后 20 年,欧洲国家还在限制制造、运输、消费过程中来自切尔诺贝利放射性尘埃的食物污染,尤其是对铯-137 指标进行控制,以防止它们进入人类的食物链。核事故造成放射性物质泄漏,对海洋环境、食品安全和人类健康产生深远的影响。相比较而言,我国核科学技术创新及核能产业发展取得了可喜的成绩。中国的核电正在从跟跑、并跑向领跑发展。比如"华龙一号"在设计创新方面,设置了完善的严重事故预防和缓解措施,其安全指标和技术性能达到了国际三代核电技术的先进水平。

通过问题引导和案例分析教学法等进行教学,使得环境专业的学生能站在地球这一大生物圈的高度,看待物质循环中的环境问题,使其领会地球村和人类命运共同体的理念。

案例 9-10

知识点:初级生产量和人类消费。

思政维度:家国情怀。

教学设计:在知识点"初级生产量和人类消费"中,引入"家国情怀"的思政教育。初级净生产量与人类衣食住行息息相关,如何保证人类的粮食安全是全球各国面临的重大问题。民为国基,谷为民命。新中国成立后,我国政府始终把解决人民吃饭问题作为治国安邦的首要任务。经过艰苦奋斗和不懈努力,不但以全球 8% 的耕地养活了22% 的人口,实现了粮食基本自给,而且人民生活质量和营养水平不断提高。新中国成立后在人民生存权和发展权方面取得了一系列巨大成就,充分践行了"生存权、发展权是首要人权"。为了确保我国的粮食安全,政府严守 18 亿亩耕地保护红线,全面制定了面向 21 世纪的国家农业安全战略,实施农业可持续发展,并推进我国农业创新体系建设,走出了一条中国特色的粮食安全之路。

通过启发引导和案例分析教学法等进行教学,使学生深刻认识中国共产党一心为民、一心利民,始终坚持以人民为中心的执政初心,提升学生爱家爱国爱党的热情,增强其家国情怀。

6 自然生态系统与景观生态学

【专业教学目标】

通过对自然生态系统类型、景观生态学和全球变化生态学的学习,学生认识到生态系统的多样性和变化规律,更好地理解保护生态环境和恢复已经退化的生态系统的重要性,并能将知识应用到生态保护的实践中。

【思政元素分析】

该部分为应用生态学部分,学生应在掌握理论生态学的基本规律和关系基础上,认识其在生态保护、生态管理和生态建设等实践中的应用,认识到人类社会实践应符合自然生态规律,以使人与自然和谐相处、协调发展。可围绕"政治认同"和"社会责任"两个维度发掘本部分的思政元素。具体分析如下:

1.政治认同

我国的生态系统(尤其是陆地生态系统)在历史上有大面积的退化。然而,新中国成立后,沙漠化防治等生态系统的恢复工作取得了令世人惊叹的成就。在相关内容中可融入"政治认同"思政元素,使学生深刻认识中国共产党团结带领全国人民,为实现中华民族伟大复兴而艰苦奋斗的伟大历程,从而进一步凝聚政治认同。在知识点"全球变化生态学"中,也可融入"政治认同"的思政元素。我国政府高度重视气候变化,庄严承诺在 2030 年前实现碳达峰,2060 年前实现碳中和,以实际行动践行人类命运共同体理念,展现了负责任的大国的担当。通过对上述内容的分析,使学生认识到我国政府在应对全球气候变化方面所做出的重要贡献,提升学生对党和政府治国理政举措的政治认同。

2.社会责任

全球气候变化带来诸多负面效应,人类应该团结一致,应对全球气候变化带来的影响。在相关内容中可融入"社会责任",使学生切实认识到个人在应对全球气候问题上所能尽到的责任,比如自觉践行绿色出行、低碳消费等。

【教学设计实例】

案例 9-11

知识点:生态系统的退化与恢复。

思政维度:政治认同。

教学设计:在知识点"生态系统的退化与恢复"中,引入"政治认同"的思政教育。受气候变化、水需求量增加以及灌溉土壤盐碱化等因素影响,全球正面临沙漠化的威胁。在过去的 50 年间,全球有 6500 万公顷的耕地和牧场被沙漠吞噬。然而,我国不但土地荒漠化和沙漠化整体得到遏制,而且创造了无数生态奇迹,令世人惊叹。

纵观人类历史,人类和沙漠在进退之间的博弈曾反复上演。在我国新中国成立之后,尤其是最近 40 年来,政府主导与民众参与相结合,自然修复与人工治理相结合,法律约束与政策激励相结合,重点突破与面上推进相结合,讲求科学与艰苦奋斗相结合,治理生态与改善民生相结合,真正实现了由"沙进人退"到如今"人进沙退"的历史性转变,如毛乌素沙地、库布齐沙漠、浑善达克沙地、科尔沁沙地……在中国共产党领导下,各地群众、政府和企业携手治沙,以顽强的意志和不屈的精神,代代接力,书写了一部荒漠化治理的英雄史诗,并为全球荒漠化治理贡献中国智慧。从 2004 年以来,我国荒漠化和沙化土地面积,连续 3 个监测期均保持缩减态势。"十三五"以来,全国累计完成防沙治沙任务 880 万公顷。防沙治沙的中国方案、中国经验举世瞩目。国际社会纷纷点赞:"世界荒漠化防治看中国!"

通过启发引导、视频展示和案例分析教学法等进行教学,使学生切实感受到在习近平生态文明思想指引下,中华儿女持续践行"艰苦奋斗、坚韧不拔、锲而不舍、久久为功"的精神,为筑牢祖国生态安全屏障、建设美丽中国而不懈奋斗,从而进一步凝聚对以中国共产党领导为最本质特征的中国特色社会主义的政治认同。

案例 9-12

知识点:全球变化生态学。

思政维度:政治认同。

教学设计:在知识点"全球变化生态学"中,引入"政治认同"的思政教育。中国是拥有 14 亿人口的发展中国家,是遭受气候变化不利影响最为严重的国家之一。作为全球应对气候变化的重要参与者,中国积极应对气候变化,这不仅是中国实现可持续发展的内在要求,也是对全世界的责任担当。长期以来,中国高度重视气候变化问题,把积极应对气候变化作为国家经济社会发展的重大战略,把绿色低碳发展作为生态文明建设的重要内容,采取了一系列行动,为应对全球气候变化做出了重要贡献。国家主席习近平在第七十五届联合国大会一般性辩论上宣布:中国将提高国家自主贡献力度,采取更加有力的政策和措施,二氧化碳排放力争于 2030 年前达到峰值,努力争取 2060 年前实现碳中和。[①] 这一目标明确表达了中国承担更多全球责任的意愿,有助于中国在国际上树立负责任大国的形象,也是当前世界复杂局势下开展国际合作的必然要求,必将推动全球气候治理迈向新时代。

碳中和是指人为排放量(化石燃料利用和土地利用)被人为作用(木材蓄积量、土壤有机质、工程封存等)和自然过程(海洋吸收、侵蚀-沉积过程的碳埋藏、碱性土壤的固碳等)所吸收,即净零排放。欧盟部分成员国率先承诺到 2050 年实现碳中和,我国也承诺"二氧化碳排放力争于 2030 年前达到峰值,努力争取 2060 年前实现碳中和"。我国用 30 年时间实现从"碳达峰"到"碳中和",是雄心勃勃的表现,但又是极难达到的战略目标。一个国家的发展程度和人均累计碳排放密切相关,而我国人均累计碳

---

① 《习近平在第七十五届联合国大会一般性辩论上的讲话》,共产党员网,https://www.12371.cn/2020/09/23/ARTI1600815270972931.shtml。

排放远远低于主要发达国家,也低于全球平均水平。由此可见,我国追求碳中和,其难度远大于发达国家。在面对全球共同的环境问题时,我国政府以巨大勇气和坚定决心向全世界庄严承诺,真正地以实际行动践行人类命运共同体理念,展现了负责任的大国的担当。

案例 9-13

知识点:人类如何应对全球气候变化。

思政维度:社会责任。

教学设计:在某个层面上可以说人类排放的温室气体根源于人类的消费行为。由此,个人行为能够很大程度上影响碳中和的进程。为了实现 2060 年碳中和的战略目标,对于每个公民而言,除了积极参与植树造林之外,也可以从日常生活入手,从根源上减少碳排放。可实现的"低碳生活"的建议如下:

衣:随季节更替,穿着适宜的应季服装可以减少空调的使用。选择环保面料并减少洗涤,选择手洗,减少服装的购买。

食:购买本地、季节性食品,减少食物加工过程,可以减少二氧化碳的排放。使用少油少盐少加工的烹饪方法,不仅自己健康,而且地球也健康。

住:居住面积不必太大,理智选择合适户型。因为住房面积减少可以降低水电的用量,这在无形之中减少了二氧化碳的排放。

行:选择合适的汽车车型,多乘坐公共交通工具。汽车是二氧化碳的排放大户,应尽量选择低油耗、更环保的汽车。

用:洗菜水、洗澡水循环利用,每间房只装节能灯,使用时尚的环保袋,双面打印,不使用一次性餐具,尽量购买包装简单的产品,既能减少生产中消耗的能量,也能减少垃圾。

通过视频展示、案例分析和课间漫谈教学法等进行教学,使学生认识到公民个人在应对全球气候问题所担负的社会责任,自觉践行"低碳生活"理念。

7 环境保护与可持续发展

【专业教学目标】

通过对本章的学习,学生认识到环境问题的实质、可持续发展思想的产生过程,以及影响可持续发展的主要生态学问题。

【思政元素分析】

本章详细论述环境保护与可持续发展。主要围绕"政治认同"发掘本部分的思政元素。具体分析如下:

环境问题已是众所周知的事实,而人类坚持可持续发展道路的光明前景就是使人类走向生态文明。通过认真学习和解读习近平生态文明思想,学生深刻认识和理解我国政府为全球可持续发展贡献的中国智慧和中国方案,树立坚定不移地走中国特色社会主义道路的信念。

【教学设计实例】

案例 9-14

知识点：可持续发展。

思政维度：政治认同。

教学设计：在知识点"可持续发展"中，引入"政治认同"的思政教育。绵延五千多年的中华文明孕育了丰富的生态文化。习近平反复强调生态文明建设的重要性，习近平生态文明理想深入人心。"绿水青山就是金山银山"理念深刻揭示了生态环境保护与经济社会发展之间辩证统一的关系，阐明了保护生态环境就是保护生产力、改善生态环境就是发展生产力的道理，丰富和拓展了马克思主义生产力基本原理的内涵，已成为新发展理念的重要组成部分。我们必须牢固树立和践行"绿水青山就是金山银山"的理念，坚持走生态优先、绿色发展之路不动摇，推动形成人与自然和谐发展的现代化建设新格局。同时，可持续发展必须以人民为中心。习近平强调"良好生态环境是最公平的公共产品，是最普惠的民生福祉""环境就是民生，青山就是美丽，蓝天也是幸福""发展经济是为了民生，保护生态环境同样也是为了民生"。这些重要论述，阐明了生态环境在民生改善中的重要地位，是对人民日益增长的优美生态环境需要的积极回应。我们必须坚持以人民为中心的发展思想，加快改善生态环境质量，提供更多优质生态产品。此外，中国作为负责的大国，一直共谋全球生态文明建设，深度参与全球生态环境治理。习近平指出"建设美丽家园是人类的共同梦想。面对生态环境挑战，人类是一荣俱荣、一损俱损的命运共同体，没有哪个国家能独善其身"[①]。当今世界正经历百年未有之大变局，保护主义、单边主义抬头，逆全球化思潮进一步加剧，对全球生态环境保护造成不利影响。我们必须秉持人类命运共同体理念，坚决维护多边主义，建设性参与全球环境治理。

通过视频展示、启发引导和课间漫谈教学法等进行教学，使学生深刻理解习近平生态文明思想，正确认识我国政府为全球可持续发展贡献的中国智慧和中国方案，提高对中国特色社会主义制度的自信，树立为中国特色社会主义事业奋斗终身的信念。

---

① 《习近平在 2019 年中国北京世界园艺博览会开幕式上的讲话（全文）》，共产党员网，https://www.12371.cn/2019/04/29/ARTI1556491432263930.shtml。

第3部分　课程思政元素案例总览

章节	知识点	思政维度	教学内容及目标
1.绪论	21世纪的生态学	科学素养	可持续发展反映了人类对自身发展模式的质疑和否定。对 Rachel Carson 的事迹进行讲述,使学生认识到在学科的发展过程中,勇于质疑、实事求是、追求真理的科学素养具有重要意义。
	生态学的发展	文化自信	中华民族的生态智慧、马克思主义哲学、习近平生态文明思想是我国生态文明建设的宝贵财富。通过教学,切实提升学生的民族自豪感和文化自信。
2.生物与环境	生态因子	科学素养	环境生态因子的知识点生动反映了马克思主义辩证法有关主要矛盾和次要矛盾、矛盾的主要方面和次要方面的相关论述。通过教学,使得学生能够以马克思主义哲学的高度进行思考和总结,并将哲学思辨能力运用于今后的学习与科研工作。
	人类活动对环境的影响	生态理念	人类与周围环境间存在着对立又统一的辩证关系。以复活节岛为例进行讲解,让学生认识到人们为了自身的生存和发展,对环境的过度利用和改造将导致严重的资源耗竭和环境恶化,从而引导学生树立正确的生态理念。
3.种群	环境容纳量与资源的合理利用	生态理念	人类利用资源要依据环境容纳量原则,合理利用资源是自然伦理观的具体实践。比如在对野生动植物资源的开发和利用方面要遵循"$K/2$ 捕获策略"。通过教学,使得学生切实掌握资源保护、合理利用种群资源的科学内涵,提升学生的生态理念。
	种群动态	社会责任	种群动态变化中种群增长率的大小主要涉及世代增长率和世代时间,而我国在不同历史阶段实行的生育政策为世界人口和资源问题的缓解做出了巨大贡献,体现了我国的大国担当。通过教学,使得学生清楚了解我国实行计划生育的历史背景以及在新时代下相关政策调整的原因,并由此认识到个体对于解决世界性问题所肩负的社会责任。

章节	知识点	思政维度	教学内容及目标
4.生物群落	物种多样性变化	生态理念	物种多样性既是遗传多样性的载体,又是生态系统多样性的基础。物种多样性变化会引起群落结构的变化,进而导致一系列生态效应。比如,海藻具有固碳、释氧的作用,其种类和数量的变化将改变大气湿度和温度,甚至影响当地和全球的气候。通过教学,使得学生正确认识到物种多样性保护的重要性,了解物种保护的主要措施,提升生态理念。
	外来物种入侵	社会责任	外来物种入侵已成为我国面临的重大生物安全问题。以2006年震惊世人的北京福寿螺事件为例进行教学,使得学生正确认识到物种入侵的危害,从而肩负起社会责任,在今后的国际交往和社会生活中自觉抵制可能导致物种入侵的行为。
5.生态系统	地球化学循环	生态理念	人类的生产活动在地球化学循环中具有重要的作用。以放射性核素循环为例,通过讲解三英里岛、切尔诺贝利、福岛核事故,深度解析放射性核素污染及其在生态系统中的循环过程。通过教学,使得环境专业的学生能站在地球这一大生物圈的高度,看待物质循环中的环境问题,领会地球村和人类命运共同体的理念。
	初级生产量和人类消费	家国情怀	初级净生产量与人类衣食住行息息相关,如何保证人类的粮食安全是全球各国面临的重大问题。以我国农业安全战略为案例,通过教学,使学生深刻认识中国共产党一心为民、一心利民,始终坚持以人民为中心的执政初心,提升学生爱家爱国爱党的热情。
6.自然生态系统与景观生态学	生态系统的退化与恢复	政治认同	全球正面临沙漠化的威胁,然而,我国不但土地荒漠化和沙漠化整体得到遏制,而且创造了无数生态奇迹。通过教学,使学生切实感受到在中国共产党领导下中华儿女为筑牢祖国生态安全屏障、建设美丽中国而做出的努力,从而凝聚其政治认同。
	全球变化生态学	政治认同	长期以来,中国高度重视气候变化问题,把绿色低碳发展作为生态文明建设的重要内容,为应对全球气候变化做出了重要贡献。通过教学,使学生提升对党和政府治国理政举措的政治认同。
	人类如何应对全球气候变化	社会责任	通过解读我国碳中和战略框架,使学生认识到公民个人在应对全球气候问题所担负的社会责任,应自觉践行"低碳生活"理念。
7.环境保护与可持续发展	可持续发展	政治认同	绵延五千多年的中华文明孕育了丰富的生态文化,而习近平生态文明思想更是深入人心。通过教学,使学生深刻理解习近平生态文明思想,正确认识我国政府为全球可持续发展贡献的中国智慧和中国方案,提高对中国特色社会主义制度的自信,树立为中国特色社会主义事业奋斗终身的信念。

第 4 部分　课程思政融入教学评价

1　教学效果评价方法

本课程的思政教学效果评价主要基于平时评价和期末考核两部分,共同支撑本课程的思政教学目标的实现。

1. 平时评价

平时评价可基于学生在课堂讨论时的表现和平时学习的感悟、心得等。针对授课内容中的思政案例,引导学生在相应的思政维度上进行讨论,阐述相应的心得体会。讨论主要集中于相关思政话题的案例拓展、某一案例的思政维度思考以及某些典型案例的心得体会等。

2. 期末考核

期末考核主要基于在思政教学后,学生能否自行在相关学习材料中提炼思政元素,以切实落实该课程思政教学目标。围绕思政教学目标,试卷中提供若干个生态学相关案例,要求学生在专业和思政两个维度进行解析,以评价该课程思政教学的总体效果。在对相关材料进行专业知识的阐述之外,学生需要通过不同的维度发掘相关材料的思政内涵。教师将针对学生的归纳总结能力、发散思维能力、专业和思政两者间的相关性,以及语言表达能力等进行综合评价。

2　教学效果评价案例

案例 9-15　我国传统文化中的生态学智慧

在中华民族的传统文化中,有许多体现生态学智慧的元素,深刻影响着现代中国人衣食住行、为人处世的方方面面。比如,教科书中提及"公元前 100 年前后,我国农历已确立了二十四节气,它反映了作物、昆虫等生物现象和气候之间的关系"。试举例谈谈你所了解的我国传统文化中的生态学知识或理念。

案例 9-16　外来物种入侵

我国是外来有害物种危害最为严重的国家之一。近年来,盲目放生成为导致外来物种入侵的重要途径。结合所学的生态学原理,谈谈你对此类行为的认识。

案例 9-17

在基础建设过程中,我国为保护生态环境和野生动物做了巨大的努力。比如,为保障野生动物的正常生活、迁徙和繁衍,青藏铁路全线建立了 30 多个野生动物通道。请就以上案例,试说明如何应用生态学原理控制或减缓因生境破碎化而造成的生物多样性下降的趋势,并请简要谈谈你个人对该案例的感想体会。

案例 9-18

防沙治沙的中国方案、中国经验举世瞩目。在毛乌素沙地,群众、政府和企业携手治沙,书写了一部荒漠化治理的英雄史诗,并为全球荒漠化治理贡献中国智慧。请就以上案例,谈谈沙漠化的成因以及生态效应,并提出可行的沙漠化防治措施。同时,谈谈你所知道的生态保护和环境治理中的中国智慧。

"生物化学"课程思政教学设计

第1部分　课程思政融入教学大纲

1　课程简介

"生物化学"是研究生物体的化学组成和生命过程中化学变化规律的学科,是一门理论性和实践性并重的课程,是用物理学、化学和生物学的现代技术来研究生物体的物质组成和结构、物质在生物体内发生的化学变化,以及这些物质结构的变化与生理机能之间的关系的学科。

学习和研究生物化学的目的在于阐明生命活动的化学基础,并与其他学科配合,来揭示生命活动的本质和规律。生物化学课程是环境科学和环境工程专业最重要的专业主干课程之一。

2　教学目标

2.1　专业教学目标

(1)了解生物化学学科的发展过程和研究前沿,明确生物化学知识在环境科学中的应用范围。

(2)掌握糖类、脂质、蛋白质、核酸等主要生物分子基本的结构和功能,了解新陈代谢和中心法则的基本过程、相关原理和技术手段,提升科学素养。

(3)能够辩证地将所学的具体生物化学相关知识融合到大生态、大环境背景中,了解生态环境对生物体内发生的化学变化的影响;了解环境污染物对生物大分子的毒性和相关机制,分析和解决生态安全、污染治理和人体健康方面的相关问题。

(4)通过课堂内研讨活动和课后的资料查阅、文献检索,提高学生表达能力、自学能力和发现问题的能力,能采用口头及书面形式将生物化学知识与具体环境问题结合,并进行规范、准确的表达。

2.2　思政教学目标

(1)通过案例教学激发学生的家国情怀,让学生学习我国科研人员为国奋斗的科研精神,培养学生强烈的民族自豪感和社会责任感。

（2）在研究过程中要培养学生勇于维护真理和反对盲从权威的科学素养,同时引导学生要坚守学术诚信,坚守社会道德规范,加强学生对科研诚信和学术道德的全方位认知。

3　思政元素分析

本课程主要从"科学素养""家国情怀""生态理念""社会责任""法治意识"等五个维度挖掘思政元素,具体分析如下:

1.科学素养

在基础研究过程中要保持好奇心和想象力,勇于维护真理。通过讲述"四核苷酸假说阻碍核酸研究进程"等案例,教导学生反对盲从权威、不可轻信谣言,并保持客观、科学、独立的思维。

2.家国情怀

我国在20世纪50—80年代物质条件匮乏、生物化学研究基础十分薄弱的情况下,依然得到卓越的研究成果。"结晶牛胰岛素的合成"等案例,体现了中国特色社会主义制度能够集中力量办大事的制度优势,说明了中国特色社会主义制度的优越性。随着时代的发展,我国的基础研究走向世界前列,并已有相当一部分技术领先于发达国家。对这些内容进行讲述,培养学生的家国情怀和民族自豪感。

3.生态理念

将生物化学知识与现有的环境问题相结合,提出相应的环保理念以及可行的治理技术。引入"环境污染物对DNA的损伤"等案例,探讨环境污染物造成危害的原理,使学生树立"绿水青山就是金山银山"的绿色发展观和"用最严格制度最严密法治保护生态环境"的法治观。

4.社会责任

科学研究要以造福社会为目的,同时不应违反基本伦理。通过与学生讨论贺某某基因编辑等事件,说明社会责任是科学精神与科学道德的基本要义,加强学生对科研诚信和创新的道德底线的全方位认知。

5.法治意识

讲述与生物化学有关的经典骗局,如著名骗局"酸碱体质论"等,传递坚守社会道德规范的基本要求,同时向学生普及相应的法律法规知识,告诫学生不可利用自己的学者身份突破法律约束,不能利用具备先进知识的便利性给社会带来不利影响。

第 2 部分　课程思政融入课堂教学

1　绪论

【专业教学目标】

针对环境科学、环境工程专业学生的专业基础，重点强调生物化学的基本原理，并详细分析生物化学的诞生及其与环境科学的相关性和应用策略（包括生物化学的概述、生物化学的诞生与发展、环境污染物与生物化学之间的相关性），利用生物化学知识解决环境污染物在生物体的毒理机制等。

【思政元素分析】

本章讲的是基本的生物学知识，须从环境的视角以及我国生物化学相关基础研究历史出发，帮助学生认识生物化学的知识点，主要围绕"生态理念""家国情怀"这两个维度发掘课程思政元素。具体分析如下：

1. 生态理念

细胞内的生物化学变化（包括糖代谢、脂类代谢、蛋白质代谢等）规律是生命的基本规律，这些规律对所有生物都是适用的，而环境污染会不同程度地影响这些"生存过程"，对生物体造成胁迫。在介绍生物化学知识体系的过程中，要时常将相关知识与"绿水青山就是金山银山"的绿色发展观相结合。

2. 家国情怀

生物化学的发展历史是无数科学家研究成果、探索过程和伟大人格的集中反映。我国在生物化学基础研究方面也有许多的创新贡献，利用这些内容可以很好地将道路自信、理论自信、制度自信、文化自信融入理论教学中，使学生增强国家意识，同时具备全球意识并了解人类文明进程和世界发展动态。

【教学设计实例】

案例 10-1

知识点：生物化学物质组成。

思政维度：生态理念。

教学设计：由知识点"生物化学物质组成"引入"生态理念"的思政教育。细胞内的生物化学变化规律（新陈代谢）是生命的基本规律，这些规律对所有生物都是适用的。细胞内化学变化受到许多因素影响，包括生理、病理、药理等方面，此外，环境污染也会不同程度地影响这些"生存过程"，对生物体造成胁迫。在介绍生物化学知识体系的过程中，要时常将相关知识与预防污染的观念相结合。比如，1953 年的日本水俣病事件，日本熊本县水俣镇一家氮肥公司排放的废水中含有汞，这些废水被排入海湾后经过某些生物的转化,形成甲基汞。这些甲基汞在海水、底泥和鱼类中富集,又经过食物链富集于人体。甲基汞可以使动物或人体细胞内的蛋白质变性,造成中毒。当时,最先发病的是爱吃鱼的猫。中毒后的猫发疯痉挛,纷纷跳海自杀。没过几年,水俣地区连猫的踪影都不见了。1956年,出现了与猫的症状相似的病人。因为刚开始病因不清,所以用当地地名命名。1991年,日本环境厅公布的中毒病人仍有2248人,其中1004人死亡。水俣病事件告诫我们,因为科技发展而产生的各种环境污染物数不胜数,人类自身的健康面临严重的危机。

为此,课堂教学中教师应该使学生充分认识到,经济发展决不能以牺牲环境为代价。自然资源本身就是财富,保护、开发和利用好自然资源就能更好地积蓄财富、发展经济。学生通过环境污染案例中生物化学知识的学习,深入解读绿色发展理论,了解绿色发展目标、路径、行动、措施等。

对以上内容通过案例分析法、启发引导教学法进行教学,让学生理解防治环境污染的紧迫性和必要性,并布置课后作业,让学生进一步查询案例以加深理解(查阅几个较为著名的环境污染案例,并思考相关的污染物会造成哪些生物损伤)。以上方法不仅可以使学生对本章节知识点进行巩固,从而对相关环保理念的理解更加清晰,还能潜移默化地使学生树立良好的生态理念。

案例 10-2

知识点:我国生物化学发展历程。

思政维度:家国情怀。

教学设计:由知识点"我国生物化学发展历程"引入"家国情怀"的思政教育。生物化学的发展历史也是无数生物学家的研究成果和伟大人格的集中反映。我国在生物化学基础研究方面也有许多的创新贡献。中华民族不仅创造了以四大发明为代表的古代文明,而且近代在很多学科门类中也有一些科学家对世界的发展做出了巨大的创新贡献。立足中国实践,讲好中国故事,利用这些内容可以很好地将道路自信、理论自信、制度自信、文化自信融入理论教学中,激发学生爱国主义热情和民族自豪感,同时也可以培养学生崇尚科学、积极创新的精神素养。创新是一个既继承前人的知识和成果,又能超越前人的过程。创新,是一个民族的灵魂,我国在20世纪也有一些生物化学的重要研究成果。例如吴宪在1931年提出了蛋白质变性学说,这种变性学说沿用至今;在1962年,中科院院士邹承鲁建立了蛋白质必需基团的化学修饰和活性丧失的定量关系公式和作图法,被称为邹氏公式和邹氏作图法,得到了国际上的广泛应用;1965年,中科院生化研究所、北大化学系及中科院有机化学研究所通力合作,在世界上首次人工合成了结晶牛胰岛素,这是一个标志人类认识生命、探索生命奥秘的里程碑,对医学事业具有巨大的贡献。

对以上内容通过案例分析法进行教学,让学生了解时代变化和改革创新的成果,加强学生的家国情怀。

2 蛋白质及酶类

【专业教学目标】

让学生了解蛋白质和酶的相关知识,培养他们使用相关知识解决环境生物学问题的能力:①了解和掌握氨基酸、蛋白质化学的基础知识,氨基酸和蛋白质的结构、性质和功能间的关系;②掌握氨基酸、蛋白质的化学特性以及蛋白质的分离、纯化和鉴定,认识蛋白质的重要生物学意义和生产实践意义;③了解酶的化学本质、结构、特性和功能、酶反应动力学和酶的应用;④在联系维生素的基础上,掌握各种重要辅酶和辅基的结构与有关酶反应的关系。

【思政元素分析】

本章讲的是蛋白质结构与功能的关系,要求学生掌握酶活力及酶活力单位的概念。可以从环境的视角和我国生物化学相关基础研究历史出发进行教学,帮助学生理解生物化学的知识点。主要围绕"科学素养""法治意识"这两个维度发掘课程思政元素。具体分析如下:

1. 科学素养

通过讲述酶的发现过程和我国科学家在蛋白质化学上的贡献,使学生树立不畏困难、坚持不懈的探索精神,常怀反对盲从权威、独断、虚伪和谬误的心态,明白创新是一个既继承前人的知识和成果,又能超越前人的过程。

2. 法治意识

通过分析蛋白质相关的虚假宣传,并以著名的事件"酸碱体质论""三鹿奶粉"等为例,倡导严谨治学、注重诚信、讲求责任的优良学风,引导学生坚守学术诚信,坚守社会道德规范。

【教学设计实例】

案例 10-3

知识点:酶的研究历史。

思政维度:科学素养。

教学设计:由知识点"酶的研究历史"引入"科学素养(实证求真)"的思政教育。比如酶,其发现过程是发现了催化现象→发现了酵母细胞具有催化活性→发现了磨碎的酵母裂解液也具有催化作用→从中得到可以催化的物质。之后,进一步地有了酶的后续研究和核酶的发现。以上的每一步,都是科学家们无数次试错后才取得的成果。利用这些内容进行教学可以培养学生不畏艰苦、扎扎实实的进取精神和顽强拼搏的意志品格。在酶的研究历史中,巴斯德曾错误地认为只有完整的酵母细胞才具有催化作用,尽管从今天的视角来看,这一理论是完全错误的,但由于巴斯德是著名的科学家,这在当时对于相关领域的研究造成了很大的影响,一度造成了酶学研究的停滞。

对以上内容通过案例分析法进行教学,教导学生要常怀反对盲从权威、独断、虚伪和谬误的心态,同时使学生明白创新是一个既继承前人的知识和成果,又超越前人的过程。

案例 10-4

知识点：蛋白质的等电点、蛋白质测定方法。

思政维度：法治意识。

教学设计：由知识点"蛋白质的等电点"和"蛋白质测定方法"引入"法治意识"的思政教育。体内的氨基酸和蛋白质是兼性离子，它们对维持人体正常 pH 具有重要的缓冲作用。有人断章取义，在美国提出了人的酸碱体质理论，导致大量商家利用"酸碱体质论"的噱头进行虚假宣传，该伪科学理论迅速传播至全世界，我国国内几乎所有种类矿泉水无一幸免。直到 2018 年 11 月 2 日，美国法庭宣布人体"酸碱理论"是一个骗局。另外还有些事件可以引导学生不仅要诚实守信，坚守道德的底线，而且要遵守国家法律，维护法治的权威。如凯氏定氮法是生物化学中常用的蛋白质含量测定方法，有一些不法之徒，将含氮量高但对婴幼儿生长发育具有毒性的三聚氰胺掺入奶粉，利用凯氏定氮法的缺陷，冒充蛋白质，结果导致出现"大头娃娃"的悲剧。类似的还有胶原蛋白，从胶原蛋白组成分析上让学生理解，熊掌、鱼翅的营养成分主要是胶原蛋白，其蛋白量还不如猪皮、猪肉高，且胶原蛋白是大分子的不完全蛋白质，从某种意义上讲，它们的营养价值甚至还比不上猪肉。为保障广大人民的身体健康，我国于 2015 年修订的《广告法》第十八条列明了保健食品广告不得含有表示功效或安全性的断言或者保证、涉及疾病预防或治疗功能、声称或者暗示广告商品为保障健康所必需，以及与药品及其他保健食品进行比较等内容。利用这些事件和相关的法律法规可以引导学生学会用所学知识分析解决问题，并培养其追求真理真相，反对伪科学的精神素养。

对以上内容通过案例分析法和随机渗透法进行教学，加强学生对法治意识的全方位认知。

3 糖类

【**专业教学目标**】

让学生了解糖在生物体中的重要作用及这些功能受到哪些环境因素的影响，为今后从事环境生物学研究和相关工作奠定基础；培养学生辩证思维、逻辑思维，课堂讲学主要通过糖类功能与结构讲解，对糖类功能案例和单糖、多糖类别、功能与结构讲解，以及对案例（新冠病毒糖蛋白等）的讨论，使学生更好地理解研究糖类化学的基本方法和思维方式。结合学生课后的文献检索、自主学习、总结归纳等形式，帮助学生获得独立学习、处理信息、问题思辨等能力。

【**思政元素分析**】

糖类化学是细胞生命活动的基础，同时也与人类的生产、生活密不可分，该知识模块蕴含多个可以发掘的课程思政元素。具体分析如下：

1.家国情怀

通过介绍各种生物体中的糖类组成，引导学生认识糖是生物体最重要的生物大分子，激发学生了解糖类功能的兴趣，其中以新冠病毒的糖蛋白外壳为例，说明糖具有复杂的功能。同时,可引申出我国科研人员和政府工作人员在新冠肺炎疫情暴发时的积极抗疫表现与自我纠错机制,使学生深刻感受到中国特色社会主义制度的优越性。

2.社会责任

对映体异构现象是许多单糖的特性,对映体的物理化学性质类似,但生物活性差别很大。由于误用对映体,历史上曾出现过许多悲剧(如"反应停"事件)。利用这些案例,将社会责任的重要性融入课堂中。

【教学设计实例】

案例 10-5

知识点:糖的功能与分类。

思政维度:家国情怀。

教学设计:由知识点"糖的功能与分类"引入"家国情怀"的思政教育。在讲述糖类衍生物的时候,会提到糖蛋白的作用,其之一是生物识别功能,且糖蛋白经常存在于细胞或病毒颗粒表面。比如,至今还在全球肆虐的新冠病毒(2019-nCoV),除去最基本的遗传物质与蛋白质结构,稍复杂一些的病毒的外侧还有由脂质和糖蛋白组成的包膜。包膜的主要功能是维护病毒结构的完整性,并参与病毒入侵宿主细胞的过程。包膜表面的 S 糖蛋白是其侵入人体细胞的关键,糖蛋白的结构决定了病毒与人类细胞 ACE2 受体结合的难易程度。由此案例出发,告诉学生许多知识看似与糖无关,但实则糖类无处不在,其不仅参与生物体内大部分的代谢活动关系密切,而且与人体的免疫系统密不可分。学好糖类化学的知识是了解生命健康领域的重要前提。同时,可引申出我国科研人员和政府工作人员在新冠肺炎疫情暴发时的积极抗疫表现,以体现出我国社会主义制度能够集中力量办大事的制度优势,使学生深刻感受到中国特色社会主义制度的优越性。

对以上内容通过案例分析法、启发引导教学法进行教学,让学生理解糖类功能的多样性和复杂性,并布置课后作业让学生进一步查询案例加深理解。以上方法不仅可以使学生对本章节知识点进行巩固,从而对相关环保理念的理解更加清晰,还能潜移默化地使学生运用科学的思维方式认识事物,理解中国特色社会主义制度的优越性和人类命运共同体的内涵与价值等,同时关注人类面临的全球性挑战。

案例 10-6

知识点:单糖的同分异构现象。

思政维度:社会责任。

教学设计:学生对常见的糖类(葡萄糖、蔗糖)具有初步的了解,但是对于单糖手性结构特性的认知还存在不足。由知识点"单糖的同分异构现象"引入"社会责任"的思政教育。详细解析糖的命名和结构,特别是对单糖的同分异构现象进行详细说明。对映体异构现象是许多单糖的特性,对映体的物理化学性质类似,但生物活性差别很大,由于误用对映体,历史上曾出现过许多悲剧(如"反应停"事件)。20 世纪 60 年代前后,欧美至少15个国家的医生都在使用药物——反应停治疗妇女妊娠反应,治疗效果很好,于是反应停被大量生产、销售,仅在联邦德国每月的销量达到了1吨左右的水平,患者甚至不需要医生处方就能买到反应停。但随即而来的是,许多出生的婴儿都是短肢畸形,形同海豹,被称为"海豹肢畸形"。1961年,这种症状终于被证实是孕妇服用反应停所导致的。反应停是一种谷氨酸衍生物,又名沙利度胺,有R和S两种同分异构体,常用的是R和S的混合物,其中R型具有镇静作用,而S型却可以导致胎儿畸形。于是,该药被禁用,然而,受其影响的婴儿已达1.2万多名。

对以上内容通过案例分析法进行教学,让学生知晓人类发明的化学药物,虽给人类带来了极大的益处,但也给自己造成了意想不到的伤害。教导学生,如果以后从事药物研发、监管等行业,应加强对化学药物上市前的临床试验的规范性,而不能把盈利作为唯一目的,科学研究需要以科研人员的社会责任为前提。

4 脂类和生物膜

【专业教学目标】

重点强调不同脂类的结构与功能和生物膜的特性,培养学生利用生物化学理论知识分析和解决环境中生物学相关问题的能力。学生对脂类作为能源的用途具有初步的了解,但是对于脂类的结构功能的认知还存在不足。通过本章的学习,学生了解脂类的概念、分类及其功能,掌握脂肪的结构特点;掌握生物膜与物质运送,掌握生物膜的组成,理解其不对称性。

【思政元素分析】

本章讲的是基本的脂类和生物膜相关的生物化学知识,须从环境健康的视角出发,帮助学生认识脂类和生物膜相关的知识点,主要围绕"社会责任""法治意识"这两个维度发掘课程思政元素。具体分析如下:

1. 社会责任

通过介绍各种生物体中的脂类组成,引导学生认识脂类是生物体最重要的生物结构与功能分子之一,激发学生了解脂类功能的兴趣,其中以各类脂质保健品为例,说明脂类具有复杂的功能,同时让学生特别注意脂类对健康的影响,培养学生对虚假保健品的辨别能力。

2. 法治意识

细胞膜流动性的相关实验的进行必须兼顾社会伦理,可以在实验室内使用人体细胞和动物细胞进行研究,但不能由此创造人和动物的杂合动物。利用案例,将法治意识的重要性融入课堂中。

【教学设计实例】

案例 10-7

知识点:脂类的功能。

思政维度:社会责任。

教学设计:由知识点"脂类的功能"引入"社会责任"的思政教育。脂类是生物体最重要的生物结构与功能分子之一,需要注意脂类对健康的影响,虽然部分脂类对人体有一定保健作用,但需要时刻保持对虚假保健品的辨别能力。如一些研究发现,脂肪酸中的二十二碳六烯酸(DHA),有助于婴幼儿智力发育和视力保护,于是就有商家把DHA夸大虚假宣传,冠以时髦用语——"脑黄金"来诱导消费者。深海鱼油就富含这种不饱和脂肪酸,因此深得消费者追捧,但鱼油的功效一直饱受争议。牛津大学的研究表明,每天服用1克鱼油补充剂的患者,虽然血液中DHA水平增加了32.5%,但与每天服用1克安慰剂的患者相比,其发生严重心血管事件的概率没有差别。

对以上内容通过案例分析法、视频展示法和课间漫谈法进行教学,让学生知晓科学界关于脂类的研究历史,既给学生提供生活中的健康知识,同时也教导他们,这些知识不能被不法商家用于制造商业噱头,应加强对虚假商业宣传的打击。大学生正处在人生发展的关键时期,对其的诚信教育尤为重要,通过对脂类与人体健康相关联知识的讲解,引领大学生立身、立德、立业。

案例 10-8

知识点:生物膜的流动性。

思政维度:法治意识。

教学设计:由知识点"生物膜的流动性"引入"法治意识"的思政教育。在科学研究中尽管可以大胆想象,但不能随心所欲,要尊重自然、尊重生命、遵守法律。根据细胞膜的流动性原理,理论上任何两种细胞都可以融合,但是还要考虑现实,比如可以将人体细胞和动物细胞融合进行个别研究,比如将人和小鼠细胞融合观察膜的流动性,但不可以创造人和动物的杂合生物,这是违背伦理的,更是危险的。2016年10月12日,由国家卫生和计划生育委员会发布的《涉及人的生物医学研究伦理审查办法》,已于2016年12月1日起施行。其是为保护人的生命和健康,维护人的尊严,尊重和保护受试者的合法权益,规范涉及人的生物医学研究伦理审查工作而制定的。科研工作者在进行科学实验时,须时时以道德理论为底线。相关的案例如"贺某某基因编辑婴儿"事件,违反了人类伦理道德,存在高度的未知性和潜在危险,是科研自我约束力缺失的表现。

对以上内容通过问题引导法和随机渗透法进行教学,加强学生对科研诚信和创新的道德底线的全方位认知,并通过相关法律的讲解,培养学生的法治思维和法治意识。

5 核酸

【**专业教学目标**】

针对环境专业学生的专业基础,培养学生将普通生物学和有机化学两门学科交叉融合的能力,重点强调核酸的基础知识,使学生掌握核酸的概念、分类及功能,理解其重要性,掌握碱基、核苷、核苷酸及多核苷酸的概念、结构,了解一些重要的核酸研究方法。

【思政元素分析】

本章讲的是遗传物质相关知识,须从环境健康的视角以及我国生物化学相关基础研究历史出发,帮助学生认识核酸的知识点,主要围绕"科学素养""生态理念"这两个维度发掘课程思政元素。具体分析如下:

1.生态理念

许多环境污染物都可以造成对 DNA 损伤,使人体中毒并增加患癌风险,从此处可以引入"生态理念(预防污染)"的思政教育。

2.科学素养

人们对 DNA 的认识,经历了许多的波折,是许多人的发现累积产生的结果,其中也曾因为部分专家的错误学说(比如莱文的四核苷酸假说)而导致相关研究停滞不前。通过讲述这些事件,培养学生不盲目服从权威,常持有批判思维的科学素养。

【教学设计实例】

案例 10-9

知识点:DNA 的结构与功能。

思政维度:生态理念。

教学设计:由知识点"DNA 的结构与功能"引入"生态理念"的思政教育。许多环境污染物都可以对 DNA 造成损伤,使人体中毒并增加患癌风险,通过讲解 DNA 的结构与功能,使学生了解污染物损害 DNA 的原理。在习近平"共谋全球生态文明建设之路"思想的指导下,带领学生认识环境污染物的危害及其背后的原理是十分有必要的。比如与血红蛋白损伤和 DNA 诱变致癌有关的亚硝酸盐,曾经造成严重的社会后果。此外,水体中典型的有毒有机污染物,如多氯联苯、多环芳烃、有机氯农药和取代苯类等,具有很强的"三致"毒性(致畸、致癌和致突变)和内分泌干扰毒性等。这些污染物在水体中的浓度很低,但是由于难以降解、易于生物累积和放大,因此对人体健康造成巨大的潜在威胁。

对以上内容通过案例分析法进行教学,不仅可以从专业角度探究治理环境污染的方式、方法,而且可以就日常生活、学习、科研过程中可能产生的污染给出预防措施,并引导学生担负起一定的公共宣传工作;此外,帮助学生理解污染物对生态环境带来危害的系统观念。

案例 10-10

知识点:DNA 的研究历史。

思政维度:科学素养。

教学设计:由知识点"DNA 的研究历史"引入"科学素养"的思政教育。在核酸研究历史中,莱文曾提出了 DNA 的化学成分和基本结构的四核苷酸假说,这在当时对于相关领域的研究,都造成了很大的影响。这一假说"统治"核酸研究领域长达数十年之久,严重阻碍了人们对核酸生物学功能的研究。这告诫我们不盲目服从权威,而要有独立思考的科学精神、创新能力。创新是一个既继承前人的知识和成果,又超越前人的过程。华生和克里克创新性地提出了 DNA 为双链螺旋结构,并坦言这一成果主要基于前人的三大主要发现,对此进行讲解,让学生领悟牛顿名言"如果我看得更远一点的话,是因为我站在巨人的肩膀上"。

对以上内容通过案例分析法、问题引导法进行教学,可以启发学生,创新需要继承、积累,对前人的成果不仅要常持批判态度,而且要学会继承发展,不能闭门造车。

6　生物大分子的合成

【专业教学目标】

本章内容围绕中心法则,涉及 DNA 的复制和修复、RNA 的生物合成、蛋白质的生物合成,教师可结合科研实际,引导学生积极思考探索污染物背后的毒理机制及其对生物体影响的途径。培养学生生物化学知识的应用能力,引导其思考环境污染物在生物体的作用机理,解析污染物的分子毒理机制。

【思政元素分析】

本章讲的是中心法则的基本概念和生物学意义。须从科研精神、社会公德出发,主要围绕"科学素养""家国情怀""社会责任"这三个维度发掘课程思政元素。具体分析如下:

1.科学素养

麦克林托克关于转座子的研究走在时代前面 40 年,但到很晚才被科学界接受。通过讲述该案例,使学生明白做科研要耐得住寂寞,永远不要放弃实证求真的信念,并引导学生认识到科研中应保持好奇心和想象力,同时要勇于维护真理,反对盲从权威。

2.家国情怀

我国作为发展中国家,在 1999 年参与了人类基因组计划,仅用了一年多的时间,就按时完成了分担的人体 1% 基因序列工作框架图的测定,这是时代变化和改革创新的成果。通过讲述该案例,激发学生爱国主义热情,培养学生强烈的民族自信心和自豪感。

3.社会责任

在讲授基因编辑时,引入贺某某事件,让学生明白社会责任是不可或缺的,科学研究不应违反基本伦理,社会责任是科学精神与科学道德的基本要义。

【教学设计实例】

案例 10-11

知识点:转座子的研究历史。

思政维度:科学素养。

教学设计:由知识点"转座子的研究历史"引入"科学素养"的思政教育。"转座子"的概念是由科学家麦克林托克提出的,但她的研究经历十分坎坷。1941 年 6 月,麦克林托克进入美国纽约长岛的冷泉港实验室,正式开始了她的著名研究,即 Ds-Ac 调控系统研究。她从 1944 年至 1950 年整整花了 6 年时间才完全把这一调控系统弄清楚。

基因在染色体上能移动位置,也就是说能"转座",能"跳动",在当时简直是闻所未闻。因为按照传统的观念,基因在染色体上是固定不变的,它们有一定的位置、距离和顺序,它们只可以通过交换重组改变自己的相对位置,通过突变改变自己的相对性质;但是,要从染色体的一个位置"跳"到另一个位置,甚至"跳"到别的染色体上,那是科学家们从来没有想过的。因此,他们在读了麦克林托克 1950 年发表的《玉米易突变位点的由来与行为》和 1951 年发表的《染色体结构和基因表达》两篇论文,了解了她在做些什么工作之后,简直不敢相信,都认为这个女人也许是疯了。麦克林托克在 20 世纪 40 年代提出的理论,到 60 年代末终于被重新提起,80 年代初为科学界普遍接受。她走在时代前面 40 年,同时也为此默默奋斗了 40 年。

对以上内容通过案例分析法、互动式教学法、启发引导教学法进行教学,使学生明白做科研要耐得住寂寞,坐得了"冷板凳",永远不要放弃实证求真的信念。随后,要求学生在课外查阅与麦克林托克的遭遇类似的故事,让学生认识到科研中应保持好奇心和想象力,同时应勇于维护真理,反对盲从权威。

案例 10-12

知识点:人类基因组计划。

思政维度:家国情怀。

教学设计:从知识点"人类基因组计划"引入"家国情怀"的思政教育。在 1999 年,我国作为唯一的发展中国家参与了人类基因组计划,为生化发展做出了突出贡献。人类基因组计划是全球性的自然科学工程,它的最初目标是通过国际合作,用 15 年的时间构建人类基因组的遗传图和物理图,并期望从分子角度解开人体生命的奥秘,为现代医疗提供新的手段。它的核心内容是 DNA 序列图的构建,即分析人类基因组中 30 亿个碱基对的 DNA 分子的组成。美国、英国、法国、德国、中国和日本等 6 个国家的 16 个基因组中心参与了这项计划,已经完成了人体基因序列工作框架图的测定,并进入人类基因组计划的第二阶段——绘制精确的"人类基因组 DNA 序列图"。我国参加国际合作并承担人类基因组测序工作的,有中国科学院遗传与发育生物学研究所、国家人类基因组南方研究中心和北方研究中心,仅用了一年多的时间,就按时完成了分担的人体 1% 基因序列工作框架图的测定。

对以上内容通过案例分析法、视频展示法进行教学,激发学生爱国主义热情,培养学生强烈的民族自信心和自豪感,进而激励他们为保卫祖国、社会进步而献身。

案例 10-13

知识点:基因编辑技术。

思政维度:社会责任。

教学设计:从知识点"基因编辑技术"引入"社会责任"的思政教育。引入贺某某事件。贺某某私自组织有境外人员参加的项目团队,蓄意逃避监管,使用安全性、有效性不确切的技术,实施国家明令禁止的以生殖为目的的人类胚胎基因编辑活动付出了代价。这一事件对我国生物医学研究领域的影响是恶劣且深远的,也反映了我国科研伦理审查机制的缺失。我国必须建立更有力和完善的伦理审查体系。科研活动中对于道德伦理性的保护,只依靠法律严惩是不够的,必须建立在科研工作者自身的社会责任上。在基因编辑免疫艾滋病婴儿事件中,相关人员及其团队通过他人伪造伦理审查书而使项目得以过关,显示我国有些科学家伦理意识的脆弱性与实践中的问题。

利用案例教学法,特别是在课堂上讲述和探讨这些社会高度关注的有关生物化学研究的重要事件,帮助学生深刻地认识到科学研究必须严格遵守基本伦理规范,且应以社会公德为前提。

7 生物大分子的代谢

【专业教学目标】

本章内容较为丰富,重点讲授新陈代谢的基本概念和基础原理,培养学生综合运用物理化学、生物化学的能力,引导学生学习用生物化学原理去理解环境生物学过程。在代谢总论方面,学生需要了解生物能学与生物氧化、自由能变化与反应平衡常数的关系,了解自由能变化的可加性及其意义,掌握高能磷酸化合物的概念,了解ATP的特殊作用,了解生物氧化的特点,注重生物化学中有关能、熵、焓等热力学相应概念的应用。在生物大分子的代谢方面,学生需要了解和掌握糖代谢的相关机制以及生理意义,掌握TCA循环,了解和掌握脂质代谢的过程和生理意义,掌握甘油三酯的代谢机制,了解和掌握蛋白质代谢的原理以及生理意义,了解氨基酸代谢的去路,了解和掌握核酸降解和核苷酸代谢。

【思政元素分析】

本章讲的是基本的新陈代谢的基础知识,涉及糖类、核酸、蛋白质、脂质等多种生物分子的合成与代谢,主要可以从"社会责任""法治意识"这两个维度发掘课程思政元素。具体分析如下:

1. 社会责任

许多研究新陈代谢的科学家,在获得重要成果后,并没有将研究成果转化成商业利润,而是选择公开资料,造福社会。

2. 法治意识

有的所谓学者利用自己身份之便,为商业公司虚假宣传谋取利益,对此应加以谴责并追究法律责任。

【教学设计实例】

案例 10-14

知识点:蛋白质代谢。

思政维度:社会责任。

教学设计:由知识点"蛋白质代谢"引入"社会责任(感恩大爱)"的思政教育。蛋白质的测序对蛋白质研究意义重大,因此,蛋白质测序仪的发明可以带来丰厚的利润。瑞典生物化学家埃德曼,发现了一种蛋白质测序的重要方法,造就了第一代蛋白质测序仪。当他所在的研究所讨论将蛋白质测序仪申请专利时,埃德曼明确拒绝,并公布了所有的资料。并且直到去世,埃德曼都在继续工作以改进方法。类似的还有,著名生物学家弗莱明偶然发现一个培养皿被霉菌污染了,并由此发现了青霉素,这种抗生素可以抑制部分细菌细胞壁的合成,在当时的医疗水平下,这是救人的"神药"。有人曾建议弗莱明申请制造青霉素的专利权,弗莱明婉言拒绝了。他说:"为了我自己和我一家的尊荣与富贵,而无形中危害无数人的生命,我不忍心。"

对以上内容通过案例分析法和课间漫谈法进行教学,可以教育学生,做科学研究应该具有看淡得失的宽广胸怀和淡泊名利的高贵人文修养,即社会责任中的"感恩大爱"。

案例 10-15

知识点:核苷酸代谢。

思政维度:法治意识。

教学设计:由知识点"核苷酸代谢"引入"法治意识"的思政教育。在讲核苷酸代谢时,可以联系核酸保健品案例,2001年,一些知名科学人士为私利,在公开场合为核酸保健品鼓吹站台。当时有一个美籍华人带了号称"世界上独一无二、价值无法估量"的基因库回国,引起相当大的轰动,被媒体称为"基因皇后"。邹承鲁先生对此批评说:"由于人们生物学知识的贫乏,又缺乏判断能力,这样就会给人有空子可钻。正是利用人们的这种心理,有的人便可以胡吹,就可以骗人。而企业为了达到自己近期或远期的商业目的,多会使用某个人们不熟悉或不了解的概念,然后把它曲解,变成一个'激动人心'的新概念,再用它来达到自己的目的。"邹先生随后收到了一纸"知情通知书",受到了经济法律纠纷的威胁。邹先生并没有被恶意诉讼的威胁所吓住,而将它公布在网上。事后,中国生化和分子生物学界的科学家再没有人敢公开为骗人的公司做广告。

为民服务是课程思政的落脚归宿,也就是学科或者课程学习的最终社会目的、课程思政教育目的。对以上内容通过案例分析法、启发引导教学法进行教学,不仅可以培养学生实事求是、追求真理的科学素养,而且还可以培养其遵守法律的法治意识。

第3部分 课程思政元素案例总览

章节	知识点	思政维度	教学内容及目标
1. 绪论	生物化学物质组成	生态理念	通过讲述水俣病事件,使学生树立良好的绿色发展理念。
	我国生物化学发展历程	家国情怀	引入"中科院生化研究所人工合成结晶牛胰岛素"等案例,将家国情怀融入理论教学中。
2. 蛋白质及酶类	酶的研究历史	科学素养	通过讲述国内外曲折的酶研究进程,培养学生敢于质疑的科学素养和不畏艰苦、顽强拼搏的意志品格。
	蛋白质的等电点、蛋白质测定方法	法治意识	通过讲述经典骗局,如"酸碱体质论",培养学生反对伪科学的精神素养,教导学生懂法、知法、守法。
3. 糖类	糖的功能与分类	家国情怀	通过讲述新冠病毒的外壳含有糖蛋白等知识,引出我国在新冠抗疫斗争中的制度优势,培养学生的家国情怀。
	单糖的同分异构现象	社会责任	通过讲述"反应停"事件,说明科学研究必须严谨,且应以社会公德为前提。
4. 脂类和生物膜	脂类的功能	社会责任	通过讲解典型的虚假宣传案例,说明科学研究离不开社会公德,加强对学生的诚信教育。
	生物膜的流动性	法治意识	通过讲述细胞融合技术中的社会伦理和科研自我约束,加强学生对科研诚信和创新道德底线的认识,培养学生法治思维和法治意识。
5. 核酸	DNA 的结构与功能	生态理念	通过讲述环境污染物对 DNA 的损伤,探讨环境污染物造成危害的原理,使学生树立绿色发展观。
	DNA 的研究历史	科学素养	历史上的错误假说曾严重阻碍了科研的进程,通过"四核苷酸假说"的案例教导学生常持批判态度,不可盲从权威。
6. 生物大分子的合成	转座子的研究历史	科学素养	通过讲述麦克林托克关于转座子的曲折研究经历,使学生明白做科研要耐得住寂寞,永远不要放弃实证求真的信念。
	人类基因组计划	家国情怀	通过讲述我国参与人类基因组计划的故事,激发学生爱国主义热情,培养学生强烈的民族自信心和自豪感。
	基因编辑技术	社会责任	与学生讨论贺某某基因编辑事件,加强学生对科研诚信和创新的道德底线的全方位认知。
7. 生物大分子的代谢	蛋白质代谢	社会责任	讲述案例"生物化学家埃德曼无私分享蛋白质测序方法",教育学生做科学研究应该具有无私奉献的精神。
	核苷酸代谢	法治意识	通过讲述邹承鲁院士等科学家公开打假核酸保健品的案例,培养学生主动作为、勇于担当的责任意识和遵守法律的法治意识。

第4部分　课程思政融入教学评价

1　教学效果评价方法

本课程思政教学效果的评价主要针对提出的两个思政教育目标(①以优秀人物为榜样树立学习目标,感受家国情怀;②加强学生对科研诚信和学术道德的全方位认知),通过三种形式进行:

(1)在课后作业中穿插与课程思政相关的习题;

(2)在随堂测验中以简答题的方式考查学生的思政学习情况;

(3)在课堂上进行问答互动,鼓励学生以课后随笔的形式表达感悟。

2　教学效果评价案例

案例 10-16

一个国家的强盛,需要国家精神的支撑;一个人的成长,需要崇高精神的砥砺。几乎每个人,在成长路上都会有自己的偶像,请发表你对科研偶像的一些看法。如果你也有自己的科研偶像,可以详细谈一谈他对你成长路上的激励作用。

案例 10-17

科学研究要有所为,更要有所不为。贺某某基因编辑事件发生后,他已经得到了应有的惩罚,被捕入狱,但被编辑的婴儿却依然要遭受巨大的健康风险。请大家在课后了解关于科研伦理的法律法规、违反相关法规的后果等,并谈一谈对"创新的道德底线"的认知。

案例 10-18

在毒理学研究中,市场需要将动物(如小白鼠、斑马鱼等)作为研究对象,因而经常会碰到一些伦理问题,许多科研机构也设有自己的动物伦理委员会。请举一个你所了解的涉及伦理问题的研究事件,并谈谈你对此的看法。

案例 10-19

我国在新中国成立时,生物化学的基础研究十分薄弱,硬件条件极差,但科研人员们依然克服重重困难,使得生物化学研究发展迅速,并涌现出许多优秀的科学家。如果你有比较了解的相关科学家,请列举 1～2 位,并谈谈该科学家对你的启示/激励作用。

"物理性污染控制工程"课程思政教学设计

第1部分　课程思政融入教学大纲

1　课程简介

　　"物理性污染控制工程"是一门介绍物理性污染及控制的基本概念、原理、工程设计的,理论与实践并重的专业课程。课程针对噪声、振动、电磁场、放射性、热、光等物理要素,系统地讲述其污染原理、危害及防范控制技术,介绍领域内的最新发展。课程在展开理论教学的同时,注重实际工程案例的分析,通过项目式教学手段强化学生工程实践创新能力的培养,为学生从事相关技术工作、科学研究工作及工程设计工作奠定重要基础。

2　教学目标

2.1　专业教学目标

　　(1)全面了解噪声、振动、电磁场、放射性、热、光等物理要素的相关知识,关注物理性污染对社会、安全、健康的影响。

　　(2)系统掌握噪声污染、电磁辐射、放射性污染、热污染、光污染等物理性污染控制技术的相关理论和方法。

　　(3)培养学生开展声环境影响评价的初步能力,使学生能进行声环境的定量评价和测量、噪声影响的预测和计算,以此预测、分析工业企业噪声污染、道路交通噪声污染等对社会、环境的影响。

　　(4)培养学生开展噪声控制工程设计的初步能力,使学生能对噪声控制构件及噪声控制工程进行相关设计,并能针对工业企业噪声污染、道路交通噪声污染等提出治理措施和改进方案。

2.2　思政教学目标

　　(1)引入社会热门话题、特定事件案例、学科前沿知识,强化对学生家国情怀、文化自信、工程伦理、社会责任、科学素养等方面的意识培养和价值观塑造,促进其知识、能力、素质的协调发展。

（2）激发学生保护环境的热情，培养学生的环保工程师职业素养，教导学生遵守工程职业道德，增强学生社会责任感。

（3）引导学生树立与时代同心同向的理想信念，开拓创新、终身学习，争做德才兼备之人。

3 思政元素分析

本课程主要从"工程伦理""家国情怀""法治意识""社会责任""文化自信""科学素养"等六个维度挖掘思政元素，具体分析如下：

1. 工程伦理

主要体现在工程实践过程中面临的生产安全、环境安全、环境风险等方面。通过讲述"福岛核电站核泄漏事故"，分析具体的工程安全事件，加强学生的工程伦理观念，培养其诚实、守信、正直、有担当的品德。

2. 家国情怀

对我国近些年在噪声污染控制领域取得的卓越成绩（列举"高铁实现'0噪声'""上海慧眼"等案例）进行详述，向学生讲述随着我国科技的快速发展，已有相当一部分技术领先于发达国家，培养学生的家国情怀和民族自豪感。

3. 法治意识

介绍与噪声污染控制有关的法律法规体系，利用《声环境质量标准》（GB 3096—2008）、《噪声污染防治法》等向学生普及基本的法律法规知识。通过"噪声扰人烦，讨要安宁权"等案例的解析，向学生强调要合理合法地维护自己的权益。

4. 社会责任

强调企业和个人应尽的社会责任，通过与学生讨论广场舞、震楼器引发纠纷等现象和播放节目《重视听觉关怀，践行生态文明建设》等，告诉学生应坚守社会道德规范，担起环保人的责任，投身到环境保护事业中。

5. 文化自信

讲解中国古诗对声波的描绘，通过对唐代诗人白居易、张继等人的诗词中所描绘的事物进行物理分析和解释，不仅向学生展现古代文学家们的文采与想象力，而且也让学生看到这些经典古诗能一直为人传诵的原因之一是其内容不违背科学规律，从而激发学生对中国传统文化的兴趣。

6. 科学素养

主要体现在应用基础研究过程中要保持好奇心和想象力，勇于维护真理。通过引入"手机辐射是否会致癌"等案例，告诉学生要保持客观、科学、独立的思维，树立科学知识是不断更新、进步的意识。

第 2 部分　课程思政融入课堂教学

1　绪　论

【专业教学目标】

　　了解环境物理学学科组成以及物理性污染的特点,掌握有关噪声污染、光污染、热污染、电磁辐射污染和放射性污染的相关概念,能结合实际了解这些物理性污染所产生的危害,并能树立物理性污染的环境观念,增强防控意识。

【思政元素分析】

　　本章在介绍环境物理性污染基本知识的同时,帮助学生正确认识物理性污染的现状并强调需对物理性污染控制加以重视。主要围绕"社会责任"和"工程伦理"这两个维度发掘课程思政元素,具体分析如下:

　　1.社会责任

　　在讲解噪声污染影响时,结合环境噪声污染防治报告和一些典型的事例,分析在噪声污染日趋严重的大背景下,国家和地方相关部门所做的努力及取得的成绩,同时通过广场舞等典型事例强调作为普通公民应如何从小事做起,加强对学生的社会责任教育。

　　2.工程伦理

　　在讲解放射性污染影响知识点,以日本福岛核污染事故为例引出"工程伦理"的思政元素,通过分析该事故发生的原因,加强学生生产安全、环境风险、责任等方面的意识。

【教学设计实例】

案例 11-1

知识点:噪声污染的影响。

思政维度:社会责任。

教学设计:由知识点"噪声污染的影响"引入"社会责任"的思政教育。噪声污染对人们生活的影响已越来越受人们关注。利用近三年《中国环境噪声污染防治报告》给出的数据,分析全国主要城市噪声污染的影响现状,并结合国家和地方相关部门在噪声污染防控方面所采取的系列管理措施,对这些城市近些年声环境质量方面的变化进行讨论,重点关注其成效。其中,管理措施主要列举如下:①2020 年,杭州市推行"严管机动车乱鸣笛"的举措,在全市实行严格的机动车鸣笛管控,在禁止鸣笛路段如被"声呐摄像机"捕捉到有鸣笛行为,将被处罚 100 元扣 3 分,以期减小市区的交通噪声污染;②"绿色护考"行动,全国很多城市在高考或中考期间,为确保考生有安静的考试环境,通过部门联动的方式开展护考行动,包括加强对学校、考场周围等噪声敏感区的巡查,严格控制建筑施工等噪声污染源作业时间,及时查处和制止噪声敏感区附近噪声污染行为等。2019 年 319 个报送数据的地级及以上城市的受益考生数量达到 2682 万余人。此外,针对一些社会热点(如广场舞、震楼器引发的纠纷)组织学生开展主题讨论,引导其思考作为普通公民应如何从小事做起,共同创造一个良好的声环境。

围绕上述材料,通过案例分析、研讨等形式让学生感受到国家在噪声污染治理方面的决心和努力,启发引导学生树立噪声污染防治意识,唤醒他们的责任意识,激励他们积极主动地投身到环境保护的行动中。

案例 11-2

知识点:放射性污染来源和危害。

思政维度:工程伦理。

教学设计:由知识点"放射性污染来源和危害"引入"工程伦理"的思政教育。人工放射性污染有核试验沉降物造成的污染、核工业对环境的污染、核事故对环境的污染等,其中核事故会引起大量放射性物质向环境蔓延,造成的污染非常严重。以日本福岛核电站事故为例,2011 年 3 月,日本东北部特大地震海啸引发了福岛第一核电站重大核泄漏事故。2021 年 4 月,日本政府宣布将于 2023 年将核电站内储存的核废水排放入海,包括中国在内的多个国家对该做法表示严重担忧。教师引导学生从三个方面展开研讨:一是从设计、运营和审查机构、应急管理等方面对福岛核事故原因进行分析和讨论;二是讨论政府、核电企业在事故中承担的伦理责任;三是要求学生参与讨论"如何看待日本政府将核废水排入大海的决定",关注核废水污染。

通过上述案例分析和研讨,引导学生思考有关核电发展的安全、生态环境、公众健康等问题,帮助学生更好地理解放射性污染的知识,使学生对核电工程中的风险、安全与责任有正确的认识,培养学生的工程伦理意识。

2 声波的物理基础

【专业教学目标】

了解声波的类型与频率特性,掌握描述声波的主要物理量,包括声功率、声强、声(压、强、功率)级等的概念以及声压级叠加的计算,并掌握声波在传播中的衰减规律,同时理解声波的反射、透射、衍射和噪声控制技术之间的关系,提高利用物理学理论知识分析和解决环境噪声问题的能力。

【思政元素分析】

本章内容主要涉及的是与声波、噪声相关的物理知识,主要从"文化自信"维度发掘课程思政元素。具体分析如下:

本章讲解声波的反射、折射现象。教师可结合古诗词中所蕴含的物理规律进行分析,帮助学生掌握相关知识点,同时也让其感受中国传统文化中的神韵,培养学生的文化自信。

【教学设计实例】

案例 11-3

知识点：声波的反射、折射。

思政维度：文化自信。

教学设计：由知识点"声波的反射、折射"引入"文化自信"的思政教育。从声波的反射、折射现象说起，引导学生回答"在中国古诗中，有哪些诗句是与声音有关的，是体现了声波传播的反射、折射现象的?"比如，"月落乌啼霜满天，江枫渔火对愁眠。姑苏城外寒山寺，夜半钟声到客船"(张继)；"夜卧闻夜钟，夜静山更响"(张说)；"定知别后宫中伴，应听维山半夜钟"(于鹄)；"新秋松影下，半夜钟声后"(白居易)；"江上何人夜吹笛? 声声似忆故园春"(白居易)；"更深何处人吹笛，疑是孤吟寒水中"(于鹄)等。根据这些诗句让学生探讨为何诗中很少涉及白昼、正午的钟声、笛声，引导其从温度对声波折射影响的角度分析为何夜晚更容易把遥远的声音送到诗人耳中。再比如，针对诗句"雷声千嶂落，雨色万峰来"(李攀龙)让学生进行讨论，要求理解"千嶂落"与声波反射、折射之间的关系，即打雷时，在高层大气的反射作用和低层大气的折射作用下，雷声可以多次传入我们的耳朵，而这些雷声的相互重叠，让我们感觉雷声是不间断的"隆隆不绝"，过"千嶂"后方才"落"下。

通过启发引导法进行教学，让学生感受到物理无处不在，且与人们生活和情感体验息息相关，也让学生感受到中国传统文化的魅力所在，强调新一代青年学生要有文化自信。

3 环境噪声的评价

【专业教学目标】

了解人耳的听觉特性，掌握等响曲线、响度、响度级、倍频程等概念，掌握等效连续 A 声级、累积百分比声级、昼夜等效声级等噪声评价量及其计算方法，了解更佳噪声标准曲线、噪声评价数曲线、交通噪声指数、噪声污染级等概念，理解环境噪声的评价标准和法规。

【思政元素分析】

本章内容主要涉及与环境噪声评价有关的评价量和评价方法，以及相应的环境噪声标准等，主要从"法治意识"维度发掘课程思政元素。具体分析如下：

在讲解《环境影响评价法》和《噪声污染防治法》时，解读法律条款的同时，分析、探讨公民如何利用完善的法律体系有效地保护自己的权益，帮助学生更好地树立与环保相关的法治意识。另外，通过讲述近些年来环境噪声相关法律法规和标准的修订历程，向学生展现我们国家坚决抓好生态建设和环保工作的决心。

【教学设计实例】

案例 11-4

知识点：环境噪声的评价标准和法规。

思政维度：法治意识。

教学设计:由知识点"环境噪声的评价标准和法规"引入"法治意识"的思政教育。2018年4月,世界卫生组织和欧盟合作研究中心公开了一份报告《噪声污染导致的疾病负担》,报告显示噪声是继空气污染之后人类公共健康的第二个杀手,在各类环境举报中高居第二。为防治环境噪声污染,保障人们拥有一个良好的生活工作环境,保护健康,确保经济社会可持续发展,我国在《环境保护法》《噪声污染防治法》《建设项目环境保护管理办法》中规定了建设项目环境影响评价制度,并制定了《环境影响评价技术导则声环境》(HJ 2.4—2009),还发布和修订了《声环境质量标准》(GB 3096—2008)、《社会生活环境噪声排放标准》(GB 22337—2008)、《工业企业厂界环境噪声排放标准》(GB 12348—2008)、《建筑施工场界环境噪声排放标准》(GB 12523—2011)等,这些法律法规和标准的实施对于改善声环境质量起了重要作用。然后,以2018年《噪声污染防治法》修改为例,展开论述修订的必要性,引导学生认识到国家近些年在生态建设和环保工作上的投入,政府坚持以严格的制度和严密的法治保护生态环境,使公民能有效保护自己的环境与健康权益,从而协同推进环境高水平保护和经济高质量发展。此外,要求学生课外自主阅读和比较修订前后的其他法律、标准内容,理解修订的作用和意义。

根据上述内容,通过随机渗透法向学生强调保护声环境的重要性和公众所需履行的义务,同时展现我们国家在保护环境方面的努力和担当,进而助力学生法治意识的培养和增强。

4 噪声测量技术

【专业教学目标】

为了评价和控制噪声,必须对噪声源和环境噪声进行准确测量。要求了解噪声测量技术的发展现状,了解噪声测量仪器及其主要构成,熟悉并掌握城市环境噪声、工业企业噪声和道路交通噪声的监测方法。

【思政元素分析】

本章内容主要涉及噪声测量仪器和环境噪声测量方法,其中针对噪声测量技术发展历程和城市区域噪声测量部分的内容,从"家国情怀"维度发掘课程思政元素。具体分析如下:

在讲解噪声测量技术知识点时,可以由我国近20年在噪声测量仪器和实验领域取得的成果引出"家国情怀"的思政元素,让学生感受到国家的进步和科技创新的魅力。

【教学设计实例】

案例 11-5

知识点:噪声测量技术的发展。

思政维度:家国情怀。

教学设计:由知识点"噪声测量技术的发展"引入"家国情怀"的思政教育。我国近些年在噪声测量和实验领域取得的成绩展现了大国力量以及科技创新的重要性。西方发达国家的典型噪声调查早于我国 20 年左右,大规模的噪声监测工作则早于我国 10 年左右,环境噪声监测仪器方面的研发开展也较早。我国在 20 世纪 60 年代,开始生产指针式人工读数声级计,其体积大,精度低。20 世纪 80 年代中期,研究开发具有数据自动采集、存贮、处理功能的环境噪声自动监测仪,到 90 年代中期才实现仪器的小型化、便携和多功能。我国尽管起步较晚,但发展很快,尤其是进入 21 世纪后,在多方面都获得了突破。如我国自主研制了 4000 立方米高声强混响室,并完成了国际声试验标准研究项目中多工况星箭联合噪声试验,该混响室排名世界第二,内部声场高达 156 分贝,可用以考核航天器承受高声强噪声环境的能力,是我国在空间环境模拟设备研制道路上的一座里程碑,可满足以载人航天、深空探测等为代表的大型航天器的环境试验需求。噪声实时分析仪研发方面,一些国内企业也纷纷推出了具有国际领先水平的实时分析仪,打破了国外在此类产品的市场垄断。北京声望声电技术有限公司与中科院声学研究所合作研发的 BSWA 801 型噪声振动分析仪,设置了最新设计的 DSP 信号处理芯片,能进行实时的 1/1 和 1/3 倍频程频谱分析、实时 FFT 频谱分析及混响时间测试。杭州爱华仪器有限公司自主研发出一款采用数字信号处理技术的手持式实时分析仪 AWA 6291,利用信号处理程序的汇编语言优化法实现了实时的 1/1 和 1/3 倍频程滤波分析、FFT 分析、频率计权和时间计权分析等功能,并合理解决了体积、功耗、精度、成本等一系列问题,仪器的实时分析速度可达到 47 次/秒,数据处理能力已达到国际先进水平。

对以上内容通过案例分析法进行教学,拓宽学生在噪声测量技术方面的知识面,同时也让其认识到祖国已在某些科技领域实现由跟跑者向并行者、领跑者的转变,这是国人重视创新、敢于创新、善于创新的结果,从而使学生树立科技兴国意识,增强其民族自豪感。

5 声环境影响预测

【专业教学目标】

了解环境噪声影响评价工作程序和内容,掌握工业企业 stüber 模式噪声预测法。能运用所掌握的理论知识和技能,通过文献检索、收集和总结自学新知识,获得结合具体环境问题分析提出解决方法的能力。

【思政元素分析】

本章内容主要涉及声环境影响评价工作程序和内容、工业企业噪声预测模型的计算等知识点,其中工业企业噪声预测模型部分,可从"社会责任"维度发掘课程思政元素。具体分析如下:

在讲解工业企业噪声预测模型知识点时,利用科普节目《重视听觉关怀,践行生态文明建设》向学生展现预测技术的进步,使学生切实感受到践行生态文明建设就是今后工作的职责,认真工作、坚持学习才能跟上时代发展的步伐。

【教学设计实例】

案例 11-6

知识点:工业企业噪声预测模型。

思政维度:社会责任。

教学设计:由知识点"工业企业噪声预测模型"引入"社会责任"的思政教育。在讲解"工业企业 stüber 模式噪声预测法"时,要求学生完成课堂作业,强调预测工作的严谨细致性。在学生理解和掌握原理、计算方法的基础上,讲述利用计算机技术进行预测的优势,并对主流预测软件 SoundPLAN 进行介绍。然后,播放科普节目《重视听觉关怀,践行生态文明建设》,聚焦吴硕贤院士对于噪声地图、声场三维计算机仿真技术等作用的论述,探讨预测技术的进步对于改善声环境的重要性。噪声地图可以根据周围环境,如有噪声的道路、有施工噪声源或变压器的噪声源,准确地预测城市里每栋建筑各层的高度、早晚有多少分贝,且可对这一类数据都可以精确地模拟出来,这个噪声地图还被发布到网上供公众查询。同时,可以通过规划、设计的手段,把生活的环境,不管是中环还是外环,都区分为热闹区、缓冲区、安静区,当我们需要休息、安静的时候,可以进入安静区或者缓冲区。声场三维计算机仿真技术可以对一些声学参量进行预测,能保证剧院、音乐厅甚至教室等这类特殊建筑建成以后实现良好的听音环境。

对上述内容采用问题引导法和视频教学法进行教学,在帮助学生掌握工业企业预测模型、了解最新噪声预测技术的同时,让其感受到科学技术渗透在我们学习、工作、生活的每一个角落,并仍在不断地发展、更新,改善我们的声环境。引导学生认识到自己作为环境专业的学生,肩负改善声环境的重任,需始终保持学习热情、紧跟时代步伐,需具备"博学之,审问之,慎思之,明辨之,笃行之"的学习态度,培养良好的职业操守,为今后从事相关工作打好坚实的基础。

6 噪声控制技术

【专业教学目标】

掌握噪声控制的基本原理,了解城市环境噪声的分类,熟悉居住区噪声控制和道路交通噪声控制的方法。

【思政元素分析】

本章内容主要涉及噪声控制的原理,居住区噪声控制、道路交通噪声控制方法等,主要从"家国情怀"维度发掘课程思政元素。具体分析如下:

本章讲解的道路交通噪声控制知识点,主要涉及低噪声车辆、道路设计、城市规划等方面。通过讲述"比亚迪电动车"和"高铁 0 噪声"案例,向学生展现我国改革创新的成果,激发学生爱国主义热情,培养学生强烈的民族自信心和自豪感。

【教学设计实例】

案例 11-7

知识点:道路交通噪声控制。

思政维度：家国情怀。

教学设计：由知识点"道路交通噪声控制"引入"家国情怀"的思政教育。讲述低噪声车辆相关知识时，指出无论从能源方面还是降噪方面考虑，电动车都将成为未来的主流。比亚迪创立于深圳，在电池领域经过开拓创新逐步在汽车领域占领一席之地。它在新能源汽车领域是国内的佼佼者，在纯电动大巴领域是世界的佼佼者。2008年北京奥运会让人印象深刻的"伦敦8分钟"中，出现在舞台中央的那一辆鲜红色的大巴正是比亚迪。2013年12月18日，比亚迪为伦敦特别定制的红色纯电动公交大巴，在伦敦市中心投入服务，运行在繁忙的维多利亚站、滑铁卢站、伦敦桥站之间。

讲解道路设计时，指出声屏障是一种主流的降噪方法，并讲述我国取得的最新技术突破。中国高铁技术起步虽晚但发展迅猛，在巨大的铁路运输市场需求、高速提升的综合国力、改革开放政策和跨越式发展战略等因素作用下，中国高铁技术达到了世界一流水平。可以说，中国高铁在速度上不断刷新世界纪录。2020年6月21日，在京雄城际铁路固霸特大桥区段，全球首个适用于时速350km/h的全封闭声屏障工程"隔音隧道"建成，意味着时速350公里高铁实现了"0噪声"。京雄城际全封闭声屏障总长为847.25米，主体结构采用圆形钢架，跨长12.08米，高9.4米，外围采用总面积约为2.2万平方米的金属隔音板单元，工程采用的拱架结构整体焊接工艺、靴形柱脚安装工艺、高强度防脱落螺栓工艺均为全国首创。全封闭式在路段安装的外观上是隧道式的，它能把轨道完全隔离在声屏障内，同时也把列车行驶时产生的噪声及路面反射的噪声隔离在声屏障内，这样大大提高了声屏障的隔声作用。如果没有在京雄城际铁路固霸特大桥区段建造全封闭式声屏障，那么遭殃的可能是周边的居民。相比开放式，全封闭式抵消的噪声量要大得多。

对上述内容采用案例教学法、视频展示法进行教学，让学生感受到中国的企业正在飞速地发展，企业强，则国强，从而激发学生的创新热情和爱国主义情怀。

7 室内声场和吸声降噪

【专业教学目标】

了解室内声场的特性，掌握多孔吸声材料和共振吸声结构的吸声原理以及影响吸声效果的因素，掌握多孔吸声材料和共振吸声结构的频谱特性，了解吸声降噪的设计原则和程序，具备工程设计能力、综合分析能力、价值效益观念，能运用所掌握的理论知识和技能，具备利用不同吸声结构处理不同频率噪声的能力。

【思政元素分析】

本章讲的是基本的室内声场和吸声降噪的相关物理知识，教师须从噪声污染治理及吸声材料的视角出发，帮助学生认识室内声场和吸声降噪相关的知识点，主要围绕"家国情怀"这个维度发掘课程思政元素。具体分析如下：

吸声降噪是利用一定的吸声材料或吸声结构来吸收声能，从而达到降低噪声强度的目的。学生对吸声机理及吸声效果影响因素等方面认知不足，通过分析吸声降噪技术的研究现状和讲述国内学者在建筑声学研究方面的经历和成果，帮助学生更好地理解掌握吸声原理等基本知识点,也让学生感受到我们国家随时代变化在声学领域赢得的快速发展,培养他们的家国情怀。

【教学设计实例】

案例 11-8

知识点:国内外吸声降噪的现状。

思政维度:家国情怀。

教学设计:由知识点"国内外吸声降噪的现状"引入"家国情怀"的思政教育。在国外建筑声学方面,韩国汉阳大学的楼板撞击声隔声实验室在楼板重击法测量、缩尺比例模型和声扩散方面的研究是国际领先的,韩国在建剧院和音乐厅时,采用缩尺模型技术进行音质预测,可准确地预知建成后的声学效果;法国最大的声学测试中心法国建筑科学技术中心(Centre Scientifique et Technique de Batiment,CSTB)拥有采用插板组合方式进行隔声测量的实验室,可同时进行大量的隔声测量,测量完毕后,还可以完整地将构件保存起来,备日后研究再用。在国内,马大猷教授于 1938 年在美国对矩形房间简正振动方式的研究使得中国建筑声学研究在世界上取得了一定的成就,马大猷教授也因此在国际声学界具有一定的影响力。特别是 1958 年的人民大会堂内万人大礼堂的建筑声学设计的成功,为中国建筑声学的研究起到了巨大的推动与促进作用。20 世纪 80 年代初至今,由于国民经济的发展,改革开放的不断深入,人们物质和文化生活水准的提高,人们对建筑声学有更高的设计要求,这促进了建筑声学各领域研究的发展,取得了可喜的成果,如已建成上海大剧院、北京保利国际剧院、广州星海音乐厅、国家大剧院等,可见中国的建筑声学研究正以突飞猛进的速度在进步。

对以上内容通过案例分析法进行教学,引导学生感受中国特色社会主义改革创新的历史和艰苦奋斗的精神,了解时代变化和改革创新的成果,培养其家国情怀。

8 消声技术

【专业教学目标】

掌握消声器的分类,了解阻性消声器的消声原理和结构,掌握抗性消声器的消声原理、结构,了解共振腔式消声器的消声原理、结构。掌握阻性消声器的设计,具备工程设计能力、综合分析能力、价值效益观念,能运用所掌握的理论知识和技能,具备利用消声器处理空气动力性噪声的能力。

【思政元素分析】

本章讲的是消声技术的相关物理知识,从消声器的种类和性能出发,帮助学生了解消声技术在治理噪声方面的优点,主要围绕"社会责任"这个维度发掘课程思政元素。具体分析如下:

围绕阻抗复合式消声器,以公共建筑的消声降噪为案例进行实际分析,强调公共区域做好噪声控制的重要性,加强对学生的社会责任意识教育。

【教学设计实例】

案例 11-9

知识点：阻抗复合式消声器。

思政维度：社会责任。

教学设计：由知识点"阻抗复合式消声器"引入"社会责任"的思政教育。因商场、餐馆、冷库等的大型制冷机组带来噪声而产生的纠纷屡见不鲜。通过介绍公共建筑中应用阻抗复合式消声器进行管道消声降噪的实际案例，将社会公德的重要性告知学生。某大学体育中心游泳馆在制冷期间机组和出风口的管道辐射均会产生较大的噪声。经过现场噪声测量分析，校方决定采取在通风管道上安装阻抗复合式消声器和在出风口位置安装消声百叶的降噪措施。此工程管道降噪采用的是三管插入式阻抗复合式消声器，吸声材料选用厚 20mm，密度为 $30kg/m^3$ 的玻璃纤维棉，此棉对中、低频噪声的消声效果好，而且具备重量轻、经济性高等优点。消声器长度为 400mm，横截面的长轴为 300mm，短轴为 200mm，倒圆角的半径为 80mm，则其截面积为 $54496mm^2$。消声器有 3 个腔，穿孔率为 25%。此工程中在馆内出风口和回风口处设置消声百叶，在阻断声音传播途径的同时能够有效地消除中、低频噪声。百叶壁体采用阻性吸声片。百叶式消声器的消声性能主要取决于单片百叶的形式、百叶间距、安装角度及有效消声长度等因素。通风消声百叶结构，根据使用环境需求采用不锈钢、优质铝合金、镀锌钢板等优质材料制作，加之特殊加工工艺，可在任何气候条件下使用，且气流阻力小，消声量大，外形美观。

通过以上实际案例及其设计方案分析，让学生明白公共建筑产生的环境噪声会给人们身心健康带来非常严重的影响，改善噪声环境不仅是为了提高人们的生活质量，而且关系到身体健康，因此公共建筑应完善消声降噪的设施。作为企业、个人等均应主动维护公共利益，保护环境，积极主动地履行社会责任。

9　隔声技术

【专业教学目标】

掌握隔声技术的原理，了解各隔声元件，了解质量定律和吻合效应，掌握隔声构件设计要点，具备工程设计能力、综合分析能力、价值效益观念，能运用所掌握的理论知识和技能，具备利用隔声构件处理不同频率噪声的能力。

【思政元素分析】

本章讲的是隔声技术的相关物理知识，教师讲解隔声量和质量定律，并以此为基础帮助学生了解隔声技术在治理噪声方面的特点，主要围绕"法治意识"这个维度发掘课程思政元素。具体分析如下：

在讲解隔声间、隔声罩、隔声门、隔声窗等隔声构件的特点及应用过程中，以隔声问题引起的噪声扰民案件为实例进行教学，加强对学生的法治意识教育。

【教学设计实例】

案例 11-10

知识点：隔声构件。

思政维度：法治意识。

教学设计：以"噪声搅人烦,讨要安宁权"为案例,主要讲述北京七旬老人刘某一家五口在危改房回迁后,所居住的房屋地下一层是给全楼供水的水泵房。水泵运行时发出的噪声严重影响了刘某一家五口的生活,搅得人睡不着觉、吃不下饭,整天没有安静的时候。因此刘某一家将北京某房地产开发有限责任公司告上了法庭。而该公司辩称,他们就此问题可以对房屋进行降噪处理或更换为噪声低的水泵。同时,法律并没有规定居住房屋内噪声超过 35 分贝就要对居住人进行赔偿,而且刘某一家人都没有出现噪声所致的人身损害,因此请求法院驳回原告的诉讼请求。法院认为防治环境噪声污染可保护和改善生活环境,保障人体健康。违反国家保护环境防止污染的规定,污染环境造成他人损害的应当承担民事责任。最终法院判处该公司对刘某一家进行赔偿。法院同时在判决书中指出,物质赔偿并不能从本质上改变已受噪声污染的生活环境,该公司应尽快对水泵做隔声降噪处理,保障居民良好的生活环境。

通过介绍以上实际案例加深学生对噪声污染的理解,引导学生不管是在日常生活中还是以后工作中,都应该增强法治意识,并对道德法治具备全方位认知。

10 隔振及阻尼减振

【专业教学目标】

了解各种隔振元件和阻尼材料,掌握隔振原理,了解振动控制的基本方法。具备综合分析能力和价值效益观念。

【思政元素分析】

本章讲的是隔振与阻尼减振的相关物理知识,以隔振元件及其原理等内容为主体。通过讲解相关知识,帮助学生了解隔振减振技术在抗震安全中的作用,主要围绕"家国情怀"这个维度发掘课程思政元素。具体分析如下:

通过对我国自主研发的电涡流摆式调谐质量阻尼器——"上海慧眼"的描述,展示我国在减振构建方面的研发成果和实力,提升学生的自豪感和爱国热情,增强学生的民族自豪感和为环保事业奋斗的使命担当。

【教学设计实例】

案例 11-11

知识点：阻尼减振。

思政维度：家国情怀。

教学设计：由知识点"阻尼减振"引入"家国情怀"的思政教育。巨大地震、台风会造成超高层建筑和隔振建筑位移响应过大。研究表明,附加耗能装置能有效减轻地震、台风的影响。因此在高层建筑和隔振建筑中得到广泛应用,且耗能装置多样。

上海中心大厦,总高 632 米,是中国第一、世界第二高楼。如此高的大楼怎么做到在台风中全身而退？因为在大楼里安装了一个叫做阻尼器的防台风、地震神器，即我国自主研发的电涡流摆式调谐质量阻尼器——"上海慧眼"。位于上海中心大厦126 层的"上海慧眼"，是重达 1000 吨的"超级巨无霸"，它由吊索、质量块、阻尼系统和主体结构保护系统四个部分组成，是目前世界上最重的摆式阻尼器质量块。质量块和吊索构成一个巨型复摆，它与主体结构的共振，能消减大楼晃动。和以往阻尼器利用机械原理不同，上海中心建造了世界上第一个引入电磁原理的阻尼器。当强风来袭时，阻尼器的质量块由于惯性会产生一个反作用力，使得阻尼器在建筑受到风作用力摇晃时，发生反向摆动，从而起到减振作用。2019 年台风"利奇马"来袭，上海中心大厦的阻尼器开始工作，这次的超强台风让"上海慧眼"的摆幅大约在 50 厘米（"上海慧眼"的极限摆幅在 2 米左右）。而阻尼器这样的装置，在沿海城市的摩天大楼中都有应用。2004 年建成的台北 101 大厦在 87 层和 91 层之间安装了一个重达 662 吨的风阻尼球，这个阻尼球是第一个可参观的阻尼器。

通过不同阻尼装置的介绍，让学生更好地了解各种隔振元件和中国在隔振元器件方面的先进性，提升学生对我国隔振、减振技术发展的认同，增强学生的民族自豪感和为环保事业奋斗的使命担当。

11 热、光、电磁辐射等物理性污染

【专业教学目标】

熟悉热、光、电磁辐射，放射性污染的控制原理和方法，了解这些物理性污染的评价标准和方法。能够结合具体环境问题分析提出解决方法，具备综合分析能力和价值效益观念。

【思政元素分析】

本章讲的是热、光、电磁辐射，放射性污染评价及防控的相关知识，知识点较多，主要围绕"科学素养"这个维度发掘课程思政元素。具体分析如下：

电磁辐射污染已被公认为是在大气污染、水污染、噪声污染之后的第四大公害，需要对电磁辐射污染程度进行正确的量度和评价。结合对生活中存在的电磁辐射污染的讨论，帮助学生建立慎思、明辨的学习态度，以辩证的科学思维认识各种传言，培养学生通过独立、深入思考追求真理的责任感和使命感。

【教学设计实例】

案例 11-12

知识点：电磁辐射污染。

思政维度：科学素养。

教学设计：由知识点"电磁辐射污染"引入"科学素养"的思政教育。电磁辐射无色无味无形，可以穿透包括人体在内的多种物质，人体如果长期暴露在超过安全辐射剂量的辐射中，细胞就会被大面积杀伤或杀死，并产生多种疾病。以微博上的一条消息（"当我们还在担心核辐射造成的危害时，看看我们平时离不开的手机、电脑、微波炉吧，它们所带来的辐射危害一点不比核辐射低，而且离我们更近"）为引子，提出问题

"身边的电磁辐射到底有多危险?"或"我们日常生活中离不开的电子物品是否真的致癌?"。在讨论的基础上,对电磁辐射进行总结介绍。电磁辐射分为电离辐射和非电离辐射,电离辐射专指一种高能量辐射,会破坏生理组织,对人体造成伤害,这种伤害一般是具有累积效应的,核辐射属于典型的电离辐射;非电离辐射远没达到将分子分解的能量,主要以热效应的形式作用于被照射物体。就像晒太阳可以使皮肤发热,但晒的时间太长则难免灼伤皮肤。但是晒太阳绝对不会使人体的分子产生电离,无线电波产生的电磁辐射的照射结果,最多只是热效应而已,不会伤及生物体的分子键,与原子弹爆炸产生的核辐射是两码事。我们常用的家用电器——微波炉、电脑、空调、洗衣机、浴霸、电磁炉、电吹风、电灯在使用过程中都伴有辐射,不过这些家用电器电磁辐射属于非电离辐射,主要产生热能,比如浴霸、红外暖风机就是典型的利用红外线的热辐射现象的例子。通信基站所发出的无线电波,也属于非电离辐射的电磁波,它只产生热效应。非电离辐射只会产生热效应,不会对人体产生危害,有关移动通信电磁辐射能改变 DNA,或电磁辐射会导致白血病、癌症、心脏病,或者影响生育,造成孕妇流产的传言,属言过其实。按照国际非电离辐射防护委员会的规定,一般公众的射频暴露限制值为 0.08 瓦/千克,峰值为 2 瓦/千克,手机是一种低功率射频发射器,最大发射射频功率为 0.2~0.6 瓦,低于这一数值,因此可以放心使用手机。电脑辐射的主要来源是阴极射线管显示器,其内部射出高速粒子流形成图像时,会产生低能 X 射线、静电场、射频电子场等电磁辐射。电脑辐射虽然客观存在,但它和电磁污染是两个概念,只有超过一定强度,才会对人体产生负面效应。目前,我国的电磁辐射安全卫生标准限值是 40 微瓦/厘米^2,只要是正规厂家生产的电脑,都要经过相关检测,一般不会存在辐射问题,符合安全卫生标准。此外,在医学诊断过程中,磁共振和 B 超没有电离辐射,其他 3 种检查手段,按照辐射量的排列,从低到高分别为 X 线检查、CT 和核医学检查。普通人每年接受辐射的有效剂量不应超过 1 毫希伏,而 CT 或核医学检查会有超过的现象,因此做医学检查时不能滥用 CT,X 线照射时间不能过长或剂量过大,否则会诱发多种肿瘤疾病。

对以上内容通过问题引导法、讨论等方法进行教学,在让学生巩固本章节知识点的基础上,教导学生要主动追求科学真理,不可轻信传言,生活、工作中均需保持客观、科学、独立的思维,培养学生通过独立思考追求真理的责任感和使命感。

第 3 部分　课程思政元素案例总览

章节	知识点	思政维度	教学内容及目标
1.绪论	噪声污染的影响	社会责任	通过列举"杭州严管机动车乱鸣笛""绿色护考"等案例,让学生感受到国家在噪声污染治理方面的决心和努力,通过研讨与噪声有关的热点社会问题,唤醒学生的责任意识,激励他们积极主动地投身到环境保护的行动中。
	放射性污染来源和危害	工程伦理	通过讲述福岛核电站核泄漏事故,引导学生思考与核电发展有关的安全、生态环境、公众健康等问题,使学生对核电工程中的风险、安全与责任有正确的认识,培养学生的工程伦理意识。
2.声波的物理基础	声波的反射、折射	文化自信	通过研讨与声波反射、折射有关的古诗,让学生感受到中国传统文化的魅力所在,强调新一代青年学生要有文化自信。
3.环境噪声的评价	环境噪声的评价标准和法规	法治意识	通过讲述环境噪声相关法律法规、标准及其修订历程,强调保护声环境的重要性和公众所需履行的义务,同时展现我们国家在保护环境方面的努力和担当,助力学生法治意识的培养和增强。
4.噪声测量技术	噪声测量技术的发展	家国情怀	通过介绍我国近二十年在噪声测量仪器和实验领域取得的成果,让学生感受到国家的进步和科技创新的魅力,培养学生科技兴国意识,增强其民族自豪感。
5.声环境影响预测	工业企业噪声预测模型	社会责任	通过播放科普节目《重视听觉关怀,践行生态文明建设》,引导学生认识到自己肩负改善声环境的重任,需始终保持学习热情、紧跟时代步伐,需具备"博学之,审问之,慎思之,明辨之,笃行之"的学习态度,培养良好的职业操守,为今后从事相关工作打好坚实的基础。
6.噪声控制技术	道路交通噪声控制	家国情怀	通过讲述"比亚迪电动车"和"高铁'0 噪声'"案例,展现我国改革创新的成果,激发学生创新热情和爱国主义热情,培养学生强烈的民族自信心和自豪感。
7.室内声场和吸声降噪	国内外吸声降噪的现状	家国情怀	通过分析吸声降噪技术的研究现状和讲述国内学者在建筑声学研究方面的经历和成果,让学生感受到我们国家随时代变化在声学领域的快速发展,培养其家国情怀。
8.消声技术	阻抗复合式消声器	社会责任	以公共建筑的消声降噪技术为案例进行实际分析,强调公共区域做好噪声控制的重要性,加强学生的社会责任感。

章节	知识点	思政维度	教学内容及目标
9.隔声技术	隔声构件	法治意识	通过介绍隔声问题引起的噪声扰民案例,引导学生遵守《噪声污染防治法》等法律法规,加强对学生的法治意识教育。
10.隔振及阻尼减振	阻尼减振	家国情怀	通过"上海慧眼"等不同阻尼装置的介绍,让学生更好地了解各种隔振元件,增强学生的民族自豪感和为环保事业奋斗的使命担当。
11.热、光、电磁辐射等物理性污染	电磁辐射污染	科学素养	通过开展对生活中存在的电磁辐射污染的讨论,帮助学生科学、客观地评价和认识电磁辐射,辨别环保谣言,培养其科学思维。

第4部分　课程思政融入教学评价

1　教学效果评价方法

本课程可以基于平时评价和期末考核结合的方式,评价在培养学生法治意识、工程伦理意识、社会责任感、科学素养等方面的成效。

1.平时评价

设置主题研讨,要求学生通过查阅文献学习总结并汇报物理性污染控制某一研究领域内的最新动态,关注学生在创新意识、科学思维等方面的提升;或在平时作业中布置论述题,如针对某一噪声控制工程设计项目请学生在完成设计方案的同时,谈一谈设计感想,从而反映学生对工程伦理、社会责任等的理解和认识。

2.期末考核

期末考核主要考核思政教学后,学生能否很好地掌握体现思政元素的相关知识。围绕思政教学目标,在期末考试中以少量选择题和简答题的方式考查学生对于物理性污染控制相关法律法规、标准规范的理解和运用。

2　教学效果评价案例

案例 11-13

某工业广场(10km×10km)内有几台大型离心风机,距广场中心位置50m处有一座办公楼,由于风机运行时噪声很大,影响人们的工作效率,经测试该声源的噪声为100dB。请写出使用stüber简化模型预测该风机噪声对办公楼影响的思路,并对该噪声采取一定的控制措施,使办公楼所处区域满足声环境质量2类标准,同时对所采用的防治设施进行必要的结构分析。请论述设计上述噪声控制方案的感想。

案例 11-14

科技冬奥是 2022 年北京冬季奥运会提出的愿景。北京冬奥会赛场内外，处处闪耀着科技创新的耀目之光。请谈谈你所知道的冬奥会赛场内外与物理性污染控制相关的科技元素，分享中国智慧与力量。

案例 11-15

噪声污染对居民生活影响不可小觑。2020 年，生态环境部门"全国生态环境信访投诉举报管理平台"共接到公众举报 44.1 万余件，其中噪声扰民问题占全部举报的 41.2%，排各环境污染要素的第 2 位。但噪声污染侵权案件存在难以认定因果关系、量化相关损失等特点。针对广场舞、邻里唱歌、工地施工、高速公路噪声、电梯电机噪声、高压线变频噪声等噪声污染侵权问题，请结合你所学的环境噪声相关法律与标准，就如何进行权益维护谈谈你的认识（任选其中两种噪声污染侵权问题）。

"环境规划与管理"课程思政教学设计

第1部分 课程思政融入教学大纲

1 课程简介

环境规划与管理学是环境科学与管理学、系统学、规划学、预测学、社会学、经济学以及计算技术等学科相结合的产物。环境规划与管理学在可持续发展理论、人地系统理论、区域复合生态系统理论、环境经济学理论、环境政策学理论等相关学科的理论与技术支持下,将环境规划与环境管理有机地结合在一起,侧重于研究环境规划与管理的理论与方法学问题。

2 教学目标

2.1 专业教学目标

(1)掌握环境规划和管理的基本原理,了解环境规划和管理的实践和学科的发展趋势。

(2)掌握环境规划与管理的内容和技术方法。

(3)熟练掌握环境规划与管理中常见术语的名称和意义。

(4)具备综合运用环境工程、数学、经济学等学科知识对特定地区进行合理规划的能力和创新能力。

(5)掌握国家环境管理的相关政策、制度、标准与法律法规,培养诚信服务、德法兼修的职业素养,提升在解决实际环境问题时的综合管理能力。

2.2 思政教学目标

(1)理解人与自然和谐共生精神,深刻认知环境问题、了解环境现状、思考环境与发展的关系,内化于心,外化于行,强化环境规划与管理过程中的可持续发展理念和生态理念。

(2)践行"绿水青山就是金山银山"的理念,在环境规划与管理的学习和工作过程中提高科学、生态、经济和法制等意识,增强环境人的社会责任感和担当意识。

3 思政元素分析

本课程主要从"社会责任""法治意识""生态理念""政治认同""文化自信""家国情怀""工程伦理"等七维度挖掘思政元素,具体分析如下:

1. 社会责任

主要通过讲述燕京啤酒股份有限公司坚持经济发展与环境保护协调发展、勇于承担企业的环境社会责任的例子,引导学生毕业以后可以通过组织践行环保社会责任,为建设美丽中国出力;让学生了解海洋资源开发利用中的环境问题,引导学生从自身做起,为保护海洋环境尽责,激发学生"我们都是美好环境的保护者"的社会责任感和职业道德感。

2. 法治意识

主要通过介绍新环保法、《杭州市生活垃圾管理条例》新条例,以及新民法典中对生活安宁权的确定等引导学生维护生态环境法治。

3. 生态理念

主要通过介绍"古巴比伦文明消逝"的例子、复合生态系统理论、蚂蚁森林项目和生态规划的含义,引导学生思考如何找到一种既能实现发展又能保护好生态环境的途径,如何协调好发展和环境的关系,真正理解"绿水青山就是金山银山"理念,树立社会主义生态文明观,培养学生可持续发展理念。

4. 政治认同

主要通过介绍我国在蓝天保卫战中的各项决策部署以及取得的成绩,让学生相信只要我们深入贯彻落实党中央的精神,坚持方向不变、力度不减,坚持科学治污、精准治污、依法治污,就肯定可以推进全国空气质量持续改善。

5. 文化自信

主要通过将屠呦呦从天然植物——黄花蒿中提取了青蒿素的事迹融入生物多样性价值的教学中,为学生树立良好的榜样,教导学生建立"把我国建设成为富强、民主、文明、和谐、美丽的社会主义现代化强国"的远大理想和自信心。

6. 工程伦理

主要通过"西部大开发""青藏铁路建设"项目的介绍,结合西部地区生态环境脆弱的问题,有针对性地分析不同项目遇到的特殊问题、共性的伦理问题在这些领域的特殊表现,将工程伦理的重要性融入课堂中,引导学生关注工程设计论证中的环境伦理责任。

7. 家国情怀

将碳达峰、碳中和政策引入"政府产业环境管理"知识点的教学中,展现中国在应对气候变化、推动构建人类命运共同体的过程中的大国责任担当,培养学生的家国情怀和民族自豪感,引导学生积极主动关心国家大事。

第 2 部分　课程思政融入课堂教学

1　环境规划总论

【专业教学目标】

掌握环境规划的基本特征、类型与基本任务,重点掌握环境规划的目标、指标体系的建立以及环境功能区划,并通过案例了解我国环境规划工作的历程及其重要性和必要性。

【思政元素分析】

本章内容从环境权的角度来讲述环境规划的目的和基本任务,可以围绕"法治意识"这个维度挖掘课程思政元素。具体分析如下:

本章讲解的是环境规划目的这一知识点,教师结合环境享用权(包括采光权和通风权、清洁空气权、清洁水权、安宁权等,这些权力都在相对应的《民法通则》《大气污染防治法》《水污染防治法》《环境噪声污染防治法》等法律法规中体现)的解读,让学生明确环境规划的目的就是保障环境享用权,维护人的尊严和价值,有助于培养学生的法治意识。

【教学设计实例】

案例 12-1

知识点:环境规划的目的。

思政维度:法治意识。

教学设计:由知识点"环境规划的目的"引入"法治意识"的思政教育。环境享有权是每个公民(自然人)生存本能需求的表达,既包括对清洁环境要素的生理享受,也包括对优美景观、原生自然状况的精神和心理享受。环境规划的目的就是保障环境享用权,而法律性质是环境规划的核心问题之一,如《民法通则》对采光权和通风权、《大气污染防治法》对清洁空气权、《水污染防治法》对清洁水权、《环境噪声污染防治法》对安宁权等都作出了规定。

基于启发引导法进行教学,让学生明确环境规划是人类为使环境与社会经济协调发展而对自身活动和环境所做的时间和空间的合理安排,而其法律性质为目标的实现提供了强有力的保证。培养学生的法治意识,使学生理解并明白环境规划具有强制性特征和明确的法律依据。

2 环境规划的理论基础和技术方法

【专业教学目标】

理解环境容量与环境承载力、可持续发展与人地系统、复合生态系统、空间结构、循环经济和产业生态学等理论,掌握环境评价和环境预测的方法,能够对环境规划进行决策分析。

【思政元素分析】

环境规划学既要研究环境系统本身的规律,又要研究人类社会的组织形式和管理方式。这就决定了它必须借助于相关学科的理论支持,形成自己的理论体系和框架。本章主要围绕"生态理念"这个维度挖掘课程思政元素。具体分析如下:

本章讲解复合生态系统理论这一知识点,该理论把当今人类赖以生存的社会、经济、环境看成是一个复合生态系统的整体。结合对社会、经济和环境三个子系统的解读,培养学生的生态理念。

【教学设计实例】

案例 12-2

知识点:复合生态系统理论。

思政维度:生态理念。

教学设计:由知识点"复合生态系统理论"引入"生态理念"的思政教育。首先给学生介绍我国著名生态学家马世骏教授提出的复合生态系统理论,该理论简明扼要地指出当今人类赖以生存的社会、经济、自然是一个复合大系统的整体。以人的活动为主体的系统,如农村、城市及区域,实质上是一个由人的活动的社会属性以及自然过程的相互关系构成的社会-经济-自然复合生态系统。其中自然子系统以生物结构及物理结构为主线,以生物环境的协同共生及环境对人类生活的支持、缓冲及净化为特征,它是复合生态系统的自然物质基础;社会子系统以人口为中心,包括年龄结构、智力结构和职业结构等,通过产业系统把它们组成高效的社会组织;经济子系统和物质的输入输出、产品的供需平衡以及资金积累速率与利润,是促进社会进步、环境保护的必要条件。

基于案例分析法进行教学,引导学生从社会、经济、自然 3 个子系统的结构和功能入手编制环境规划,探索各子系统之间相关联的方式、范围及紧密程度,改善复合生态系统的运行机制,保证社会、经济、自然 3 个子系统之间的良性循环,培养学生可持续发展理念。

3 大气环境污染防治规划

【专业教学目标】

了解大气环境规划编制的技术路线,熟练掌握能流分析的方法,掌握大气环境功能区划的方法,理解并掌握大气污染物总量控制的意义和方法。

【思政元素分析】

大气环境规划就是为了平衡和协调某一区域的大气环境与社会、经济之间的关系,以期达到大气环境系统功能的最优化,最大限度地发挥大气环境系统组成部分的功能。本章主要围绕"政治认同"和"社会责任"这两个维度挖掘课程思政元素。具体分析如下:

1. 政治认同

从 2013 年"气十条"实施以来,全国环境空气质量总体改善。就全国而言,重污染天气发生的频次、峰值都在明显下降。这充分说明当前大气污染治理的方向是正确的,措施是有力的,成效也是显著的。要进一步坚定信心,在《大气污染防治行动计划》和《打赢蓝天保卫战三年行动计划》的指导下,坚定不移地抓好各项措施的贯彻落实,只要持之以恒,环境质量就会一天比一天好。基于以上内容,可以从"政治认同"的维度展开思政教育。

2. 社会责任

大气污染防治既是企业作为"企业市民"应自主承担的环境保护责任,也是企业承担的环境法律上的强制责任。基于以上内容,可以从"社会责任"的维度展开思政教育。

案例 12-3

知识点:大气污染控制。

思政维度:政治认同。

教学设计:由知识点"大气污染控制"引入"政治认同"的思政教育。首先向学生介绍我国在蓝天保卫战中的各项决策部署和取得的积极成效:①加快推进产业结构调整。2016 年到 2019 年的三年时间里,淘汰化解钢铁落后产能 2.55 亿吨,1.4 亿吨地条钢全部清零。全面排查整治"散乱污"企业。6.1 亿吨左右粗钢产能实施超低排放改造。②加速能源结构优化。严格控制煤炭消费总量,煤炭占一次能源消费比重由 2013 年的 67.4% 下降至 2020 年的 57.7%。淘汰燃煤小锅炉 23 余万台。中央财政支持"2+26"城市和汾渭平原冬季清洁取暖,完成散煤治理近 1800 万户。③加强车、油、路统筹。累计淘汰黄标车和老旧车 2700 多万辆,全国城市新能源公交车保有量占比从 2015 年的 21% 增长至 2020 年的 59%。全面实施机动车国Ⅵ标准,全面供应国Ⅵ油品。④加强区域联防联控。连续三年组织重点区域开展秋冬季大气污染攻坚行动,对重点城市监督帮扶,对企业实施绩效分级管理,实施应急联动,切实减轻重污染天气带来的不利影响。开展夏季臭氧污染防治监督帮扶,探索挥发性有机物治理途径。⑤实施大气重污染成因与治理攻关专项。历时三年,摸清京津冀区域大气污染物传输规律和主要来源,为下一步精准治污提供了强有力的科技支撑。生态环境部在 2021 年 2 月 25 日宣布已全面完成各项治理任务,超额实现"十三五"规划提出的总体目标和量化指标,打赢蓝天保卫战圆满收官。

基于对我国在蓝天保卫战中的各项决策的解读,让学生知道只要我们深入贯彻落实党中央的精神,坚持方向不变、力度不减,坚持科学治污、精准治污、依法治污,持续推动产业结构、能源结构、运输结构和用地结构优化调整,协同推动经济发展和环境保护,就有信心和底气推进全国空气质量持续改善。

案例 12-4

知识点:大气污染防治。

思政维度:社会责任。

教学设计:由知识点"大气污染防治"引入"社会责任"的思政教育。大气污染防治是每个企业应该自觉承担的社会责任,燕京啤酒股份有限公司做了很好的表率,他们在企业发展生产过程中,坚持环境保护与经济协调发展,大力推行循环经济,走新型工业化道路,把环境保护工作纳入企业总体规划中,超前预测、制定规划,明确责任、狠抓落实,使环境保护与连年进行的技术改造同步,与企业科技进步同步,与树立良好的企业形象和信誉同步。①公司投入巨额资金治理生产过程中产生的废水、废气、噪声,先后投资一亿多元治理废水,投入 1000 多万元对全厂的 18 台锅炉安装脱硫除尘设施和设备,投入 800 多万元治理噪声;②开展清洁生产,采用先进技术变废为宝,从源头减少污染物的产生;③回收废酵母,从酵母中提取核糖核酸,建成一条提取核糖核酸生产线,用于生物制药、食品添加剂等;④回收二氧化碳,引进了三台回收净化装置,既提高了啤酒的质量又净化了空气,回收啤酒糟,建成饲料车间,将湿酒糟烘干加工成饲料出售,既有利于环境卫生,又提高了经济效益;⑤沼气回收利用,既减少了沼气在燃烧的过程中产生的废气,又利用沼气产生的热能替代蒸汽来烘干啤酒糟。燕京啤酒股份有限公司坚持经济发展与环境保护协调发展,勇于承担企业的环境社会责任,与此同时也获得了经济效益,是贯彻科学发展观,坚持以人为本的企业典范。

基于案例分析的方法,通过介绍燕京啤酒股份有限公司的企业典范案例,引导学生毕业进入社会后自觉担负起环境保护的社会责任,从身边做起,从点滴做起,从自己的工作岗位做起,为建设美丽中国出力。

4 水环境污染防治规划

【专业教学目标】

了解水环境规划的基本步骤,理解和掌握水环境功能区与水污染控制单元的划分方法与原则,能够利用线性规划的方法确定水污染控制的最优处理方案。

【思政元素分析】

水环境规划是协调人类社会经济发展与水环境保护之间的关系和矛盾的重要途径和手段。本章主要围绕"社会责任"这个维度挖掘课程思政元素。具体分析如下:

保护水资源是政府、企业和个人共同的责任,需要在大家的共同努力下建立多途径的水资源供给体系,形成节约型的水资源利用方式,并加强水污染的治理。在教学过程中培养学生关心社会、为社会做贡献的社会责任感。

案例 12-5

知识点:水资源开发利用与保护。

思政维度:社会责任。

教学设计:由知识点"水资源开发利用与保护"引入"社会责任"的思政教育。就如何进行水资源开发利用与保护这一问题与学生展开讨论,明确解决该问题的总体思路为节水优先,治污为本,多渠道开源,相关技术主要体现在治污、节水、开源和利用四个方面。然后组织学生从国家、企业和个人层面讨论如何做好水资源的开发利用和保护。国家层面,要建立多途径的水资源供给体系,通过科学合理地开发、调配和保护水源,建立起多途径的、有足够数量和可靠质量的、可适时适地调节的水资源供给体系,以满足长期发展的需要;企业层面,要形成节约型的水资源利用方式,尽快改变现存的不合理、粗放型、高耗型的水资源利用方式,走节水型的经济和社会发展道路;个人层面,要在生活用水领域厉行节约,每个公民都应该承担起责任。

基于问题引导法进行教学,让学生理解水资源开发利用与保护是国家、企业和个人共同的责任,培养学生的社会责任感。

5 固体废物和噪声污染防治规划

【专业教学目标】

了解固体废物的定义和分类,熟悉固体废物的危害及其产生量的预测方法,掌握垃圾分类的方法;了解噪声的定义、分类和特征,熟悉噪声现状调查与评价的内容和交通噪声预测的方法。

【思政元素分析】

本章主要讲解固体废物防治规划和噪声污染控制规划,主要围绕"社会责任"和"法治意识"这两个维度挖掘课程思政元素。具体分析如下:

1. 社会责任

我国的垃圾分类还处于起步阶段,垃圾分类的水平、公众的参与性和自觉性都还不够。结合对《杭州市生活垃圾管理条例》的解读,让学生清楚应将垃圾分类理作为每一个公民的社会责任,引导学生不仅要自己做好垃圾分类,也要帮助身边的人做好这项工作,培养学生的社会责任感。

2. 法治意识

结合《杭州市生活垃圾管理条例》和新民法典,讲解垃圾分类和噪声污染的知识点,培养和增强学生的法治意识,教导学生用法律保护自己和他人的合法权益。

案例 12-6

知识点:垃圾分类。

思政维度:社会责任、法治意识。

教学设计:由知识点"垃圾分类"引入"社会责任"和"法治意识"的思政教育。2019 年 8 月修订的《杭州市生活垃圾管理条例》审批通过并实施,较 2015 年有较大的变化,如违反本条例第二十七条规定投放生活垃圾的,由城市管理行政执法部门责令改正;拒不改正的,对个人处二百元以下罚款,对单位处五百元以上五千元以下罚款;生活垃圾分类投放管理责任人违反本条例第三十二条规定,未履行生活垃圾分类投放管理责任的,由城市管理行政执法部门责令改正,可以处五百元以上五千元以下罚款;情节严重的,处五千元以上三万元以下罚款;生活垃圾收集、运输单位违反本条例第三十六条、第三十七条第一款和第四十条第一项至第四项、第六项规定的,由城市管理行政执法部门责令改正,可以处五千元以上三万元以下罚款;情节严重的,处三万元以上十万元以下罚款;违反本条例规定受到行政处罚,依照《浙江省公共信用信息管理条例》等有关规定应当作为不良信息的,依法记入有关个人、单位的信用档案。

新条例加大了对违法行为的处罚力度,增加了征信处罚措施,将垃圾分类教育上升为法规,明确教育主管部门负责将生活垃圾分类知识纳入教育内容。通过对新条例的解读,让学生明白做好垃圾分类工作是我们每个人必须承担的社会责任,并且已经上升到法律的高度,必须高度重视,从而增强学生的法治意识,培养学生的社会责任感。

案例 12-7

知识点:噪声污染。

思政维度:法治意识。

教学设计:由知识点"噪声污染"引入"法治意识"的思政教育。近年来伴随广场舞的流行,噪声、扰民等问题越发凸显,"广场舞大妈"与居民间的矛盾屡见不鲜,如温州 600 名居民集资 26 万元买"高音炮"还击"广场舞大妈"、武汉居民不满广场舞扰民高楼泼粪抗议、北京一市民难忍广场舞音乐鸣枪放藏獒恐吓"广场舞大妈"。那么广场舞扰民究竟算违法吗?2021 年 1 月 1 日开始实施的新民法典给出了答案,其中明确规定了生活安宁权,所谓生活安宁权,就是自然人享有的维持安稳宁静的私生活状态并排除他人不法侵扰、侵害的权利。安宁权包含两个方面:一个是物理空间的安全与安宁,即免受任何物理上的非法、不当侵入;另一个是心理、精神上的安稳与宁静,即免受任何心理和精神上的非法、不当侵扰。所以广场舞扰民属于违法行为。居民可以向生态环境部门举报,也可以向居民委员会反应,如果不行,可以直接向法院起诉解决。

基于案例教学法,通过"广场舞扰民"案例的探讨和分析,引导学生知法守法,运用法律武器保护自己的合法权益,增强学生的法治意识。

6 生态保护与建设规划

【专业教学目标】

了解生态保护与建设规划的内涵和生态现状调查与评价的内容和方法,熟悉生态功能区划和生态影响预测的内容。

【思政元素分析】

本章从生态保护的角度来讲述环境规划和城市规划,可围绕"生态理念"这个维度挖掘课程思政元素。具体分析如下:

生态规划的建立要以生态学为根本,以生态学的基本原理为依据,以最大地实现生态规划为目的,保持人与自然、人与环境持续共生、协调发展,实现社会的文明、经济的高效和生态的和谐。因此,基于以上内容,可以从"生态理念"的角度开展思政教育。

【教学设计实例】

案例 12-8

知识点：生态规划的含义。

思政维度：生态理念。

教学设计：由知识点"生态规划的含义"引入"生态理念"的思政教育。生态规划是根据生态规律及社会经济发展计划，对一定地域生态平衡的维系、保护所做的安排、打算。"十三五"规划中倡导生态文明建设，蚂蚁森林项目以一种新型的方式参与其中，2018 年全国绿化委员会办公室、中国绿化基金会与浙江蚂蚁小微金融服务集团股份有限公司签署"互联网＋全民义务植树"战略合作协议，共同创新全民义务植树的尽责形式，推进义务植树和国土绿化事业创新发展。目前已在内蒙古、甘肃、青海等 3 个省（区）的 16 个盟市、44 个旗县实施了蚂蚁森林项目，造林树种涉及梭梭、沙柳、柠条、花棒、红柳、沙棘、樟子松、胡杨等 8 个。截至 2019 年累计完成植树造林 9894.2 万穴（株），造林面积达 105.4 万亩。该项目既实现了节能减排，建成数个蚂蚁森林，改善了生态环境，还改变了时下很多人的生活方式，使更多的人参与公益活动，对生态文明建设起了积极的推荐作用。

基于案例教学法，通过蚂蚁森林项目讲解让学生深刻理解生态规划的含义，引导学生牢固树立社会主义生态文明观，为保护生态环境做出我们这代人的努力。

7 环境管理绪论

【专业教学目标】

了解环境问题产生的过程及根源，掌握目前的主要环境问题及其实质，掌握环境管理的概念、内涵、特点、主体、内容，熟悉环境管理的基本手段，了解环境管理学形成和发展的历史和环境管理学与环境科学的关系。

【思政元素分析】

本章内容主要包括环境问题及其产生根源、环境管理的概念主体和内容、环境管理学的形成和发展。分别针对"环境问题及其产生根源"和"环境管理的概念主体和内容"知识点进行"生态理念"和"社会责任"这两个思政元素的挖掘。具体分析如下：

1. 生态理念

随着人类改造自然能力的提高，人类会对自然进行过度的开发，并且由于过度追求经济的发展，往往会忽略对环境保护的重视，从而导致环境质量不断恶化，环境问题日益明显，甚至由于忽略环境保护而最终导致国家毁灭的悲剧。基于以上内容，可以从"生态理念"的维度展开思政教育。

2. 社会责任

环境管理本身也是一种人类的社会行为，人类社会行为的主体分为政府、企业和公众，因此政府、企业和公众是环境管理中的管理者，在环境管理中都负有重要责任。因此，人类的社会行为在环境管理中具有重要的作用。环境专业学生作为专业人才，理应在环境保护中肩负起与普通民众不同的社会责任。

【教学设计实例】

案例 12-9

知识点：环境问题及其产生根源。

思政维度：生态理念。

教学设计：在介绍"环境问题及其产生根源"知识点时，引入"古巴比伦文明消逝"的案例。环境问题是随着经济和社会的发展而出现的，人类不可持续的发展方式导致了环境问题的严重化，反过来环境问题恶化也会影响社会的发展。古巴比伦文明产生于两河流域（流经伊拉克的底格里斯河和幼发拉底河），这里曾经是森林茂密、水草丰盛的冲积平原，孕育了璀璨夺目的古巴比伦文明。可是随着文明的发展，人口的增长，人类砍伐大量的树木来构筑房屋，开垦大量的草地来增加耕地，战争的烧杀抢掠也使周围的自然环境受到了严重的破坏，使得自然资源枯竭、环境恶化，环境质量不断下降，最终森林消失、土壤贫瘠、气候恶劣，优美的风光被荒漠所取代，一个创造了无数史诗的古国最后变成了一堆废墟。古巴比伦消失的根本原因就是环境恶化，环境恶化在农耕社会是致命打击。

基于案例分析法进行教学，让学生明白环境问题主要是由人类活动引发的，可持续发展的生产方式对人类社会的发展具有重要的意义，使学生真正理解"绿水青山就是金山银山"理念，从而培养学生可持续发展理念。

案例 12-10

知识点：环境管理的概念主体和内容。

思政维度：社会责任。

教学设计：在介绍"环境管理概念的主体和内容"知识点时，引入"苹果公司环境责任"案例。企业作为人类社会活动的主体之一，其环境管理行为对一个国家的环境保护和管理有着重大的影响，其可以通过制订自身的环境目标、规划等来开展环境管理。苹果公司每年都会公布企业责任书，其中包括环境责任。2020 年 7 月，苹果公司发布《2020 环境责任报告》，计划在 2030 年前将碳排放减少 75%，同时为剩余 25% 综合碳足迹开发创新性碳清除解决方案，并且承诺到 2030 年实现供应链和产品 100% 碳中和，该举措意味着届时售出的每一部苹果设备都不会造成任何气候影响。在此环境目标指导下公司开展如何研发设计、如何制造、如何进行运输、如何被使用等活动，可见企业的责任感在企业的生产经营活动具有重要的指导作用。

基于以上案例的分析，通过启发引导，强化学生对环境责任感的理解，引导学生认识到无论是企业管理者还是普通公众，都应该多关心周围的环境保护问题，积极参加环境保护的各项活动，担负起环境保护的社会责任。

8 中国环境管理的政策、法律法规、制度

【专业教学目标】

了解中国环境管理的政策和相关的法律法规概况；熟悉中国的八项环境管理制度；重点掌握三同时制度、环境影响评价制度、排污许可证制度；掌握环境保护税、总量控制；了解排污权交易制度等；思考目前我国环境管理制度的优势和缺陷。

【思政元素分析】

本章内容主要包括中国环境管理的政策、法律法规、环境管理的制度。针对"中国环境管理法律法规"这个知识点可挖掘"法治意识"的思政元素。具体分析如下：

法律手段是环境管理重要手段之一。中国十分重视环境法治建设，目前已经形成较为完善的环境法律法规体系。尤其是2015年修订实施的《环境保护法》是史上最严的环保法，这对从业人员的法治意识提出了更高的要求。

【教学设计实例】

案例 12-11

知识点：中国环境管理法律法规。

思政维度：法治意识。

教学设计：在介绍"中国环境管理法律法规"知识点时，引入环保法的修订和执行情况。法律手段是环境管理工作开展的重要保障，在环境管理工作中具有重要的作用。以环保法的修订为例，讲解环保法修订的内容（如按日连续处罚），并融入生态环境部通报的典型案例，如2015年的案例"山东省临沂市环保局按日计罚案——全国第一起"。2015年，山东省临沂市环保局发现某热电有限公司外排废气二氧化硫超标，2015年1月9日，临沂市环保局向该公司送达责令整改违法行为的决定书，责令其立即改正违法行为，并作出处罚10万元的决定。1月19日，临沂市环保局进行复查，经检测公司外排废气依旧超标。临沂市环保局对该公司实施按日连续处罚，时间为2015年1月10日至19日，基数为10万元，持续违法10天，每日罚款数额为10万元，按日连续处罚总计罚款数额为100万元。另外，教师播放环保法宣传片，形象地给学生展示环保法修订以后处罚力度加大，企业和个人的环保意识加强，极大地推动了社会的环境保护法治意识形成，促进了生态环境保护工作。

基于以上内容，通过案例教学法和观看视频相结合，引导学生在从业活动中应有法可依，执法必严，建立正确的法治观念和法治意识。

9 区域环境管理

【专业教学目标】

通过本章学习，了解城市、农村、流域和区域开发面临的主要环境问题以及这些环境问题产生的原因，熟悉针对这些区域环境问题需要采取的环境管理途径和方法。

【思政元素分析】

本章内容主要包括城市、农村、流域和区域开发环境管理，主要围绕"生态理念"

和"工程伦理"这两个维度挖掘课程思政元素,具体分析如下:

1. 生态理念

流域是人类文明的摇篮和中心,是人与自然共生的主体自然空间。我国流域面积超过1000平方公里的河流就有1500多条,多样化流域承载着全国最广大的人口和经济。党的十八大以来,我国高度重视以流域为基础的生态文明建设,突破行政区"一亩三分地"的思维定式,打开一体化的战略视野,以全流域谋一域、以一域服务全流域。通过长江大保护"共抓大保护、不搞大开发"的介绍并结合相关视频,让学生感受生态文明建设所发生的转折性、全局性变化,引导学生理解基于流域的生态文明建设的重要性,培养学生的生态环境保护意识和可持续发展理念。

2. 工程伦理

区域开发过程中,工程项目所面临的社会、环境等问题日益凸显,因此实施过程中需要正确处理工程与人、社会和自然的关系。通过"西部大开发""青藏铁路建设"等的介绍,引导学生关注工程设计论证中的环境伦理责任,培养学生工程伦理意识和责任感。

【教学设计实例】

案例 12-12

知识点:流域环境管理。

思政维度:生态理念。

教学设计:在介绍"流域环境管理"知识点时引入长江大保护案例。近现代以来,由于不合理的生产生活方式的影响,长江经济带成为我国水环境问题最为突出的地区之一,废水排放总量占全国的40%以上,上游水土流失严重,中下游湖泊萎缩,湿地生态系统功能退化。长江水生生物多样性指数持续下降,多种珍稀物种濒临灭绝。2016年,习近平总书记在重庆召开的深入推动长江经济带发展座谈会上强调"把修复长江生态环境摆在压倒性位置,共抓大保护,不搞大开发"[①]。2018年,在武汉召开的深入推动长江经济带发展座谈会上,习近平总书记系统阐述了共抓大保护、不搞大开发和生态优先、绿色发展的丰富内涵:"共抓大保护和生态优先讲的是生态环境保护问题,是前提;不搞大开发和绿色发展讲的是经济发展问题,是结果;共抓大保护、不搞大开发侧重当前和策略方法;生态优先、绿色发展强调未来和方向路径,彼此是辩证统一的。"[②]2019年,生态环境部、国家发展和改革委员会联合印发《长江保护修复攻坚战行动计划》,由此围绕长江保护修复攻坚战的一系列行动紧锣密鼓展开,中国长江保护修复攻坚战全面打响。2021年3月1日,《长江保护法》正式实施,长江大保护进入依法保护新阶段。然后,教师播放纪录片《中国建设者》"长江大保护"和《长江之恋》,生动展示大保护政策下,长江发生的日新月异的变化。

---

① 《沿着总书记的足迹·重庆篇:在发挥"三个作用"上展现更大作为》,共产党员网,https://www.12371.cn/2022/06/18/ARTI1655512935124168.shtml。

② 《习近平:在深入推动长江经济带发展座谈会上的讲话》,共产党员网,https://news.12371.cn/2018/06/14/ARTI1528930272197355.shtml。

基于以上内容,采用案例教学和观看视频相结合的方法,使学生认识到长江大保护是一场持久战,守护好长江母亲河则必须走"生态优先、绿色发展"之路,同时引导学生树立尊重自然、顺应自然、保护自然的生态文明理念。

案例 12-13

知识点:区域开发环境管理。

思政维度:工程伦理。

教学设计:在介绍"区域开发环境管理"知识点时引入"西部大开发""青藏铁路建设"等案例。区域开发行为是在一个确定的区域范围内开展资源开发、大型工程建设、经济社会发展、区域生态环境建设等特定的重大发展行为和活动,涉及的区域范围可能包括多个城市、农村、流域单元,可能引发较多的环境问题,并对所涉及区域的环境社会系统发展产生根本性的长远影响。在西部大开发中,很多专家十分关注西部地区生态环境脆弱的问题,提出要警惕西部大开发变成"西部大开挖",要把保护生态环境放在重要位置。青藏铁路建设过程中,多年冻土、高原植被和野生动物保护是社会各界关注的热点。青藏铁路建设过程中,环保投入超过 11 亿元,接近工程总投入的5%,是我国环保投入最多的铁路工程项目之一,并在全国重点工程建设中首次引进了环保监理。在自然保护区内,铁路线路遵循"能避绕就避绕"的原则,施工场地、便道、砂石料场的选址都经反复踏勘确定,尽量避免破坏植被。为恢复铁路用地上的植被,开展高原冻土区植被恢复与再造研究,采用先进技术,使植物试种成活率达70%以上,比自然成活率高一倍多。为保障野生动物的正常生活、迁徙和繁衍,青藏铁路全线建立了 33 个野生动物通道。

基于以上内容,采用案例教学法,引导学生正确认识区域开发的环境价值和其中的环境问题,强调修建工程时保护地方资源与生态环境是工程师重要的伦理责任,增强学生的工程伦理意识。

10 自然资源环境管理

【专业教学目标】

了解土地资源的概念、我国土地资源和管理的现状与存在的问题;了解我国海洋资源及其存在的环境问题,思考加强海洋资源环境管理的途径;了解生物多样性的概念和生物多样性受威胁的原因,思考生物多样性保护与管理的措施。

【思政元素分析】

本章内容主要包括土地资源管理、海洋资源管理和生物多样性保护管理,涉及"文化自信",具体如下:

生物多样性具有很高的开发利用价值。有的生物已被人们作为资源所利用,另有更多生物,人们尚不知其利用价值,是一种潜在的生物资源。以黄花蒿为例解释生物的潜在价值,在此过程中将屠呦呦的事迹融入,可以为学生树立良好的榜样,教导学生力争成为像屠呦呦一样的杰出人物。

【教学设计实例】

案例 12-14

知识点：生物多样性的价值。

思政维度：文化自信。

教学设计：在介绍"生物多样性的价值"知识点时引入屠呦呦从黄花蒿中提取青蒿素的案例。黄花蒿本是长在房前屋后的杂草，是一种时时在人们眼前晃来晃去，却又不被关注的植物。黄花蒿在伴随着人类文明的数千年里，由于没有食用价值，在被发现可以从中提取青蒿素之前，对人类而言没有什么价值。直到我国学者屠呦呦从黄花蒿中成功提取青蒿素并用于治疗疟疾之后，它的医用价值被发现。黄花蒿"贡献"给人类的青蒿素，正是它具有独特气味的挥发性物质之一。这种特殊气味不是典型的香味，也不是典型的臭味，它使牛羊和不少昆虫望而却步，成了黄花蒿保护自己的重要武器，而人类也极其幸运地从中得到了抗疟良药。屠呦呦也因在疟疾治疗研究中取得的成就成为迄今为止第一位获得诺贝尔科学奖项的本土中国科学家。青蒿素的发现和提取过程并非一帆风顺，从 1969 年承担抗疟中药研发的任务，到 1999 年世界卫生组织将青蒿素列入基本药品名单进行世界范围的推广，屠呦呦花了整整三十年时间，经历了无数次的失败，才最终赢得了这场"战役"。屠呦呦在接受研发抗疟中药的任务后，走访老中医，同时调阅大量民间方药，编写出以 640 种中草药为主的《抗疟单验方集》。在关注青蒿（黄花蒿）之前，屠呦呦研究过 190 种样品，但都没有得到理想的结果，直到她意外在古籍《肘后备急方》记载的"青蒿一握，以水二升渍，绞取汁，尽服之"中得到灵感，开始了对青蒿素的日夜研究。20 世纪 70 年代中国的科研环境十分艰苦。当时实验室设备简陋，连基本的通风设施都没有，但任务时间又很紧迫，屠呦呦为了加快提纯速度，甚至用水缸取代实验室常规提取容器来提取青蒿乙醚提取物。为了确保青蒿素用于临床的安全性，屠呦呦甚至以身试药。

基于以上内容，通过案例教学法，将屠呦呦的事迹融入生物多样性价值的教学中，为学生树立良好的榜样，教导学生以屠呦呦等杰出人物为目标，建立起"把我国建设成为富强、民主、文明、和谐、美丽的社会主义现代化强国"的远大理想和自信心。

11 产业环境管理

【专业教学目标】

识记产业环境管理的三个层次；了解政府环境管理的特征及管理途径和方法；了解企业环境管理和政府环境管理的不同；熟悉清洁生产的概念及主要途径；熟悉 ISO 14000 环境管理体系的概念和基本组成，了解其认证过程；了解环境标准的作用及目前各国主要的环境标志。

【思政元素分析】

本章内容主要包括政府企业环境管理和企业环境管理，涉及"家国情怀"和"社会责任"，具体如下：

1.家国情怀

政府在产业环境管理中起着决定性主导作用,政府可以通过法律、行政等手段从国家层面上控制产业活动造成的生态破坏和环境污染。当前,我国不仅提出了建设资源节约型、环境友好型社会的目标,还提出了"碳达峰、碳中和"目标。通过聚焦我国在碳减排方面的努力,展现我们国家的大国自信、大国担当和大国风范,培养学生的家国情怀和民族自豪感。

2.社会责任

企业是人类产业活动的主体,不合理的产业活动是破坏生态、污染环境的主要原因,因此对企业活动进行环境管理具有很重要的意义。企业应以企业生产和经营过程中的环境行为和活动为对象实施管理,从而减小企业不利影响,创造企业优良环境业绩。通过讲解中国三星在组织架构、环保资金投入、用能管理、生产工艺革新、绿色包装和环保公益活动等方面的工作和成绩,引导学生认识企业实施环境管理的重要性,强化社会责任教育,使学生树立环境保护主人翁意识,教导学生认真学好专业知识,为将来为企业环境管理的有效实施贡献力量打好坚实的基础。

【教学设计实例】

案例 12-15

知识点:政府产业环境管理。

思政维度:家国情怀。

教学设计:在介绍"政府产业环境管理"知识点时引入碳达峰、碳中和政策讲解,展现我国的大国责任担当。政府是整个社会行为的领导者和组织者,政府能否依据可持续发展的要求,按资源节约型、环境友好型的目标控制指导产业活动过程,使其实现良性发展,对产业环境管理起着决定性的主导作用。2020 年 9 月 22 日,习近平主席在第七十五届联合国大会上明确提出中国二氧化碳排放力争于 2030 年前达到峰值,努力争取在 2060 年前实现碳中和的目标,这彰显了中国积极应对气候变化、推动构建人类命运共同体的责任担当,更展现了中国走绿色低碳高质量发展道路的坚定决心。碳达峰、碳中和目标为中国经济社会高质量发展提供了方向指引,将倒逼中国经济社会发展全面低碳转型。然而,中国当前仍处于工业化和城镇化进程中,经济发展和民生改善的任务还很重,并且能源结构偏煤、产业结构偏重,而从碳达峰到碳中和的时间比发达国家还缩短了一半左右,因此实现碳达峰、碳中和目标面临着巨大挑战。面对艰巨紧迫的任务和诸多困难挑战,我国从上至下积极部署,各地政府加紧制定碳达峰、碳中和路线图并出台保障政策,以加快调整优化产业结构、能源结构,推动煤炭消费尽早达峰,大力发展新能源,加快建设全国用能权、碳排放权交易市场等。浙江省从顶层设计到先行先试,有力推进碳达峰、碳中和各项工作,包括编制碳达峰、碳中和实施意见和碳达峰总体方案,明确"十四五"期间、碳达峰年的各项目标任务,确定能源绿色低碳转型等若干项行动。

基于以上内容,采用讲授法和随机渗透教学法,通过对能源、工业等重点领域,尤其是浙江省围绕这些领域进行的碳达峰、碳中和政策部署的介绍,帮助学生了解政府的管理途径和方法,培养学生的家国情怀和民族自豪感,引导学生积极主动关心国家大事。

案例 12-16

知识点:企业环境管理。

思政维度:社会责任。

教学设计:在介绍"企业环境管理"知识点时引入中国三星企业管理案例。中国三星以"绿色经营、绿色生产和绿色生态"为管理理念,致力于能源和资源的可持续利用、污染预防及减少排污,应对气候变化,积极参与保护生物多样性,尽可能采用再生木制品或速生林制品,全力建立三星绿色生态系统。利用中国三星所发布的《2018 中国三星企业环境报告书》《2019 中国三星企业环境报告书》《2020 中国三星环境报告书》,具体讲解中国三星采用循环经济结构,通过推行清洁生产、开展资源综合利用的技术改进、制造优质且持久耐用的产品三方面措施实现绿色环保,并且不断加大环境设备的投入,注重环境安全人才的培养。重点分析其在清洁生产和 ISO 14000 环境管理体系方面所做的努力。可以说,中国三星将"环境"纳入了经营活动本身,"关爱环境"也成了推动三星追求经济效益的内在动力。

基于以上内容,采用案例分析法,帮助学生认识企业实施环境管理的重要性,掌握清洁生产、ISO 14000 环境管理体系等知识点,同时引导学生了解企业在环境保护方面的责任,培养学生的社会责任意识。向学生强调应努力学好专业知识,作为公众可更好地监督企业的环境管理行为,未来走上工作岗位时通过组织去承担社会责任。

12 国外环境管理

【专业教学目标】

通过本章学习,了解美国和日本在环境管理体制、环境立法、环境管理实践等方面的主要内容和特点。

【思政元素分析】

本章内容主要包括美国的环境管理和日本的环境管理,涉及"社会责任",具体如下:

日本由"公害大国"发展成为世界上环境污染防治最先进的国家之一,主要得益于其日益完善的环境管理体系。通过介绍日本的垃圾分类制度,帮助学生了解日本的环境管理政策和措施,引导学生思考日本的成功经验对于我国垃圾分类工作的借鉴意义,同时加强对学生的社会责任教育,要求其积极主动地投入垃圾分类工作中。

【教学设计实例】

案例 12-17

知识点:日本环境管理的基本策略。

思政维度:社会责任。

教学设计:在介绍"日本环境管理的基本策略"知识点时引入日本垃圾分类的案例。

通过介绍日本垃圾分类的情况,向学生讲解日本在环境法制、环境教育等方面所做的工作。当前,日本已形成完善有效的垃圾分类制度,这源于长年累月的宣传教育和强有力的监督措施:①定时回收。在日本,扔垃圾必须在指定的时间和地点,用特制的垃圾袋,并且由专业部门负责收集运输,且不设置专门的分类垃圾桶。②立法监督。政府通过法律惩罚和经济罚款等手段来确保生活垃圾分类回收制度的有效执行。日本存在大量由志愿者组成的相关监察队,其主要职责是调查生活垃圾方面的违法违规行为,将违法丢弃的垃圾袋送回,并告知其正确的生活垃圾处理方法,同时作出处罚。③教育普及。日本把环境保护和生活垃圾纳入教育的基本课程内容,小学生自入学时的第一天就要接受生活垃圾分类教育。生活垃圾要分类,要定时定点投放,已是社会普遍共识。④惩罚措施。根据日本的相关法律法规,随意丢弃垃圾者根据情节不同将会面临不同程度的罚款乃至不等的刑期,后果相对比较严重。通过播放纪录片《日本环保小镇》使学生进一步直观感受日本在垃圾分类方面所取得的突出成绩。在此基础上,组织学生围绕主题"我国的垃圾分类工作目前正在全国范围内逐步铺开,日本的经验能给我们何种启示?"展开研讨。

基于以上内容,采用案例教学、视频教学、研讨相结合的方法,帮助学生了解日本在环境管理方面实施的政策和措施,引导学生积极主动地投入垃圾分类工作中,增强其社会责任感。

第3部分　课程思政元素案例总览

章节	知识点	思政维度	教学内容及目标
1.环境规划总论	环境规划的目的	法治意识	通过讲述环境享用权,培养学生良好的法治意识。
2.环境规划的理论基础和技术方法	复合生态系统理论	生态理念	通过介绍我国著名生态学家马世骏教授提出的复合生态系统理论,培养学生用生态理念去理解和解决实际环境问题的能力。
3.大气环境污染防治规划	大气污染控制	政治认同	通过介绍我国在蓝天保卫战中的各项决策部署以及取得的成绩,让学生相信只要我们深入贯彻落实党中央的精神,坚持方向不变、力度不减,坚持科学治污、精准治污、依法治污,就肯定可以推进全国空气质量持续改善。
	大气污染防治	社会责任	通过介绍燕京啤酒股份有限公司的例子向学生讲解企业的环保社会责任,引导学生毕业以后可以通过组织践行环保社会责任,增强学生对我国一定能把大气污染控制好的自信。

章节	知识点	思政维度	教学内容及目标
4. 水环境污染防治规划	水资源开发利用与保护	社会责任	组织学生就如何进行水资源开发利用与保护展开讨论,让学生理解水资源开发利用与保护是国家、企业和个人共同的责任,培养学生的社会责任感。
5. 固体废物和噪声污染防治规划	垃圾分类	社会责任、法治意识	通过对《杭州市生活垃圾管理条例》新条例的解读,让学生明白做好垃圾分类工作是我们每个人必须承担的社会责任,并且已经上升到法律的高度,必须高度重视。
	噪声污染	法治意识	通过对"广场舞扰民"案例的探讨和分析,引导学生知法守法,运用法律武器保护自己的合法权益,增强学生的法治意识。
6. 生态保护与建设规划	生态规划的含义	生态理念	通过对蚂蚁森林项目的介绍和对生态规划含义的讲解,引导学生牢固树立社会主义生态文明观,为保护生态环境做出我们这代人的努力。
7. 环境管理绪论	环境问题及其产生根源	生态理念	采用案例教学的方法,以"古巴比伦文明消逝"为例进行教学,引导学生思考如何找到一种既能实现发展又能保护好生态环境的途径,如何协调好发展和环境的关系,真正理解"绿水青山就是金山银山"理念,培养学生可持续发展理念。
	环境管理的概念主体和内容	社会责任	采用案例教学和习题巩固的方法讲解环境管理的三大主体:政府、企业和公众。强化学生对企业责任感的理解。引导学生认识到作为普通公众,应该具有社会责任感,多关心周围的环境保护问题,积极参加环境保护活动。
8. 中国环境管理的政策、法律法规、制度	中国环境管理法律法规	法治意识	将案例教学法和观看视频相结合,以环保法的修订为引子,结合生态环境部通报的典型案例,引导学生树立生态文明意识,维护生态环境法治。
9. 区域环境管理	流域环境管理	生态理念	采用案例教学和观看新闻视频相结合的方法,促进学生深刻理解生态文明建设的重要性和必须坚定不移地走"生态优先、绿色发展"之路。
	区域开发环境管理	工程伦理	采用案例教学法,促进学生深刻认识工程伦理的重要性,有针对性地分析不同项目遇到的特殊问题,以及共性的伦理问题在一些领域的特殊表现,加强学生的伦理意识和责任感。
10. 自然资源环境管理	生物多样性的价值	文化自信	采用案例教学法帮助学生理解生物多样性的价值。将屠呦呦的事迹融入生物多样性价值的教学中,可以为学生树立良好的榜样,教导学生建立"把我国建设成为富强、民主、文明、和谐、美丽的社会主义现代化强国"的远大理想和自信心。

章 节	知识点	思政维度	教学内容及目标
11. 产业环境管理	政府产业环境管理	家国情怀	采用讲授法和随机渗透教学法,帮助学生了解政府的管理途径和方法,认识实施节能减排的重要性,在展现我国大国责任担当的同时,培养学生的家国情怀和民族自豪感,引导学生积极主动关心国家大事。
	企业环境管理	社会责任	采用案例教学的方法,引导学生了解企业实施产业环境管理的途径和手段,引导学生了解企业在环境保护方面的责任,培养学生的社会责任意识,教导学生未来走上工作岗位时可通过组织去承担社会责任。
12. 国外环境管理	日本环境管理的基本策略	社会责任	采用案例教学、视频教学、研讨相结合的方法,让学生了解日本在环境管理方面实施的政策和措施。并以垃圾分类为例,引导学生积极主动地投入垃圾分类工作中去,增强其社会责任感。

第 4 部分　课程思政融入教学评价

1　教学效果评价方法

本课程思政教学效果的评价主要针对提出的两个思政教育目标,通过两种形式进行:

(1)设置"思政小课堂",通过学生报告的形式,考查学生在课程学习过程中对思政元素的理解和掌握程度;

(3)在期末考试中以简答题的方式,考查学生对思政目标的理解和掌握程度;

2　教学效果评价案例

案例 12-18

我国的《打赢蓝天保卫战三年行动计划》于 2018 年 6 月 27 日由国务院印发,其明确了大气污染防治工作的总体思路、基本目标、主要任务和保障措施,提出了打赢蓝天保卫战的时间表和路线图。经过 3 年的努力,全国地级及以上城市优良天数比率为 87%,同比上升 5 个百分点,比 2015 年上升 5.8 个百分点(目标为 3.3 个百分点);PM2.5 未达标城市平均浓度同比下降 7.5%,比 2015 年下降 28.8%(目标为 18%),环境空气质量明显改善,人民的蓝天幸福感明显增强,打赢蓝天保卫战圆满收官。请就以上案例谈谈你对我国大气环境保护工作的看法和建议。

案例 12-19

请从"绿水青山就是金山银山"理念的角度简述经济发展与环境保护的关系。

"环境毒理学"课程思政教学设计

第1部分　课程思政融入教学大纲

1　课程简介

"环境毒理学"是环境科学和毒理学的一个分支,是一门从医学及生物学的角度,利用毒理学方法研究环境中有害因素对人体健康影响的学科。环境毒理学与环境医学、环境监测、生物学、环境化学等其他核心学科联系紧密。环境毒理学的主要任务是研究环境污染物质对机体可能发生的生物效应、作用机理及早期损害的检测指标。本课程力求在学生学到环境毒理学的知识的同时,培养学生发现问题和解决问题的能力,提高学生自主学习思考的能力,提高学生的环保素养和本专业的责任意识,为今后工作和生活打下扎实的环境保护的理论基础。

2　教学目标

2.1　专业教学目标

(1)掌握环境毒理学相关的基本概念和原理。

(2)熟悉环境污染物的基本鉴别程序,掌握现代环境污染物的基本概念、风险评估方法和前沿知识。

(3)在环境污染物的案例中,能够了解环境污染物对机体的影响,了解环境污染物在环境中的暴露方式,并提高鉴别环境污染物的能力。

(4)能够了解环境污染物毒性及其迁移富集规律,在熟悉环境污染物行为特点的同时,从根源上降低环境污染的风险。

2.2　思政教学目标

(1)能够科学地理解环境毒理学经典知识和重要案例的原理,系统地理解生态理念对于污染物毒理学效应的重要作用。

(2)能够从典型案例中认识到企业和个人分别所需承担的社会责任,认识到法治对于环境治理的重要性。

3 思政元素分析

本课程主要从"科学素养""文化自信""生态理念""社会责任""法治意识""政治认同"等六个维度挖掘思政元素。具体分析如下:

1. 科学素养

在科学研究中要保持科学理性,追求创新、追求卓越,通过讲述"孟德尔遗传定律"等案例,引导学生要在生活中多观察多思考,培养学生独立思考的科学思维方式。

2. 文化自信

在讲述毒理学发展历程相关知识时,结合中华优秀传统文化中与毒理学发展有关的素材,展现社会主义先进文化,激发学生文化自信。

3. 生态理念

将环境毒理学知识与环境生态理念相结合,提出相应的可持续发展理念以及可行的治理技术。通过讲述对农药的基本知识和合理使用,培养学生以所学的毒理学知识解决当下环境问题的意识。

4. 社会责任

主要体现在科研人员将自己的专业知识以及科研成果应用于社会,回馈于社会,通过讲述"吉林双苯厂硝基苯精馏塔爆炸事件"等案例阐述企业社会责任,培养学生社会责任意识。

5. 法治意识

主要体现在生物化学知识和相关法律知识,通过讲述我国针对重金属污染制定的相关法律标准,培养学生的法治思维和法治意识。

6. 政治认同

通过讲述新冠肺炎疫情中与毒理学发展有关的巨大成功,引导学生拥护中国共产党领导和我国社会主义制度。

第 2 部分　课程思政融入课堂教学

1 绪论

【专业教学目标】

通过对环境科学与环境工程专业知识的结合,使学生了解环境与健康、生态平衡、生物多样性等重要的问题,掌握毒理学相关的基本知识,具备将专业基础知识与其他交叉学科有机结合、融会贯通的能力。对毒理学的历史发展以及基本概念有初步的了解和认识,初步了解环境污染物的循环归宿。对环境中污染物的毒理机制进行分析。

【思政元素分析】

本章基于相应的专业知识点,对课程中蕴含的思政元素进行挖掘,帮助学生深入学习与环境毒理学相关的知识点,主要从"科学素养""文化自信"维度挖掘课程思政元素。具体分析如下:

1. 科学素养

环境毒理学涉及非常严密的科学实验思维,在学习好理论知识的同时,要形成与知识储备相匹配的科学素养。在科学技术不断发展的同时,只有有效地借鉴科学技术知识并保持好奇心和想象力,才能让真理在实践中得到检验。

2. 文化自信

环境毒理学是一门交叉学科,汇聚了钟南山院士、徐厚恩教授等无数环境学家、生物学家以及医学家的科研成果,是伟大人格和探索历程的集中反映。在不断的探索和创新的过程当中,我们要坚定中国特色社会主义文化自信,因为文化自信不仅来自科技和文化的积淀、传承与创新、发展,更来自几代科研学者智慧的结晶,因此环境毒理学教学中能很好地融入"文化自信"。

【教学设计实例】

案例 13-1

知识点:环境毒理学的概念。

思政维度:科学素养。

教学设计:由知识点"环境毒理学的概念"引入"科学素养"的思政教育。任何学科的发展都需要一个过程,在这个过程中,无数的科学家呕心沥血付出所有,并不是每个科学家都拥有非常高的起点,在他们发现问题解决问题同时,他们的科学素养也在不断地形成,这与科学研究的发展是有共通之处的。比如,孟德尔在经历许多的历练后,发现了生物遗传的基本规律,在 1850 年的教师资格考试中,因生物学和地质学的知识过少而未能通过,孟德尔被教会派到维也纳大学深造,受到相当系统和严格的科学教育和训练,也受到杰出科学家们的影响,如多普勒,孟德尔为他当物理学演示助手。而后来孟德尔发现了基因分离定律,揭示了生物遗传奥秘的基本规律,为人类做出了巨大的贡献。学习和实践是培养科学素养的必要条件。只有经过不断的打磨和成长才能形成较好科学素养,这和一门科目的形成以及发展是密切相关的。正是因为有无数的科学家经历这样的打磨和洗礼,才推动了环境毒理学这门科目的前进和发展。

对以上案例进行分析,让学生珍惜国家和学校给的每一次学习和实践机会,不断提升科学素养,科学地看待环境问题,学好专业知识,提高专业技能。

案例 13-2

知识点:环境毒理学的产生和发展。

思政维度:文化自信。

教学设计:由"环境毒理学的产生和发展"引入"文化自信"的思政教育。环境是人类生存的基本条件,人类的生活和健康与周围环境有着密切的关系。但是我国古代的医学书籍中,就有很多对毒物的描述。最早的一部中药物学专著《神农本草经》中就记载了大约360种有毒的药物,公元610年隋代巢元方的《诸病源候论》、公元752年唐代王焘的《外台秘要》等古代医书中均有对有毒物质毒性的记载。明代伟大的医药学家李时珍的不朽名著《本草纲目》对许多毒物均有记载,李时珍对生产中接触铅的危害作了详细的描述:"铅生山穴石间……其气毒人,若连月不出,则皮肤萎黄、腹胀不能食,多致病而死。"这些历史事件正是世界环境毒理学发展的一部分,将这些事件融入环境毒理学这门课的教学中,告诉学生文化自信来自千百年来前赴后继的人不断地积淀、传承与创新、发展,以此激发学生学习的动力,鼓励学生立志传承先辈的智慧结晶,并成为在毒理学领域有杰出贡献的人。

2 污染物在环境中的迁移和转化

【专业教学目标】

让学生了解环境污染物在环境中的迁移转化规律以及在迁移转化过程中受到哪些环境因素的影响,为今后从事环境毒理学研究和相关工作奠定基础;培养学生的实验方法设计能力以及科研思维。主要通过讲解污染物的分类、不同污染物对不同环境介质的影响,以及对案例的讨论,使学生更好地理解环境污染物在环境中的迁移和对其的研究方法。结合自主了解、总结归纳、文献阅读等形式,帮助学生获得处理问题、学习思辨等能力。

【思政元素分析】

环境污染物在环境中的迁移和转化与人类的生产生活息息相关,蕴含着许多课程思政元素,可以从"社会责任""政治认同"两个维度挖掘。具体分析如下:

1. 社会责任

学生对环境污染物首先要有初步的了解,接着弄清楚不同污染物在环境介质中的转化和迁移,并在有利于社会发展的情况下开展相关实验。

2. 政治认同

通过讲述真实的新冠肺炎疫情防控事件,可以让学生感受到我国政府在防御和控制新冠肺炎疫情上做出的坚苦卓绝的努力,激发学生的政治认同。

【教学设计实例】

案例 13-3

知识点:环境污染物在环境中的长距离迁移。

思政维度:社会责任。

教学设计:由知识点"环境污染物在环境中的长距离迁移"引入"社会责任"的思政教育。环境污染物有许多的种类,它们的性质十分稳定而且应用广泛,一些研究发现,环境污染物如全氟化合物、双酚类化合物等具有肝毒性、肾脏毒性、发育毒性和免疫毒性等,而且目前已经在水体、土壤、大气和沉积物等环境介质中检出。例如,2018年吉林省某公司双苯厂硝基苯精馏塔发生爆炸,造成8人死亡,60人受伤,直接经济损失达 6908 万元,并导致松花江哈尔滨区段水体受到污染。事故发生的主要原因是工人违规操作和该厂应急预案缺失、应急措施不及时等。该事件突显出员工和企业负责人的安全生产意识薄弱,缺乏保护环境的责任感。

通过以上案例的讲解,教导学生应具有保护环境的责任意识,特别是作为未来环境保护行业的专业从业人员,必须深刻认识到环境事故带来的巨大危害,以及企业所必须承担的社会责任。

案例 13-4

知识点: 环境污染物的人体暴露途径。

思政维度: 政治认同。

教学设计: 由知识点"环境污染物的人体暴露途径"引出"政治认同"的思政教育。环境污染物可通过吸入途径进入人体。新冠病毒便是通过呼吸传播的。新冠肺炎疫情已经在全球蔓延两年多,导致全世界超 100 万人死亡,4 亿多人感染。中国共产党团结带领全国各族人民,进行了一场惊心动魄的抗疫大战,经受了一场艰苦卓绝的历史大考,付出巨大努力,取得了抗击新冠肺炎疫情斗争重大战略成果,创造了人类同疾病斗争史上又一个英勇壮举! 我国在中国共产党领导下,不管是在疫情初期,还是在新冠疫苗接种阶段,都做得非常出色,中国不仅自己控制住了疫情,还一直积极帮助其他国家抗击疫情,不仅向他国援助防疫物资,更重要的是将先进的防疫经验传播到了世界各地。

针对上述真实案例采用事实分析法进行教学,可以让学生感受到我国政府在防御和控制新冠疫情上做出的坚苦卓绝的努力,培养学生的政治认同。

3 环境污染物的毒性作用

【专业教学目标】

让学生掌握毒性作用分子机理的有关学说的基本理论,分析各种学说之间的相互区别和联系,学会用归纳和推理的方法,深入对污染物毒作用机理的认识,评价污染物对机体的影响,为后期的动物毒性实验打下良好的基础。

【思政元素分析】

环境污染物的毒性作用是这门学科的基础也是重点之一,蕴含着许多课程思政元素,可以从"法治意识""科学素养"等维度挖掘。具体分析如下:

1. 法治意识

20 世纪以来在工业化和商业化不断发展的同时,环境污染状态日益恶化,因此各个国家为了防止污染对人类造成危害,相继制定了许多法律法规,并制定环境质量标准。基于以上内容,展开相应的思政教学。

2. 科学素养

对环境污染物毒性作用机理的认识十分重要,科研人员能够利用对环境污染物的认识,实现对环境污染物的绿色代替。利用酶的研究进展来类比分析,使学生理解经过不断地研究,可以从已知事物中发现新的事物,培养学生自主探索的科学素养。

【教学设计实例】

案例 13-5

知识点:环境污染物的毒性机制。

思政维度:法治意识。

教学设计:由知识点"环境污染物的毒性机制"引入"法治意识"的思政教育,首先由水俣病事件引出这些病对人体健康生活的影响,然后通过对相关法律法规的研究,让学生了解法律法规在环境治理中的作用。比如汞的慢性中毒从小的方面来讲,会危害每一个人的生理健康,而从大的方面阐述,其造成的危害将涉及整个地球所有生物的生活和繁衍。自 2014 年 7 月 1 日起,《锡、锑、汞工业污染物排放标准》(GB 30770—2014)正式实施。作为目前对重金属污染物排放浓度限制最为严格的排放标准,该标准规定的废水汞、镉、铬、铅、砷的排放浓度限值比《污水综合排放标准》(GB 8978—1996)中对应的污染物排放浓度限值分别低 9 倍、4 倍、6.5 倍、4 倍、4 倍。新的行业排放标准对于现有和新建的锡、锑、汞工业企业的污染防治技术水平提出了新的更高要求。我国作为最大的发展中国家,目前正在工业化和城市化的道路上飞速前进,因此我们也需要从其他国家相关法律法规中得到启示,来制定适合我国国情的法律制度。引导学生,让他们明白生态环境的保护需要多方面结合,法律的制定就是一个很重要的因素。

案例 13-6

知识点:环境污染物毒性效应和对人体的影响。

思政维度:科学素养。

教学设计:由知识点"环境污染物毒性效应和对人体的影响"引入"科学素养"的思政教育。环境污染物的毒性大小与剂量、接触方式和时间分布有关,因此在情况非常复杂时,要有"预防污染"的概念。比如,20 世纪初在日本富山县发现当地水稻普遍生长不良。1931 年,又出现了一种怪病,患者主要的症状是腰、手、脚等关节疼痛。持续几年之后,患者会发生神经痛、骨痛现象,行动困难。到了后期,患者骨骼软化四肢弯曲,非常可怕。1960 年,证实这是镉中毒,被认为是震惊世界的公害事件。通过讲述这个事件让学生明白,化学物质大量非法排放会变成"毒物"。在化学物质变成"毒物"之前,预防污染发生是十分有必要的。

采用以上素材进行教学,使学生意识到,随着科技发展和社会进步,各种化学品会被发明并使用,但是从毒性的角度来说,这些化学品会成为环境污染物,给环境带来危害。引导学生科学、辩证地看待环境问题,实现提高学生科学素养的教学目标。

4　化学物质的毒理学安全性评价程序

【专业教学目标】

本章侧重介绍了化学物质的毒理学安全性评价程序。学生需要了解毒理学安全性评价程序的内容,特别是重点叙述的关于农药、食品的安全性评价程序。因此要让学生充分认识化学物质进行毒理学安全性评价的重要性,并让学生了解毒理学安全性评价的原则,学会运用学到的各种毒理学试验方法,对化学物质进行毒理学安全性评价。

【思政元素分析】

本章内容与毒理学安全性评价程序有关,通过这章的教学,让学生明白对每种受试化学物质的取舍决定是有法律依据的,这当中蕴含许多课程思政元素,可以从"法治意识"维度挖掘。具体分析如下:

让学生了解我国相关法律法规和规范的发展和制定策略,激发学生的主观能动性,引导学生思考法律法规的优点和缺陷,树立法治意识。

【教学设计实例】

案例 13-7

知识点:环境毒理学安全性评价程序。

思政维度:法治意识。

教学设计:由"环境毒理学安全性评价程序"引入"法治意识"的思政教育。环境毒理学安全性评价程序,是通过动物实验和人群的观察,阐明某种物质的毒理及潜在的危害,对该物质能否投入市场作出取舍的决定。因此通过学习环境毒理学安全性评价程序,可以对人类安全健康提出评价,并权衡其利弊。1982年以来,我国已相继制定了一些种类的化学物质的毒性鉴定程序和方法,为将来颁布管理和限制化合物的相关法律打下基础。在实际工作中具有指导意义的常用毒理学评价程序和方法有:卫生部1994年颁布的《食品安全性毒理学评价程序》,卫生部和农业部于1991年颁布的《农药安全性毒理学评价程序》,卫生部1988年颁布的《化妆品安全性评价程序和方法》(GB 7919—1987)。这些评价方法的颁布,既让国家在考虑安全性评价结论时,对受试化学物的取舍具有依据,也推动着我国规范使用和限制化合物的法律的出台。而这些评价方法,也蕴含着丰富的法治意识,符合我国宪法精神。

对以上案例进行讲解,除了可使学生能运用安全性评价程序的标准,自行对化学品作出合理的评价外,也可大大提高学生的法治意识。

5　农药的环境毒理学

【专业教学目标】

在本章学习中,学生主要需要掌握各类农药在机体内的代谢、毒性作用及作用机理。特别应该了解,农药有许多不同的种类,因着种类的不同,其毒性也各异,对动物毒性大的农药,对人类的毒性也大。农药的毒性问题包括农药在环境中的浓度问题,要充分认识到有机氯和汞制剂等农药的化学性质稳定,不易在环境中和生物体内分解而造成环境污染和生物毒性。

【思政元素分析】

农药与人类的生产生活联系紧密,使用农药可以挽回粮食总产量的 15%,因此合理使用农药是保障农业获得丰收的一个重要因素。本章主要讲解农药在机体内的代谢毒性作用及作用机理。学生应了解农药的发展史、不同种类农药的毒性和毒理学研究;了解各类农药给人类和环境带来的效益和产生的负面关系,从正反两个角度学习农药的环境毒理学知识。主要从"社会责任"和"生态理念"两个维度挖掘思政元素。具体分析如下:

1. 社会责任

学生应该了解农药的类型和各方面的理化性质,并对使用不同农药的利弊进行讨论,比如有机氯农药、有机磷农药、新烟碱农药等,进而评估农药的使用对生态、环境、人类的影响,以此培养学生的社会责任感,将专业知识有针对性地应用到社会当中。

2. 生态理念

学生可以通过农药发展史的例子来学习农药的演变与发展,并通过学习这方面的知识来思考该如何在保持产量的同时合理施用农药,树立经济发展与环境保护相平衡的绿色发展理念。

【教学设计实例】

案例 13-8

知识点:农药的性质和类型。

思政维度:社会责任。

教学设计:从知识点"农药的性质和类型"出发引入"社会责任"的思政教育。农药是在农业生产中用于防治农作物病虫害、消除杂草、促进或控制植物生长的各种药剂。农药的出现确实给农业产量带来了保证,但农药的滥用也导致了农药在环境中无处不在。近年来我国农药产量一直位居世界第一位,2021 年中国化学农药原药产量为249.8 万吨,有机氯农药曾是我国用量最大的农药,但其性质稳定,在土壤、水体和动植物体内降解缓慢,在人体内也会有一定的积累,已成为一种主要的环境污染物,已慢慢被淘汰,我国已于 1983 年开始停止生产和使用有机氯农药。我们应该合理使用农药,在享受农药给农业生产带来便利的同时,也要考虑农药使用对环境造成的危害,农药生产企业要研制开发环境友好型农药,一旦发现所生产的农药具有潜在的环境危害,就要自觉停止相关农药的生产。

通过以上素材的课堂展示,使学生了解环境中的农药的转化和在人体中的作用,意识到农药生产和使用中企业需要承担的社会责任。农药一方面能够促进农业发展,另一方面会带来环境危害,这就需要从社会效益的角度分析,使用农药对社会生产和人类生活的影响。

案例 13-9

知识点：农药的发展史。

思政维度：生态理念。

教学设计：由知识点"农药的发展史"引入"生态理念"的思政教育。进入 20 世纪以来，农药的生产和使用不断增加。《2014—2020 年全球农药市场趋势与预测》报告显示，全球农药产量预计将从 2013 年的 230 万吨增至 2019 年的 320 万吨。这些农药具有显著的杀虫效果，但是如果不适当地长期和大量使用农药，会使环境受到农药的污染，以致破坏生态的平衡。比如，早在 1936 年德国化学家施拉德（Schrader）就已经开始研究有机磷化合物；紧接着 20 世纪 40 年代出现了滴滴涕，之后有了狄氏剂、艾氏剂、六六六等；20 世纪 40 年代后期，氨基甲酸酯类农药问世；1949 年，拟除虫菊酯合成。从这些农药的出现、流行到被新的农药代替，就是一个更新的过程，而越来越多的新型农药具有低毒高效的优点。我们作为生态系统中的一分子，需在兼顾社会发展进步的同时，要与自然环境相互依存、相互促进、共处共融。借助科技的发展，不断合成对环境更加友好的新农药。

以上教学素材的呈现可以让学生得到启发。在可持续发展理念深入人心的今天，农药不断地更新也代表着人类在寻找一个平衡点，让环境不受农药污染，让生态系统不因农药而失衡，让农药对农业生产和人体健康不造成威胁，这就是践行生态理念的最好证明。

6　内分泌干扰物的环境毒理学

【专业教学目标】

环境内分泌干扰物正如全球气候变暖等问题一样已上升为世人瞩目的全球性环境问题。在本章，学生需要了解环境内分泌干扰物对人类健康和野生生物的危害及其毒作用机理，并根据它们的用途对它们进行分类，详细了解环境内分泌干扰物目前常用的筛检方法。由于这类物质种类多，因此学生学习本章内容时要了解有关农药、金属以及常见化学品的基本性质。

【思政元素分析】

内分泌干扰物目前已确定的有 60～70 种，而且广泛存在于空气、水以及土壤等环境介质中，因此可从环境健康的角度出发，帮助学生理解内分泌干扰物对人类的危害。主要围绕"科学素养"和"生态理念"两个方面挖掘课程思政元素。具体分析如下：

1.科学素养

内分泌干扰物的筛检方法在不断地更新，学生通过了解更加方便、经济、灵敏的方法得到更多的启发。

2.生态理念

可以通过案例讲解让学生认识内分泌干扰物对人体健康、野生生物的影响，并引入"生态理念"思政元素。

【教学设计实例】

案例 13-10

知识点:内分泌干扰物筛检方法。

思政维度:科学素养。

教学设计:从知识点"内分泌干扰物筛检方法"出发引入"科学素养"的思政教育。环境内分泌干扰物种类繁多,且每年有大量新化合物出现,研究开发新的筛检评价方法成为难点和热点,如果一味地"守旧",不开发新的筛检方法,就无法了解新化合物的影响与危害,无法推动研究的进步,更会成为社会进步的障碍。筛选方法是通过一代又一代科学家们的不懈努力,克服种种困难才会不断迭代更新的。比如,通过检测卵黄素或其 mRNA 含量来判断某化合物有无雌激素活性或其作用强度。佩利赛罗(Pelissero)等人分离出虹鳟鱼的肝细胞并用可疑的类激素物质处理培养,然后用酶联免疫吸附测定法(enzyme linked immunosorbent assay,ELISA)检测分泌到培养液中的卵黄素。而后,凯洛斯(Kloas)等人利用半定量逆转录酶聚合酶链反应(reverse transcription polymerase chain reaction,RT-PCR)检测了用内分泌干扰素(endocrine disrupting chemicals,EDCs)处理的原代培养的非洲爪蟾的肝细胞的卵黄素 mRNA 的时间变化趋势。筛检方法的进步,不仅会给科研带来便利,也会节约社会资源。

对以上的内容进行案例分析,让学生明白创新不仅需要灵感,更需要积累,需要一代代人的结晶,对前人的成果不仅需要用批判的眼光,更要学会取其精华去其糟粕,不断提高创新意识,从而培养学生的科学素养。

案例 13-11

知识点:内分泌干扰物对人体健康的危害。

思政维度:生态理念。

教学设计:由知识点"内分泌干扰物对人体健康的危害"引入"生态理念"的思政教育。20 世纪 90 年代,丹麦首先报道了男性精子减少、生殖机能异常,女性性早熟、月经失调、患不孕症和子宫癌等的概率增加的情况。一项对于美国加利福尼亚州农垦密集地区的研究表明,与正常的妇女相比,生活在曾经用过杀虫剂的农田附近的孕妇,其生育过程中更有可能由于先天性缺损而流产。1993 年,美国一法院判决一家美国化学公司向一对夫妇赔偿 398 万美元,理由是补偿该公司因为一种名为"班雷特"的杀虫剂对他们造成的伤害。人与自然是一个整体,污染物不仅会对环境造成危害,更会危害到人类自身的健康。人与自然和谐共存是社会稳定发展的保证之一。

对这些例子的分析,可以让学生从专业的角度思考环境污染物对生态和人类健康的巨大风险。对法院判决案例的讲解,使学生了解造成环境污染所需承担的法律责任和法治建设对于环境保护的根本性作用。

7 常见化学致癌物的环境毒理学

【专业教学目标】

化学物质种类繁多,其中常见的致癌物应该被更多地关注。通过本章内容的学习让学生了解环境中较为常见的化学致癌物,掌握它们的代谢转化和致癌机理,深入研究和探讨结构与致癌活性理论,并阐述常见化学致癌物的污染来源和致癌机理。

【思政元素分析】

本章从环境健康的角度出发,讲解人类疾病与环境因素关系等内容。主要围绕"社会责任"和"生态理念"两个方面挖掘思政元素。具体分析如下:

1. 社会责任

通过案例系统阐述企业所需承担的社会责任,同时使学生理解专业人员所肩负的社会责任。

2. 生态理念

学生可以通过案例来了解环境中较为常见的化学致癌物,并理解生态理念的整体性。

【教学设计实例】

案例 13-12

知识点:化学致癌物的概念、性质及致癌机制。

思政维度:社会责任。

教学设计:从知识点"化学致癌物的概念、性质及致癌机制"出发引入"社会责任"的思政教育。根据世界卫生组织发布的资料,人类癌症发病原因中 90% 与环境因素有关,其中最主要的又与化学因素有关。欧洲调味品协会专家委员会 2001 年的资料信息显示,欧洲每天红辣椒粉的人均消费量为 $50\sim500mg$,而红辣椒粉中苏丹红 I(一种化学染色剂)的检出量为 $2.8\sim3500mg/kg$,由此推算欧洲人每天苏丹红 I 的人均可能摄入量为 $0.14\sim1750\mu g$。而法国向欧洲调味品协会专家委员会提交的一份 2003 年的报告指出,人均每天辣椒(包括红辣椒和辣椒粉)的消费量和最大消费量分别为 77mg 和 264mg,按辣椒粉中苏丹红 I 的检出量 $2.8\sim3500mg/kg$ 进行推算,则欧洲人每天人均苏丹红 I 的摄入量为 $0.2\sim270\mu g$,最大摄入量为 $0.7\sim924\mu g$。毒理学研究表明,苏丹红 I 具有一定的致突变性和致癌性,其在食物中检出表明人类在日常生活中会不可避免地摄入。食品中添加这一类物质,企业需要严格执行国家食品安全标准,履行其社会责任,不能以消费者的健康为代价获取利润;食品监管机构也需要大力监督,杜绝此类物质在食品中的添加超过国家标准。

对以上内容通过案例分析法、视频展示法和课间漫谈法进行教学,让学生知道目前许多化学致癌物已经可以在食品中检测出,这可能是因为不良商家缺乏社会公德非法使用添加剂,这就要求学生增强自身的社会责任心,从自己做起,遵守社会公德。

案例 13-13

知识点：化学致癌物的概念、性质及致癌机制。

思政维度：生态理念。

教学设计：从知识点"化学致癌物的概念、性质及致癌机制"出发引入"生态理念"的思政教育。化学致癌物广泛存在于人类生活和自然环境中，但不是接触此类物质就会得癌症，患癌的条件是长时间或大量接触该类物质。2021 年 4 月 13 日，日本政府决定将福岛核废水排入海洋引起了国际舆论哗然。据统计，日本打算排入大海的福岛核污水中，至少有 62 种放射性物质，而核辐射会导致甲状腺癌和白血病。核污水入海 57 天，可污染大半个太平洋。生态系统是一个整体，一方受损，整个系统都会面临危险。一旦核废水入海，不仅会污染海水，更会对渔业资源产生影响，人类长期食用这些被核废水污染的鱼，必定也会引发健康风险。日本的错误，不应该要整个国际社会负责，这是极度缺乏国际社会责任心和公德心的表现。

通过案例教学法，在课堂上展示以上素材，让学生深刻地理解生态系统的整体性，以及人类命运共同体的理念，鼓励学生巩固好专业知识，从生态角度理解环境问题。

8 水污染的环境毒理学

【专业教学目标】

学生主要需掌握水污染的来源及其特点、水污染的自净和转归、水污染对水生生物和人体健康的影响和危害，以及水体中有机污染物健康危险度的评价方法。学生需深入认识水污染对水生生态系统的影响和对人体健康的危害，并认识到加强对水环境质量监测的重要性。

【思政元素分析】

从环境健康的角度出发，引导学生认识到水是宝贵的资源，应该承担起未来国家和世界水资源保护卫士的责任。主要围绕"社会责任"方面挖掘课程思政元素。具体分析如下：

通过讲述案例，使学生理解作为公民保护水环境的必要性。通过对水污染处罚案例的阐述，让学生理解未来专业人员应以社会公共利益为基本底线，唤起学生的社会责任感。

【教学设计实例】

案例 13-14

知识点：水污染的影响及危害。

思政维度：社会责任。

教学设计：从知识点"水污染的影响及危害"出发引入"社会责任"的思政教育。"绿水青山就是金山银山"，这是我们倡导的理念，但是水源污染的事件却时有发生，比如，2013 年河北沧县某村庄红色井水事件。在这件污染事件中，沧县环保局局长邓某某针对水井中红色的污水用"水煮红小豆"来解释。2013 年 4 月 5 日，河北沧县县委常委会研究决定,免去邓某某环保局党组书记职务,建议免去其环保局局长职务,提交县人大常委会。2013 年 4 月 8 日,水质抽样检测结果公布,河北某公司排水沟坝南的苯胺含量为 4.59mg/L,超出排污标准 2mg/L1 倍多。这一事件中,地方政府工作人员并没有响应国家号召保护环境,也没有对人民负责,对社会负责。而该排污企业也没有承担起相应的社会责任,超排污标准数倍的数值让企业丢失了该有的道德底线。

对以上内容通过案例分析法、视频展示法和课间漫谈法进行教学,让学生知道每一个人都应该保护水源,不应该丧失道德的底线。特别是大学生处在人生发展的关键阶段,需要引导大学生承担起应当承担的社会责任。教育学生将来在工作岗位上,要时刻注意自己所属企业和从事的工作不能对社会和环境造成不良影响,坚决落实自身和企业的社会责任。

第 3 部分 课程思政元素案例总览

章节	知识点	思政维度	教学内容及目标
1.绪论	环境毒理学的概念	科学素养	通过讲述"孟德尔遗传定律"等案例,培养学生严谨理性的科学素养。
	环境毒理学的产生和发展	文化自信	通过讲述毒理学发展过程中我国李时珍等先辈做出的卓越贡献等案例,为学生树立良好的学习榜样。
2.污染物在环境中迁移和转化	环境污染物在环境中的长距离迁移	社会责任	通过讲述"吉林省某公司双苯厂硝基苯精馏塔爆炸事件"等案例,引导学生担负起社会责任。
	环境污染物的人体暴露途径	政治认同	通过讲述真实的新冠肺炎疫情防控事件,让学生感受到我国政府在防御和控制新冠肺炎疫情上做出的坚苦卓绝的努力,培养学生的政治认同。
3.环境污染物的毒性作用	环境污染物的毒性机制	法治意识	通过讲述我国针对重金属污染制定的相关法律标准,加强学生法治意识和法治观念。
	环境污染物毒性效应和对人体的影响	科学素养	通过讲述"日本痛痛病"等案例,教导学生勇于探索勇于创新,为人类做出贡献。
4.化学物质的毒理学安全性评价程序	环境毒理学安全性评价程序	法治意识	通过讲述《食品安全性毒理学评价程序》等法律,加强学生的法治意识和法治观念,培养其法治精神。

章节	知识点	思政维度	教学内容及目标
5.农药的环境毒理学	农药的性质和类型	社会责任	通过讲述农药滥用案例,培养学生的社会责任意识。
	农药的发展史	生态理念	通过讲述"农药在不断地更新,也在不断地改善"等内容,培养学生良好的绿色和可持续发展理念。
6.内分泌干扰物的环境毒理学	内分泌干扰物筛检方法	科学素养	通过讲述检测卵黄素方法不断更新等内容,教导学生勇于探索勇于创新,保持好奇心和想象力,用实践检验真理。
	内分泌干扰物对人体健康的危害	生态理念	通过讲述"内分泌干扰物对人体影响的研究"等内容,引导学生积极思考预防人类健康风险的措施。
7.常见化学致癌物的环境毒理学	化学致癌物的概念、性质及致癌机制	社会责任	通过引入世界卫生组织发布的资料等,培养学生的社会公德意识。
	化学致癌物的概念、性质及致癌机制	生态理念	通过讲述"日本将把核废水排入海洋"的案例,培养学生的国际社会责任意识,并使其理解生态系统的整体性。
8.水污染的环境毒理学	水污染的影响及危害	社会责任	通过讲述"河北红色水井事件"的案例,教导学生应担负起社会责任,树立社会公德。

第4部分 评价方法及案例

1 评价方法

本课程思政教学效果主要考查"科学素养""文化自信""生态理念""社会责任""法治意识""政治认同"维度下的教学成效,通过以下两部分进行:

(1)平时评价主要把课堂中所涉及的案例介绍和课程思政元素相结合,要求学生准确理解,并对课堂内容进行思考,以书面形式反馈。同时,在所有学生提交的书面反馈中,统计每一种思政维度相关词语的出现频率,以此了解和评估此次课程的平时教学效果。

(2)通过问卷调查的形式对课程教学进行总体评价。调查分学期初和学期末两次。将两次调查进行对比,以此了解学生对该课程的需要并评估学生是否发生思想认识水平上的变化,同时评估该课程思政教学的总体效果。

2 教学评价案例

案例 13-15

唯物论辩证法有个很经典的观点:量变引起质变。这个规律同样也适用于人工合成化学品的使用。比如,为了延长食品的保存的时间,一些商家往往会向食品中添加防腐剂;为了庄稼的生长,一些农户过量施用农药。结合量变引起质变规律,谈谈这些商家和农户为了获得暂时利益的行为会造成什么样的生态环境后果。

案例 13-16

环境内分泌干扰物可以通过干扰生物或人体内保持自身平衡和调节发育过程的天然激素的合成、分泌、运输、结合、反应和代谢等过程对生物或人体的生殖、神经和免疫系统等的功能产生影响。日常生活中,人体可通过污染的水源、食物或经皮肤吸收暴露多种环境内分泌干扰物。请结合你的日常生活经验,举例说明我们生活中可能暴露的环境内分泌干扰物及其人体暴露来源。

案例 13-17

1986 年切尔诺贝利核泄漏,这场前所未有的灾难给野生动物、人类和环境都带来了巨大的影响。切尔诺贝利周边地区的动植物普遍受到了辐射污染,发生了基因变异;周边地区的婴儿畸形率和儿童患癌症的比例快速增长;爆炸产生的辐射尘埃随大气飘到周边的许多国家,引起了所在国民众的恐慌。结合"污染物在环境中的迁移和转化",谈谈你对生态系统整体性的理解。

"环境法学"课程思政教学设计

第1部分 课程思政融入教学大纲

1 课程简介

"环境法学"是针对环境科学的本科专业基础课,其系统地介绍环境法的基本理论知识、我国环境法律制度的精神与主要内容以及相关内容。通过本课程的教授,使学生掌握环境法的基本概念、基本原理和环境与资源法律规范;了解环境法的发展历程,会运用其理论,分析、理解和解决现实中的环境侵权和环境争议问题,提高对环境保护的法律意识。课程内容包括现有环境问题、环境保护法的概念、基本原则和基本制度概述、环境标准和环境监测、环境要素保护和污染防治的法律规定、环境法律责任等。

2 教学目标

2.1 专业教学目标

(1)了解环境法学的产生原因和发展过程,了解我国自然资源与环境保护进程中环境法律体系完善的过程。

(2)掌握环境法学基本概念和基本理论。

(3)能够根据环境法学的核心思想和方法分析环境保护的作用,理解环境法学方法和基础对社会、安全、健康的影响。

(4)全面掌握环境法的相关知识,提高对环境保护重要性的认识,培养运用环境法的基本理论并结合环境法律的规定分析和解决环境法律问题的能力。

2.2 思政教学目标

(1)引导学生从科学、法治、生态的角度深刻理解环境法学对我国可持续发展的正面影响,提升学生用法治思维参与国家生态文明建设的能力。

(2)培养学生良好的科学素养、人文素养,激发学生的家国情怀和政治认同,增强社会责任感,树立投身国家建设的决心。

3 思政元素分析

本课程主要从"生态理念""社会责任""家国情怀""政治认同""法治意识""科学素养""人文素养"七个维度挖掘思政元素。具体分析如下：

1. 生态理念

主要体现在课程涉及的"人与自然和谐相处""人类命运共同体"等理念。通过引入光化学烟雾事件、水俣病事件等案例,探讨环境污染造成的危害,使学生树立生态系统可持续发展的绿色环境观。

2. 社会责任

主要体现在环境污染治理中社会各界应承担的责任,明确个人、家庭、企业、政府等不同环境法律关系主体的责任。通过引入京津冀地区大气污染公益诉讼案等案例,启发学生思考环境保护中的权利、责任与奉献精神。

3. 家国情怀

通过讲述我国在促进全球绿色发展和推动各国环保事业中担当的关键角色,比如,中国在解决全球气候变化与碳减排过程中的责任与贡献,让学生理解我国在全球环境保护中起到的作用,提升学生的家国情怀。

4. 政治认同

通过讲述环境污染事件给人民和国家造成生命和财产损失的案例,比如新冠肺炎疫情,使学生了解我国制度的优越性,并增强其对我国制度的认同。

5. 法治意识

让学生明晰法律义务和权利的区别,通过讲述生产公司违规生产,罔顾国家环保与绿色发展理念等案例,培养学生与环保相关的法治意识,让学生了解如何有效地保护公民的环境与健康权益。

6. 科学素养

引导学生运用科学思维方法和科学伦理认识,并结合科学法律措施解决实际的环境问题。通过核污染事件的处理案例向学生强化环境基础知识的同时提高他们在环境保护中探索未知、追求真理、勇攀科学高峰的责任感和使命感。

7. 人文素养

讲解"人文素养"所蕴含的"以人为本"的核心价值理念在环境法学上的体现。通过分析重庆市某村环境污染、水资源枯竭等案例,让学生认识到资源开发中不能牺牲人的基本环境权力,公民有在健康、安全舒适的环境中生活的权利。

第 2 部分　课程思政融入课堂教学

1　导论

【专业教学目标】

导论部分涵盖了环境法学的一些基本概念和基本问题,如环境问题的产生与发展以及中国环境资源现状及问题。通过本章的学习,要求学生对本学科的环境污染和资源保护的基础法律知识和概念有所了解,为之后各章内容的学习夯实基础。

【思政元素分析】

本章内容主要围绕环境问题及其基本对策。通过讨论环境法学的研究对象和方法,帮助学生深入学习和研究环境法学。从"环境法学的研究对象和方法"知识点可挖掘"法治意识"的思政元素。具体分析如下:

环境法律体系不仅使公众树立环保相关的法治意识,也使公众在应对污染过程中能有效地保护自己的环境与健康权益。人们对于环境法律及其现象的认识、理解和态度,是国家和社会从事环境立法、执法、守法的直接动因,是依法保护和改善环境,保障人体健康的直接动力。讲述司法案例,在这些案例中,国家积极回应人民群众对优美环境的迫切需要,通过依法审理落实最严格的源头保护、损害赔偿和责任追究制度,为保护生态环境、助力绿色发展与建设美丽中国提供有力的司法服务和保障。通过解读案例引导学生树立正确公正、平等的法治观。

【教学设计实例】

案例 14-1

知识点:环境法学的研究对象和方法。

思政维度:法治意识。

教学设计:由知识点"环境法学的研究对象和方法"引入"法治意识"的思政教育。从法律体系的角度分析,环境法是我国法律体系中一个新兴的法律部门,它旨在保护和改善环境、预防和治理人为环境损害,调整人类环境利用关系。中国最高人民法院于 2019 年 3 月 2 日召开新闻发布会,发布十个人民法院生态环境保护典型案例。"河北 19 人偷挖管道非法排污致人死亡案"等倍受舆论关注的案件入选。此案件被告人违反国家规定,非法处置、排放有毒物质,严重污染环境。其行为已构成污染环境罪。人民法院全面贯彻宽严相济刑事政策,依法认定被告人应负刑事责任,从重判处刑罚。此次发布的十个典型案例均侧重于生态环境保护,涉及解决人民群众反映强烈的大气、水、土壤污染等突出环境问题。在当代社会政治经济发展不平衡的条件下,环境问题大量产生并且日趋严重,资源的有限性又约束了人们的欲望和需要的满足心理,因而产生许多非法的环境破坏行为,需要依靠国家法制的强制力量来规范人们的环境行为,真正发挥法律力量的保护作用,而普遍提高人们的环境保护法治意识是基础。

根据以上案例,引导学生讨论"在环境法律中如何更多地吸收和运用生态系统方法和综合生态系统管理的方式"。以案例分析法、互动式教学法、启发引导等方法进行教学,让学生辨别其中包含的法律义务和法律权利,或进一步查询案例进行类比和佐证,加强学生对本章节知识点的理解,使学生对相关的法律义务和权利的了解更明晰,潜移默化地使学生树立良好的法治意识和培养学生的法治精神。

2 环境法的含义

【专业教学目标】

本章的内容包括环境法的概念及其含义、调整对象、特征,环境法律关系的概念、构成,环境法律关系主体的概念、分类和特征,环境法律关系主体的权利和义务、环境法律内容的特征等。

要求学生通过本章学习,掌握环境法的概念,环境法律关系的概念,环境资源法律关系主体和客体的概念和特征,以及环境法的体系。

【思政元素分析】

本章内容围绕环境法的定义和原则,结合环境法律体系内容,帮助学生认识人类社会发展与环境变化的相互关系。其中对"人类命运共同体"知识点可以从"生态理念"的思政元素进行分析。具体分析如下:

环境法学的基本理念是指合乎自然生态规律、社会经济规律和环境规律的基本观念。人与自然是生命共同体,人类必须敬畏自然、尊重自然、顺应自然、保护自然。举美国某石油公司漏油事故和全球应对气候变化的例子,让学生认识到当面对全球生态环境危机时,应倡导人类命运共同体意识,各国都是维护地球生态环境的推动者与参与者。

【教学设计实例】

案例 14-2

知识点:人类命运共同体。

思政维度:生态理念。

教学设计:由知识点"人类命运共同体"引入"生态理念"的思政教育。构建人类命运共同体是中国对促进世界和平发展和全球治理提供的中国方案。生态环境资源为全球配置,收益为全球共享,一个国家或地区对生态环境资源的使用往往会影响各国民众的环境和健康权益。生活环境对人类的生存和健康意义重大,流行病学研究证明,人类的疾病70%～90%与环境有关。就拿美国某石油公司漏油事件来说,2011年6月美国某石油公司与我国石油公司合作开发的蓬莱19-3油田发生漏油事故,漏油主要覆盖在附近海域,最远影响到蓬莱19-3油田西北约60千米,对周围海域水质造成极大污染,严重海域水质由1类下降到劣4类。事故发生后为清理油污使用了消油剂,油污分解过程中产生的有害物质会先被海洋生物吸收并累积,随着食物链的传递最后威胁到人的身体健康。美国该石油公司被指责处理渤海漏油事故不力,2012 年 4 月,总计支付 16.83 亿元用以赔偿漏油事故对海洋生态环境和水产养殖户造成的巨大损失。如今,人类还面临着一些紧迫的全球性环境问题。世界性的饥荒问题、水荒问题、石油危机、海平面上升、气候恶化等,这些问题已经为我们敲响警钟。资源能源短缺涉及人类文明能否延续,环境污染导致怪病多发并跨境流行。面对越来越多的全球性问题,任何国家都不能独善其身,在这样的背景下,《京都协定书》、哥本哈根世界气候大会、《巴黎协定》等相继产生,体现了人们对共同环境利益的保护愿望。

以上案例中出现的环境污染和生态破坏问题,已经威胁到了人类的生存环境。生态环境安全与我们息息相关,对于上述事件最后的处理体现了我国坚定不移地贯彻环境保护基本国策的决心。各国对气候变化的应对也体现了人类对共同生存的地球环境的保护愿望和积极保护行动。在案例的深入分析中,让学生深刻了解到保护环境是功在当代,利在千秋的事业,希望学生做建设人类命运共同体、保护生态环境的推动者,把这一生态理念牢记于心。

3 环境法律规范

【专业教学目标】

本章旨在介绍环境保护法律规范,主要内容包括综合性法律法规、环境污染防治法律法规、自然资源与生态保护法律法规等内容。使学生掌握与环境保护相关的法律法规,培养科学素养,熟悉本专业领域相关政策及法律、法规,能够在本专业领域实践活动中理解并遵守职业道德和职业规范。

【思政元素分析】

本章内容主要包括环境法的渊源和分类、环境法律规范的制定和环境法规范的效率与特征等。其中无论是在环境法学研究还是在教学中都应突出以法学为依托、以环境科学为背景、以生态观念为指导的交叉、边缘性学科的特点,其中可以挖掘"科学素养"思政元素。具体分析如下:

环境法学具有自然科学和社会科学交叉渗透的特点,反映了一种自然科学、社会科学、人文科学相互融通的必然发展趋势。通过讲述科学使用农药案例,引导学生对环境污染所导致的后果进行深入思考,教育学生学好专业知识,努力提高环保科学素养,也是保护自己和实现人生价值的一种方式。

【教学设计实例】

案例 14-3

知识点:环境法学中的生态观念。

思政维度:科学素养。

教学设计:由知识点"环境法学中的生态观念"引入"科学素养"的思政教育。近年来我国不断强调要推动生态文明建设,提高全民环保科学素质,呼吁群众共建绿色家园。以 20 世纪滴滴涕(DDT)农药广泛使用引起的环境污染、生态破坏案例为切入点进行教学。DDT的出现,有效地控制了危害人类几百上千年的源于昆虫传播的各种流行病(比如疟疾、黄热病、斑疹伤寒等),挽救了数以亿计人的生命,我们应当肯定农药在人类发展历史中做出的杰出贡献。然而,当农药施用不当时,不仅会引起各类环境污染问题,而且可引发急、慢性农药中毒卫生事件,对人类健康造成严重威胁。一言以蔽之,农药对人类来说是"功大于过"还是"过大于功",取决于人类自身如何认识和科学使用农药这把"双刃剑"。

农药过度施用引起环境污染问题和生物多样性锐减,违背了环境道德主要规范中的"保护环境""生态公正""尊重生命""善待自然"等原则。课堂初始,教师提出"农药到底该不该使用?""农药的使用与环境安全到底应该是何种关系?""该如何科学合理地施用农药?"三个问题。然后讲解农药是一把"双刃剑",公众应该科学、辩证地看待农药使用问题。合理施用农药,不仅在提高农林业生产力中起着至关重要的作用,而且能减少其使用对环境和生态的破坏。从科学素养等角度进行案例解析,展开思政教育。最后,通过课堂互动的方式,让学生回答课堂初始提出的问题,根据学生的回答,对课程思政的效果进行评价。

4 环境法律关系

【专业教学目标】

环境法律关系,是指人们在开发、利用、管理自然资源,保护与改善环境的过程中所形成的,并为环境法律规范所规定的社会关系,即环境权利与环境义务关系。讲解环境法律关系知识,使得学生在生活实践中更好地理解环境法学的基本理论框架与知识体系,在实践运用中理解内在知识原理。

【思政元素分析】

本章内容基本围绕环境法的基本理念与基本原则。通过讲解环境法学的基本理念,帮助学生深入学习和研究环境法学。其中从"环境法学的基本理念"知识点中可挖掘"生态理念"的思政元素。具体分析如下:

人类与自然的关系和谐、生态系统的可持续发展是从宏观上指导环境立法规范人类环境行为的一种整体主义理念。通过讲述长江流域生态环境的恶化,水生生物多样性的下降,最终选择十年禁捕的举措来缓解竭泽而渔的压力,让学生意识到从生态理念出发,通过环境法治实现生态文明建设的重要性。

【教学设计实例】

案例 14-4

知识点:环境法学的基本理念。

思政维度:生态理念。

教学设计:由知识点"环境法学的基本理念"引入"生态理念"的思政教育。党的十八大报告提出"大力推进生态文明建设"这个与时俱进的理念,明确了生态理念在环境法治建设中的重要性。环境法治是建设社会主义生态文明的必由之路。而我国目前环境法治状况必须围绕"生态理念"作相应的调整与构建。例如长江作为我国"淡水鱼类的摇篮",是世界上生物多样性最丰富的河流之一,浩浩江水哺育着 424 种鱼类,仅特有鱼类就有 183 种,是全球七大生物多样性最丰富河流之一。根据 2018 年长江淡水豚科考结果,长江中仅存的哺乳动物江豚,其种群数量仅为 1012 头(2006 年调查数据为 1800 头)。在过去几十年快速、粗放的经济发展模式下,我们付出了沉重的环境代价。许多人竭泽而渔,采取"电毒炸""绝户网"等非法作业方式,最终形成"资源越捕越少,生态越捕越糟,渔民越捕越穷"的恶性循环,长江生物完整性指数已经到了最差的"无鱼"等级。实施禁捕,让长江休养生息,迫在眉睫。有研究表明,多年来的高强度开发、粗放式利用让长江不堪重负,流域生态功能退化,珍稀特有鱼类大幅衰减,位于长江生物链顶层的珍稀物种——中华鲟、长江江豚岌岌可危,经济鱼类资源濒临枯竭。为了保护长江渔业资源,2003 年以来,长江流域实行每年 3 至 4 个月的禁渔期。每年短暂的休渔时间,可谓杯水车薪。每年 7 月 1 日开捕后,当年的繁殖成果很快被捕捞殆尽,鱼类种群难以繁衍壮大。长江流域重点水域"十年禁渔"措施给长江留下了休养生息的时间和空间,缓解当下长江鱼少之困,也为长江江豚在内许多旗舰物种的保护带来了希望,是对长江生态系统保护具有历史意义的重要举措。

本案例主要从长江生态环境的历史状况与发展出发,阐释了环境法治对生态文明的重要性,也提出了秉持"生态理念"的环境法治创新。竭泽而渔,最终形成"资源越捕越少,生态越捕越糟,渔民越捕越穷"的恶性循环。讲述针对长江的水生生态环境作出十年禁渔期的举措,让学生感受到保护野生渔业的重要性,加深对水生生态环境可持续发展重要性的认识,深化生态理念思政教育。

5 公民环境权

【专业教学目标】

本章介绍公民环境权并非一项单独的权利,而是一个由公权与私权、程序权利与实体权利所构成的内容丰富的权利体系。学习公民环境权,学生可了解到作为公民可以享有的在健康、舒适和优美的环境中生存和发展的权利,能够更好地理解在个人、群体意义上对公民环境权的界定。

【思政元素分析】

本章内容基本围绕公民环境权的变迁。通过讨论环境权的法律属性和民法保护,帮助学生深入学习公民的环境权,从中挖掘"人文素养"的思政元素进行分析。具体分析如下:

对环境法的人文主义阐释,为全面协调人与自然之间的关系,为人类在自然中的尊严生存提供一个法律运作上的绿色航标。以 20 世纪 90 年代重庆市某村的锶矿被过度开采并导致当地生态环境遭到破坏,村里泉眼清冽的净水被荒草黄沙掩埋为例,教育学生发展应以不牺牲公民生存条件为前提,要保护历史遗迹,尊重自然。

【教学设计实例】

案例 14-5

知识点：环境权的含义。

思政维度：人文素养。

教学设计：由知识点"环境权的含义"引入"人文素养"的思政教育。环境法体现了以人为目的，以人为中心，尊重人的价值和尊严的人文价值取向和价值追求。以重庆市某村为例，20 世纪 80 年代末，该村建了唐家河沟采矿运输平硐。锶矿发现和开采以来，当地村民赖以生存的生态环境遭到了严重破坏。在锶矿被发现以前，黄沙村有闻名于方圆数十公里的两口井：一是当地人俗称的硫黄水（即地下热水）；二是常年不干涸的大水井。在不到 50 米的地方，就有一个泉眼，一口水井，一口池塘。泉眼清冽可人的泉水一部分流进大水井，供全村人饮用；另一部分则流进池塘。从 1995 年开始，该村村民发现：硫黄水和大水井的水越来越少，最后一滴也没有了，23 个泉水井点全部遁地消失。生态环境的破坏也改变了当地村民多年的农耕耕作方式。由于缺水，原有的灌溉水沟已经废弃，沟内杂草丛生，土地开裂、荒芜已是寻常事。

讲述以上案例让学生认识到资源的开发不能以牺牲个人的基本权益为代价，因为公民有在健康、安全舒适的环境中生活的权利，环境权是每个公民享有的平等的权利。生态环境与可持续发展的问题不仅是一个制度的问题，而且是涉及人与人、人与自然、人与社会关系的人文观念和世界观问题。人类是继续以自然的主宰自居，继续肆无忌惮地掠夺和奴役自然，还是应该尊重自然，在与自然平等的对话、和谐相处中与自然共同发展，体现了人类对环境的人文角度思考。

6 国家环境管理权

【专业教学目标】

环境资源管理权是指国家环境资源管理职能部门依法行使的对环境保护工作的预测、决策、组织、指挥监督等诸多权力的总称。让学生通过加强课程理论知识的学习，明白国家环境管理权实际上是国家的环境资源管理权或国家的环境资源管理职能。

【思政元素分析】

本章内容主要讲述国家环境管理权，通过讨论国家环境管理权、环境行政合同与环境行政指导，帮助学生深入学习国家环境管理权的含义。从国家环境管理权的含义和行为中可挖掘"家国情怀"思政元素进行分析。具体如下：

环境保护法对政府及环保机关的国家环境管理权力和义务进行了一次强化，使国家环境管理权力更好地适应我国环境管理现状，更好地治理我国环境污染，保护环境。以碳排放和气候变化问题为例，讲述我们国家在促进全球绿色发展和推动各国环保事业工作中担当的关键角色，让学生理解国家在环境保护中起到的作用，提升学生的家国情怀。

【教学设计实例】

案例 14-6

知识点：国家环境管理权。

思政维度：家国情怀。

教学设计：由知识点"国家环境管理权"引入"家国情怀"的思政教育。环境问题在近代以来逐渐进入大众的视线，环境问题越来越凸显其多样化、复杂化和全球化的属性，应深度参与全球环境治理，建设绿色家园是世界各国人民的共同梦想。中国作为全球生态环境保护的重要参与者、贡献者、引领者，在探索建设美丽中国的同时积极参与全球环境治理，努力为"美丽世界"贡献中国智慧和中国方案。如，积极推进绿色"一带一路"建设，担当全球最大的可再生能源生产国和消费国角色；引导建立国际绿色低碳循环发展合作机制，在推动全球气候谈判，促进《巴黎气候协定》的通过、生效和落实上发挥着积极的建设性作用。截至 2019 年，我国消耗臭氧层物质的淘汰量占发展中国家总量的 50% 以上，成为对全球臭氧层保护贡献最大的国家。中国单位 GDP 二氧化碳排放比 2005 年下降约 50%，提前 3 年实现碳强度下降 40%～45% 的承诺。中国对全球植被增量的贡献比例居世界首位，创造了让世界刮目相看的"绿色奇迹"。河北塞罕坝林场建设者、浙江"千村示范、万村整治"工程分别获得了联合国环保最高荣誉"地球卫士"奖，库布齐沙漠绿化成果获联合国土地生命奖。中国为世界持续增"绿"，为维护全球生态安全做出让世界"点赞"的重要贡献。

讲述以上案例，让学生了解我们国家在全球环保工作中付出的努力和行动，以及国家在世界范围内对保护环境做出的贡献，引导学生将个人理想抱负融入国家建设和社会发展中，传递正能量，激发学生的爱国主义精神，提升学生的家国情怀。

7 环境法律责任

【专业教学目标】

学生通过对环境法律责任的含义与作用的学习，了解环境法律责任基础知识，理解何为环境行政责任、环境民事责任以及环境刑事责任，对环境法律责任有比较清晰的认识，同时树立环境法治意识。

【思政元素分析】

本章主要介绍环境法律责任的含义与作用，何为环境法律行政责任、民事责任以及刑事责任。从中可挖掘"社会责任"思政元素，具体分析如下：

随着社会工业化程度的提高，环境问题日益严峻，环境法律责任要求违反其法律义务的环境法主体依法承担相应的责任。通过讲述京津冀地区受理的首例大气污染公益诉讼案，不仅让学生清楚地认识到破坏了环境需要承担相应的法律责任，而且让学生意识到保护环境的社会责任。

【教学设计实例】

案例 14-7

知识点：环境法律责任的含义与作用。

思政维度：社会责任。

教学设计：由知识点"环境法律责任的含义和作用"引入"社会责任"的思政教育。随着经济的发展，环境问题日益严峻。而大量事实证明，环境法的规制、引导和管理可以有效地减少生态环境的破坏、缓解环境污染给人类生活和健康带来的危害。比如，中国生物多样性保护与绿色发展基金会诉河北某包装玻璃企业大气污染责任民事公益诉讼案，这是京津冀地区受理的首例大气污染公益诉讼案。该案受理后，该企业积极缴纳行政罚款，主动升级改造环保设施，成为该地区首家实现大气污染治理环保设备"开二备一"的企业。实现了环境民事公益诉讼的预防和修复功能，同时还起到了推动企业积极承担生态环境保护社会责任和采用绿色生产方式的作用，具有积极、良好的社会导向。

通过该案例的讲解，使得学生在环境法律责任的学习中，了解法律在环境保护和生态保护中的作用与企业应该履行的社会责任、环境从业人员应该遵守的社会责任、道德规范。通过案例教学法、视频展示法进行教学，将"社会责任"思政元素融入课程教学中，培养学生的环保责任意识。

8 环境损害司法救济

【专业教学目标】

针对环境专业学生的专业基础以及培养目标，通过对环境损害司法救济的教学，使学生了解并掌握环境损害司法救济内容、中国的环境司法现状以及如何完善中国环境诉讼机制等知识点。

【思政元素分析】

本章主要介绍环境权利司法救济以及我国环境司法现状，并提出如何完善环境诉讼机制。从中可挖掘"法治意识"思政元素，具体分析如下：

司法权在现代法治国家中扮演着重要的角色，司法救济是公民权利的最后一道保护屏障，环境资源是全人类的共同财产，无论是对环境还是对环境权利的侵害，对于我国生态文明建设的危害都是巨大的。讲述中华环保联合会诉贵阳市某造纸厂污染案，使学生意识到要提高法治意识，保障和维护我们的环境权利。

【教学设计实例】

案例 14-8

知识点：环境损害司法救济。

思政维度：法治意识。

教学设计：由知识点"环境损害司法救济"引入"法治意识"的思政元素。在2010年10月，贵阳市某区群众通过中华环保联合会网上热线，投诉贵阳市某造纸厂将生产废水排放到河道中，污染了河道。中华环保联合会工作人员随后赶赴当地进行调查，发现该造纸厂在夜间排污,排污口就在河岸的悬空峭壁上,随后,工作人员请求法院对证据进行保全,并向贵州省清镇市人民法院提起诉讼。2010 年 12 月,清镇市人民法院指出该造纸厂严重危害了公共利益,判决其停止向河道中排放污水,并承担相应诉讼费和公益费。至此,这场污染公益诉讼以原告胜诉告终,也成为社团提起的环境公益诉讼获胜的第一案。判断一种权利是否存在,是否能被公民所享有,应当找出确切依据。民法调整的是平等主体之间的人身关系和财产关系,有学者认为环境权其实是公民生命健康权等人身权的补充,民法中则体现在对人身权范围的定义上,依托现有的人身权基础扩大了生命健康权的内涵。

通过案例教学法,让学生在环境权利学习中增强自己的法治意识和维权途径。当个体遇到环境侵权行为时,能拿起法律武器保护自己。将"法治意识"思政元素融入该部分课程教学中,培养学生法治意识。

9 中国环境保护基本法

【专业教学目标】

针对环境专业学生的专业基础和培养目标,通过对中国环境保护基本法的教学,使学生了解并掌握环境保护基本法的含义、中国的环境保护基本法、环境监督管理体制、环境监督管理制度、保护与改善环境的法律制度以及防治环境污染和其他公害的法律制度。

【思政元素分析】

本章主要介绍环境保护法的基本含义、中国的环境保护基本法以及保护和改善环境的法律制度。可以从中挖掘"政治认同"思政元素,具体分析如下:

制度的成熟和完善是一个动态过程,国家治理体系和治理能力现代化不可能一蹴而就。在中国"战"疫过程中,中国共产党始终以人民为中心,感染着当代青年;党中央的坚强领导、全国一盘棋的动员机制鼓舞、激励着广大青年;中国共产党推进制度建设的勇气和能力教育了广大青年。在当前重大疫情防控环境下,应切实增强青年的政治认同,强化青年对中国政治制度与党和政府政策的理解与支持。

【教学设计实例】

案例 14-9

知识点:完善环境法律制度。

思政维度:政治认同。

教学设计:由"完善环境法律制度"引入"政治认同"思政元素。讲解完善的环境法律应该适应于中国特有的国情、环境和经济社会发展状况。自 2019 年末,新冠病毒席卷全球,我国及时发现并果断制定科学完善的疫情防控政策,分析新冠肺炎疫情形势,部署从严抓好疫情防控工作,并在党和国家的正确领导下,人民群众积极配合各级政府、机关部门的正确引导团结抗疫,我国以惊人的速度推进疫苗接种计划,是对外提供疫苗最多的国家,以"中国速度"彰显国家制度优势,以最小的代价甄别和阻断感染链。根据国情制定动态清零政策,这一举措被外媒称赞是正确的,我国率先恢复了经济增长,保障了全球产业链和供应链的基本稳定。

新冠病毒被证明可以通过气溶胶传播,与大气污染、气候变化有着密不可分的关系。在抗疫过程中,在应对全球环境变化造成的环境污染健康大事件中中国制定的合理完善的政治制度起到了关键作用。讲述这些内容让学生深刻理解我国特有的政治制度在环境保护法律制定和污染事件中的应对优势,使他们从中获得强烈的政治认同,坚定其在党的领导下为建设伟大祖国,实现中国梦而奋斗的理想、信念。

10 环境要素保护法

【专业教学目标】

针对环境专业学生的专业基础和培养目标,通过对环境要素保护法的教学,使学生了解并掌握环境要素保护法的基本概念,大致了解各环境要素保护法的具体环境保护实践应用原理。

【思政元素分析】

本章主要介绍环境保护法,包括大气、土壤、水、森林、草原等环境要素保护法的具体内容,可从中挖掘"生态理念"思政元素,具体分析如下:

针对环境、资源与生态保护内容中提到的可持续发展理念,可以结合美国洛杉矶的光化学烟雾污染事件和日本水俣病事件为学生进行讲解,引导学生践行绿色可持续发展理念。

【教学设计实例】

案例 14-10

知识点:环境、资源与生态保护。

思政维度:生态理念。

教学设计:由知识点"环境、资源与生态保护"引入"生态理念"的思政教育。环境资源保护于可持续发展来说是基础所在,可持续发展作为一种新的发展模式和发展观,日益深入人心,并被越来越多的国家作为一种社会发展战略付诸实践,这是人类社会文明进程中的质的飞跃。科技的发展伴随着环境的牺牲,在这里可以讲述美国洛杉矶光化学烟雾事件和日本水俣病事件两个案例。

1943 年夏季,美国西海岸的洛杉矶市的 250 万辆左右的汽车每天燃烧掉约 1100 吨汽油,汽油燃烧后产生的碳氢化合物等在太阳紫外光线照射下引起化学反应,形成浅蓝色烟雾。该市大多市民患上了头疼病并有眼红症状。后来人们称这种污染为光化学烟雾。1955 年和 1970 年洛杉矶又发生光化学烟雾事件,前者有 400 多人因五官中毒、呼吸衰竭而死,后者使全市四分之三的人患病。此外,日本熊本县水俣镇一家氮肥公司排放的废水中含有汞,废水排入海湾后经过某些生物的转化,形成甲基汞。汞在海水、底泥和鱼类中富集,又经过食物链使人中毒。当时,最先发病的是爱吃鱼的猫。中毒后的猫发疯痉挛,纷纷跳海自杀。没过几年,水俣地区连猫的踪影都不见了。1956 年,出现了与猫的症状相似的病人。因为开始时病因不清,所以用当地地名命名。1991 年,日本环境厅公布的中毒病人仍有 2248 人,其中 1004 人死亡。上述两个例子中,美国、日本的发展模式只能称得上是经济增长,而非经济发展,更谈不上生态环境的可持续发展。

从以上污染公害事件案例出发,通过启发引导教学法进行教学,让学生理解防治环境污染的紧迫性和必要性。通过以上方法不仅可以使学生对本章知识点进行巩固,更加理解大气环境、水环境包括土壤环境等方面的环保理念,且能潜移默化地使学生树立可持续发展理念。

11 特殊区域环境保护法

【专业教学目标】

针对环境专业学生的专业基础和培养目标,通过对特殊区域环境保护法的教学,使学生了解、掌握特殊区域环境保护法的法律知识、施用特点和原则。

【思政元素分析】

本章讲述了我国华北地区煤改气环保政策对大气污染和人群健康改善的目的、作用及科学分析等内容。从煤改气过程中的制度建立和实行相关内容中可挖掘"政治认同"思政元素。具体分析如下:

任何环境法规对环境保护的作用都建立在完善的政治制度之上。适合国情的政治制度是提高环境保护法律高效实施的关键因素。以我国在北方区域实行取暖煤改气政策为例,让学生理解国家完善的政治制度对区域环境污染保护政策实行的作用,增强学生从环境保护法中获得的政治认同。

【教学设计实例】

案例 14-11

知识点:特殊区域环境保护法的制定和施行。

思政维度:政治认同。

教学设计:由知识点"特殊区域环境保护法的制定和施行"引入"政治认同"的思政教育。近十年,中国的大气污染问题较为突出,对公民的生活、健康及生态系统都造成了严重的危害。由于中国南北方的大气污染排放存在较大差异,比如,北方取暖大部分用煤,在冬季会造成严重的大气污染,因此,国家针对北方冬季取暖的大气污染问题提出了"煤改气"的政策,并大力推行。经过五年的政策推广、施行,北方地区取暖季的大气环境有了明显的改善。证明了我国针对特殊区域科学评判排放来源,制定区域环境保护政策是很有效的手段;同时也体现了我国完善的政治制度在大区域污染防控中起到的关键作用。

在区域环境保护政策的研究内容部分授课时引入我国为了改善大气环境与人民群众健康所施行的北方取暖煤改气政策案例,使学生了解我国制定区域污染防控制度、政策的方法和原理,并体会到防控政策的实际施行效果,加强学生对我国政治制度的认同,并建立投身我国环保事业的信心和决心。

12 环境要素污染防治

【专业教学目标】

针对环境专业学生的专业基础和培养目标,通过对本章环境要素污染防治的教学,使学生了解并掌握环境要素污染防治法和相关法律知识,学会应用各种环境要素污染防治法。

【思政元素分析】

对本章内容的教学基本围绕我国的环境要素保护法的相关法律知识展开,和学生探讨我国对于大气、水、土壤等相关要素的保护规定,结合案例,帮助学生更好地树立环境保护意识,展现出社会责任与生态保护意识。从环境要素保护法体系相关内容中可挖掘"法治意识"思政元素。具体分析如下:

环境法学的研究对象具有人与自然、人与社会及社会与自然三个层次,这三个层次是逐渐扩展并上升的。由于社会发展程度的不断提高,社会完全外化成了个人生存发展的环境条件。通过讲述镉大米事件对社会造成的危害,引导学生认识环境污染防治法的重要意义,提高他们的法治意识。

【教学设计实例】

案例 14-12

知识点:土壤污染防治法。

思政维度:法治意识。

教学设计:由知识点"土壤污染防治法"引入"法治意识"的思政教育。环境要素是人类赖以生存的资源,它是人类发展历程中必不可少的因素。我国经济发展虽然迅猛,但受到的环境资源约束性越来越强,环境要素保护法的产生是我国能高质量发展的重要保障,也是人类可持续发展的必由之路。2013 年 2 月,广东省委机关报公布了《湖南万吨镉超标大米流向广东餐桌》的调查报告,报道称 2009 年深圳粮食集团从湖南采购上万吨大米,经深圳质监部门质量标准检验,该批大米重金属镉含量超标,由此引发了公众对于食品安全的担忧。而食品安全的核心挑战就是土壤污染。土壤污染造成有害物质在农作物中积累,并通过食物链进入人体,引发各种疾病,危害人体健康。为了保护和改善生态环境,防治土壤污染,保障公众健康,推动土壤资源永续利用,推进生态文明建设,促进经济社会可持续发展,我国自 2019 年 1 月 1 日起施行了《土壤污染防治法》。

通过对土壤重金属污染与土壤污染防治法颁布案例的讲述,让学生理解土壤防治法对防治土壤污染与保护生态环境和人民健康的重要性,同时认识到掌握各项环境要素保护法的必要性,并且充分认识到环境保护与社会发展和个人安全健康息息相关,引导他们拿起法律的武器防治环境污染、保护和合理开发利用自然资源以及保护生态环境。布置作业让学生查找环境要素污染案例,并试着自己分析,提高学生作为公民在环境保护方面的法治意识。

13 有毒有害物质污染控制法

【专业教学目标】

针对环境专业学生的专业基础和培养目标,通过对有毒有害物质污染控制法的教学,使学生了解并掌握有毒有害物质污染控制法和相关法律知识,能够灵活应用各种有毒有害物质污染控制法。

【思政元素分析】

以有毒有害物质法律法规概述展开教学,深入分析固体废物、放射性污染等环境保护法规,和学生探讨我国对于有毒有害物质污染控制的规定,结合案例,提升学生环境保护意识,教导学生应具有相应的科学素养和法治意识,要正确运用有关污染控制法律。可以根据"科学素养"的思政元素来发掘。具体分析下:

固体废物污染、放射性污染以及农药污染与我们的生产生活息息相关,它们的产生在一定程度上是由于我们生产方式的不规范。通过讲解有毒有害物质污染控制相关知识,让学生意识到应从源头上协调人与自然的关系。通过播放有关切尔诺贝利事件的视频,让学生认识到在新能源利用的过程中要科学严谨、批判质疑,培养学生人与自然和谐共生的科学自然观,提高学生科学素养。

【教学设计实例】

案例 14-13

知识点:放射性污染控制法。

思政维度:科学素养。

教学设计:由知识点"放射性污染控制法"引入"科学素养"的思政教育。通过观看有关切尔诺贝利事件的视频,让学生认识到在新能源利用的过程中要科学严谨、批判质疑。切尔诺贝利事件:1986 年 4 月 26 日凌晨 1 点 23 分,乌克兰普里皮亚季邻近的切尔诺贝利核电站的第四号反应堆发生了爆炸。连续的爆炸引发了大火并散发出大量高能辐射物质,这些辐射尘飘到大气层中,覆盖了大面积区域。这次灾难所释放出的辐射剂量是第二次世界大战时期爆炸于广岛的原子弹的 400 倍以上。到 2006 年,绿色和平组织基于白俄罗斯国家科学院的数据研究发现,在过去 20 年间,切尔诺贝利核事故受害者总计达 9 万多人,且随时可能死亡。关于该事件的官方解释,原因是核电站操作员的失误和核反应堆设计的缺陷,当时人们在新能源的开发和使用过程中缺乏应有的科学素养,导致了这场灾难,并给人类留下了长久的伤痛。讲述切尔诺贝利事件,让学生以后在对新能源的利用过程中必须采取审慎的科学态度,切勿让悲剧重演。

通过案例法、研讨法、多媒体图片、动画辅助对以上事件进行讲解,让学生对有毒有害物质污染控制法有深刻的认识,让学生课后查找更多关于有毒有害物质的污染案例,教导其在以后的生产生活中采取科学严谨、批判质疑的科学态度。

第3部分　课程思政元素案例总览

章节	知识点	思政维度	教学内容及目标
1.导论	环境法学的研究对象和方法	法治意识	通过分析中国最高人民法院发布的人民法院生态环境保护典型案例,提高学生的法治意识和法治思维。
2.环境法的含义	人类命运共同体	生态理念	通过案例分析法、互动式教学法、启发引导教学法对生活中的环境污染问题进行分析,让学生深刻认识到保护环境是功在当代,利在千秋的事业,教导学生做构建人类命运共同体、保护生态环境的推动者。
3.环境法律规范	环境法学中的生态观念	科学素养	通过分析农药的利与弊问题,从科学素养等角度进行案例解析,展开思政教育。通过课堂互动的方式,让学生对课程思政的效果进行评价。
4.环境法律关系	环境法学的基本理念	生态理念	通过分析"长江中华鲟和江豚岌岌可危,长江生态系统受到严重破坏"的案例,加深学生对可持续发展重要性的认识。
5.公民环境权	环境权的含义	人文素养	通过分析"重庆市某村生态环境遭到污染,水资源面临枯竭"案例,让学生认识到生态环境与可持续发展的问题不仅是一个制度的问题,还是涉及人与人、人与自然、人与社会关系的人文观念和世界观问题。
6.国家环境管理权	国家环境管理权	家国情怀	通过讲解"中国在推进建设美丽中国的同时积极参与全球环境治理"案例,让学生了解国家在环境保护中起到的作用和国家在世界范围内对保护环境做出的贡献,提升学生的家国情怀。
7.环境法律责任	环境法律责任的含义与作用	社会责任	通过讲解环境法律责任的含义和作用,结合案例(京津冀地区受理的首例大气污染公益诉讼案),使得学生在环境法律责任的学习中,了解法律在环境保护和生态保护中的作用和我们应该履行的社会责任。
8.环境损害司法救济	环境损害司法救济	法治意识	通过案例教学法,让学生在环境权利学习中增强自己的法治意识,学会拿起法律武器保护自己。将"法治意识"融入该部分课程教学中,培养学生的法治意识。
9.中国环境保护基本法	完善环境法律制度	政治认同	疫情当下,中国在应对全球环境变化造成的环境污染健康大事件中制定的合理完善的政治制度起到了关键作用。让学生深刻理解我国特有的政治制度在环境保护法律制定和污染事件应对中的优势,激发他们强烈的政治认同。

章节	知识点	思政维度	教学内容及目标
10.环境要素保护法	环境、资源与生态保护	生态理念	通过讲解一些环境污染的历史案例(洛杉矶光化学烟雾事件、日本水俣病事件等),让学生理解防治环境污染的紧迫性和必要性,对大气环境、水环境包括土壤环境等方面的环保理念有清晰的认识。
11.特殊区域环境保护法	特殊区域环境保护法的制定和施行	政治认同	通过介绍北方"煤改气"政策,让学生了解我国制定区域污染防控制度、政策的方法和原理,并体会到防控政策的实际施行效果,加强学生对我国政治制度的认同。
12.环境要素污染防治	土壤污染防治法	法治意识	通过讲述镉大米事件,让学生认识到掌握各项环境要素保护法的必要性,并且充分认识到环境保护与社会发展和个人安全健康息息相关,提高学生作为公民在环境保护方面的法治意识。
13.有毒有害物质污染控制法	放射性污染控制法	科学素养	结合切尔诺贝利事件进行教学,让学生理解在新能源利用的过程中要科学严谨、批判质疑。教导学生在以后对新能源的利用过程中必须采取审慎的科学态度,切勿让悲剧重演。

第4部分　课程思政融入教学评价

1 教学效果评价方法

本课程思政教学效果的评价方法主要针对提出的两个思政教育目标,通过三种形式重点考查"生态理念""社会责任""家国情怀""政治认同""法治意识""科学素养""人文素养"等思政维度的教学效果:

(1)在课堂上设定相关思政目标的问答题强化学生对思政目标的理解;

(2)通过学生主题报告来考查学生对思政目标的理解程度;

(3)课后布置实际案例分析报告,全面考查学生运用课堂所学环境法学知识在实际案例分析中的思政目标体现。

2 教学效果评价案例

案例 14-14

根据环境保护的内容,包括土壤、大气、水、草原、森林等环境要素的污染与破坏,谈谈如何运用现代环境科学的理论和方法,深入认识环境污染和破坏环境的根源和危害、个人和群体的社会责任与义务,科学地保护环境,控制环境污染,预防环境质量恶化,促进人类与环境协调发展。

案例 14-15

2014 年 4 月 24 日,十二届全国人大常委会第八次会议表决通过了环保法修订案,并于 2015 年 1 月 1 日开始施行。这部中国环境领域基本法,完成了 25 年来的首次修订。新环保法明确,要推进生态文明建设,促进经济社会可持续发展,使经济社会发展与环境保护相协调。充分体现了环境保护的新理念,这也让环保法律与时俱进,开始服务于公众对依法建设美丽中国的期待。请谈谈你对新环保法中引入的生态文明建设和可持续发展理念的理解。

案例 14-16

在工业化时代的发展过程中,很多国家对环境问题不重视,导致在生产过程中发生很多件突发环境事件。中国目前处于社会转型与现代化建设的关键时期,重大突发环境事件时有发生,这就要求地方政府必须及时作出有效应对。试举例谈谈我国在处理重大突发环境事件中的应对方式和理念、相关法律法规制度。

案例 14-17

地球环境的日益恶化已经引起了人们的广泛关注,保护我们的生存环境,保护我们脚下的土地、头顶的蓝天,需要我们大家一起携手共同努力。请作以"保护环境,我们应该怎么做"为题的主题报告,需体现环境保护的生态理念和科学素养。

"绿色化学"课程思政教学设计

第1部分 课程思政融入教学大纲

1 课程简介

"绿色化学"是20世纪90年代中期出现的一门具有重大社会需求和明确科学目标的新兴交叉学科,是当今国际化学化工科学研究的前沿和重要发展领域。此课程是从源头解决污染的一门科学,对环境、经济及社会的和谐发展具有重要意义,是21世纪化学发展的主流之一。

本课程主要研究如何节约能源、开发新能源和从源头上消除污染,是实现循环经济和可持续发展的重要科学技术基础。开设本课程的目的在于通过在学生中普及绿色化学基本知识,培养学生的绿色化学意识,让学生了解如何利用科学技术实现可持续发展。课堂教学中主要讲解基本原理,并将应用实例融合于基本原理的讲授中,使学生更好地理解绿色化学的基本理念和方法,初步了解绿色化学的理论体系、方法和应用。

2 教学目标

2.1 专业教学目标

(1)了解绿色化学的产生原因和发展过程,明确绿色化学与环境保护的异同,了解绿色化学发展动态和前沿技术。

(2)掌握绿色化学基本概念和基本理论,熟悉绿色化学主要应用领域。

(3)理解、掌握绿色化学基本研究内容和方法,并以此分析复杂环境工程问题,提出改进方案。

2.2 思政教学目标

(1)理解马克思辩证唯物主义,培养看待事物的辩证思维和整体思维;突破传统思维对化学学科发展的作用,培养不畏质疑、实证求真、崇尚创新的科学精神。

(2)理解化学方法和技术对社会、安全、健康的影响,树立绿色发展理念。

(3)树立健全的工程伦理意识,增强职业道德和社会责任感;了解绿色化学领域的著名科学家及创新性成果,培养强烈的民族自信心和自豪感。

3 思政元素分析

本课程主要从"科学素养""生态理念""家国情怀""工程伦理""社会责任"这五个维度挖掘思政元素。具体分析如下：

1. 科学素养

化学的绿色化是新世纪化学进展的主要方向之一，预示着化学发展到了一个新的阶段，是化学学科高度发展和社会对化学学科发展的作用的产物。化学学科的发展与众多化学家的不畏权威、勇于创新的科学精神不可分割。课程教学中通过讲述拉瓦锡（Lavoisier）、亚吉（Yaghi）等多个绿色化学领域杰出科学家的研究经历，展示突破传统思维对化学学科发展的作用，培养学生敢于质疑、实证求真、崇尚创新的科学精神。

此外，抗生素、化肥、农药等众多化学品对推动人类社会发展起着非常重要的作用，但有些化学品被认为既是"功臣"又是"灾难"，这些案例突显马克思主义哲学所说的事物皆有两面性，培养学生看待事物的辩证逻辑和整体思维。

2. 生态理念

随着社会的发展，化学工业迅速发展，不断推动人类社会的进步，同时，也给环境带来了极大的负担，威胁着人们的健康和赖以生存的自然环境。然而污染防治虽卓有成效，但仍以治理为主，效果有限且费用高，因此，绿色化学应运而生，其极好地适应了发展趋势，实现了清洁生产和污染控制。通过对催化剂的高效和可循环使用性、传统化学品的危害等的讲述，加深学生对"绿水青山就是金山银山"理念的理解，使其树立绿色发展理念。

3. 家国情怀

介绍我国绿色化学领域创新性研究成果和著名科学家，如"中国催化剂之父"闵恩泽院士的生平事迹、民族企业隆力奇集团将超临界萃取技术应用于蛇油萃取、中科院天津工业生物技术研究所马延和团队首次实现二氧化碳到淀粉的从头合成等，突出科学家热爱祖国、敬业奉献的伟大精神，激发学生的爱国热情，使学生增强国家意识，认同国民身份，同时产生强烈的民族自信心和自豪感。

4. 工程伦理

化学工程项目的实施过程具有一定的危险性。通过讲解危险化学品周知卡的知识，要求学生在工程项目实施过程中尊重生命、尊重人权，具备良好的职业道德。

5. 社会责任

安全无毒化学品的设计是绿色化学的重要研究内容。通过讲解硅取代的化学品案例和印度博帕尔事件，引导学生关注非安全化学品的使用、禁用和立法保护情况，激发其积极投身环境保护事业的热情，增强其主动践行环境保护的社会责任心。清洁能源利用率的提升，蕴含着无数科研工作者和一线使用者的智慧，通过讲述这些内容，教导学生珍惜绿色能源，努力学习，深入研究，迎接挑战，承担解决清洁能源开发利用效率问题的社会责任。

第2部分　课程思政融入课堂教学

1　绿色化学产生背景

【专业教学目标】

了解化学发展史和化学工业发展对人类社会的影响,剖析环境问题、健康问题、资源问题产生的根本原因,明确"新"的发展观对绿色化学产生的影响。

【思政元素分析】

本章主要讲述绿色化学的产生背景,详细分析了现代化学工业进步对人类社会发展的促进作用及其带来的环境、资源和健康问题,同时谈及绿色发展观的形成和"新"的化学产生的必要性。针对化工产业发展的两面性、可持续发展观等知识点进行"科学素养"思政元素的挖掘,具体分析如下:

从20世纪初开始,现代化学的发展为人类的生活带来了翻天覆地的变化。很多化学品,例如滴滴涕、多氯联苯、反应停等,在人类对抗疾病、谋求生存和发展中起了很大的促进作用,但是它们被认为既是"功臣"又是"灾难,因为它们在带来促进作用的同时又会引发很多环境和健康问题。以上案例体现了马克思主义哲学的事物皆有两面性,由此培养学生看待事物的辩证逻辑思维。此外,在化学发展史的介绍中讲述"现代化学之父"拉瓦锡提出氧化学说和质量守恒定律的过程。通过对拉瓦锡不畏权威,以多次实验成功推翻当时居于主导地位的燃素学说案例的分析,培养学生实证求真、崇尚创新的科学精神。

【教学设计实例】

案例 15-1

知识点:化学发展史。

思政维度:科学素养。

教学设计:本章从化学发展历史入手,解析绿色化学的产生背景。在讲解化学发展历史时引入拉瓦锡发现氧化学说的案例,培养学生坚持不懈地探索真知的精神。

在化学发展史上法国著名化学家安托万-洛朗·拉瓦锡基于氧化学说和质量守恒定律等多方面的重大贡献,被后世尊称为"现代化学之父"。17世纪末,欧洲开始流传一种解释燃烧本质的学说"燃素说",该学说在此后的100多年中流传很广并占统治地位。燃素说认为火是一种由无数细小而活泼的微粒构成的物质实体,由这种微粒构成的火的元素称为"燃素"。燃素无处不在,包含于万物之中,它是万物的灵魂,物体失去燃素就会变成灰烬,灰烬获得燃素,物体就会复活。一切与燃烧有关的化学变化都可以归结为物体吸收燃素或放出燃素的过程。但是燃素说始终难以解释金属燃烧之后变重这个问题。1772 年秋天开始,拉瓦锡对硫、锡和铅在空气中燃烧的现象进行研究。为了确定空气是否参加反应,他设计了著名的钟罩实验。拉瓦锡通过这一实验,于 1777 年向巴黎科学院提交了一篇报告《燃烧概论》,阐明了燃烧作用的氧化学说,其要点为:①燃烧时放出光和热;②只有在氧存在时,物质才会燃烧;③空气是由两种成分组成的,物质在空气中燃烧时,吸收了空气中的氧,因此重量增加,物质所增加的重量恰恰就是它所吸收氧的重量;④一般的可燃物质(非金属)燃烧后通常变为酸,氧是酸的本原,一切酸中都含有氧。金属煅烧后变为煅灰,它们是金属的氧化物。他还通过精确的定量实验,证明物质虽然在一系列化学反应中改变了状态,但参与反应的物质的总量在反应前后都是相同的。于是拉瓦锡用实验证明了化学反应中的质量守恒定律。拉瓦锡的氧化学说彻底地推翻了燃素说,将化学从定性转向定量,使化学开始蓬勃地发展起来。

基于案例分析法和启发引导法,通过引入拉瓦锡发现氧化学说这一事例,引导学生崇尚实践,让学生明白理论和技术创新源于多层次实践过程的凝练,只有实践才能出真知,教导学生要勇于维护真理,反对盲从权威、独断、虚伪和谬误,要有坚持不懈的探索精神,能大胆尝试,积极寻求有效的问题解决方法。

案例 15-2

知识点:化学发展带来的问题。

思政维度:科学素养。

教学设计:化学强大的创造力,为人类提供了丰富多彩的物质基础。部分化合物具有很高的使用价值,但同时带来负面影响。在讲解化学发展带来的问题时,通过举例讲解一些化学品给人类带来的益处和危害,培养学生的辩证意识。

比如,有机氯农药滴滴涕。滴滴涕由欧特马-勒德勒于 1874 年首次合成。1939 年,瑞士化学家缪勒发现这种化合物具有很好的杀虫效果,并且对温血动物和植物相对无害,无刺激性,化学性质稳定且持效期长。1943 年,在生产成本下降后滴滴涕大量上市,成为风靡一时的杀虫剂,和原子弹、青霉素一起,被称为第二次世界大战中的"三大发明"。第二次世界大战期间,滴滴涕有效地消灭了传染病的媒介——体虱和跳蚤等,挽救了数百万人的生命。战后,滴滴涕在控制意大利那不勒斯城斑疹伤寒的流行和在地中海地区、印度、东南亚等地区防治疟蚊方面都战功赫赫。1945 年,印度疟疾感染了大约 7500 万人,致死 80 万人,而到了 20 世纪 60 年代初,病例数量已降低到每年约 5 万人。在农业上,滴滴涕能杀灭粮食作物、经济作物、果树和蔬菜等的许多害虫,带来了农作物的增产。更重要的是,在此期间,滴滴涕的使用对人类来说是安全无害的,没有观察到毒副作用,可以说表现得十分完美。1948 年,化学家缪勒由于合成滴滴涕获得了诺贝尔医学或生理学奖。

然而,滴滴涕进入食物链,可能导致一些食肉和食鱼的鸟的灭绝。后继的研究发现,滴滴涕在环境中非常难降解并在动物脂肪内蓄积。这么多年在医学、农业上的疯狂使用,滴滴涕不断随着食物链在动物体内累积,在某些动物体内已经累积到足以致病甚至致死的剂量。尽管没有证据显示人类的健康会受到直接影响,但为了安全起见,从20世纪70年代起,世界范围内多个国家开始全面禁用滴滴涕。2001年,122个国家签署了一项名为《斯德哥尔摩公约》的全球条约,该条约禁止使用12种持久性有机污染物,其中就包含滴滴涕。但是,就在《斯德哥尔摩公约》签署1年后,世界卫生组织宣布,重新启用滴滴涕用于控制蚊子的繁殖和预防疟疾、登革热、黄热病等在世界范围的卷土重来。主要原因是目前疟原虫对氯奎宁等治疗药物已产生抗药性,且未找到一种经济有效对环境危害又小的能代替滴滴涕的杀虫剂。

滴滴涕到底是"功臣"还是"灾难",这仍然是一个非常有争议的话题。基于案例分析,培养学生的辩证意识。课后可以采用作业形式,要求学生自主寻找相似案例并分析,加强其全面看待问题的能力。

2 绿色化学的定义和内容

【专业教学目标】

掌握绿色化学的内涵,能够从原子经济学和环境效益的角度评价化学反应的优劣,了解绿色化学的主要研究内容和绿色化学十二原则。

【思政元素分析】

本章主要讲述末端治理与源头控制的差异,以科学观点、经济观点及环境观点解析绿色化学的内涵,重点讲解绿色化学的核心思想——原子经济学,并介绍绿色化学的主要研究内容和绿色化学十二原则。针对末端治理与源头控制差异、原子经济学等知识点进行"科学素养""家国情怀""生态理念""社会责任"等思政元素的挖掘,具体分析如下:

1.科学素养

本章的讲解以绿色化学领域极负造诣的科学家之一——日本有机化学家野依良治对绿色化学重要性的精辟论断为引子,介绍野依良治生平事迹。用实验室"不死鸟"等故事体现野依良治对化学研究的执着追求和孜孜不倦的独立创新精神,培养学生踏实肯干的工作作风和克服困难、独立创新的意志品质。

2.家国情怀

在对绿色催化剂的讲解中引入"中国催化剂之父"闵恩泽院士的生平事迹。闵院士在国家最需要的时候,放弃国外优越条件回到祖国,对我国炼油工业和催化剂研制做出了巨大贡献。以闵院士热爱祖国、敬业奉献的精神感染学生,告诉学生"科学无国界,科学家有祖国"。

3.生态理念

绿色化学的核心是在源头上控制和消除污染。以尾矿中重金属的植物修复为例,分析源头控制与末端治理的本质区别,并以此培养学生保护生态环境的责任意识,树立"绿水青山就是金山银山"的理念。

4.社会责任

传统合成方法中常使用一些高毒性化合物,比如氰化物。印度博帕尔事件是历史上最严重的工业化学事故,由氰化物引起。通过对博帕尔事件发生的原因、造成的影响及后继赔付等过程的介绍,教导学生在工程项目实施过程中应该具备良好的职业道德和社会责任意识。

【教学设计实例】

案例 15-3

知识点:绿色化学的含义。

思政维度:科学素养。

教学设计:本章课程的讲授以日本著名的有机化学家、2001 年诺贝尔化学得主之一野依良治的话为引子,强调绿色化学的重要性。这句话是:"Without Green Chemistry, chemical manufacturing will be unable to survive into the 22nd century"。同时对野依良治的研究领域和研究经历进行介绍。

野依良治是绿色化学领域极负盛名的化学家,他对化学的热衷绝对可以称得上"狂热"二字。在京都大学攻读硕士学位时,野依良治就是出名的"拼命三郎",平均每周有两个晚上都是熬通宵的。野依良治还有一个"不死鸟"的雅称,因为他热衷于化学实验到了不惜性命的地步。据野依良治的恩师野崎一教授回忆,有一次实验中发生意外,野依良治负了重伤,脖子缝了好多针,这种意外对野依良治来说,根本算不了什么,没过多久,他又在实验室出现。这些无不体现野依良治对化学研究的执着追求,对化学事业的献身精神。野依良治曾宣称,他自己讨厌模仿别人,要独立创新拿诺贝尔奖。这并非狂言,野依良治用自己的实际行动,一步一个脚印,踏踏实实地在科学探索道路上攀登。早在 150 年前就有断言,人类没有单纯只合成有益物质的能力,然而,科学家没有被这一论断所吓倒。1932 年报道了第一个手性合成反应,不过此后 30 余年间手性合成反应研究进展不大,主要原因是很难找到既能控制反应的立体选择,又具有高催化效应的催化剂。野依良治与其合作者合成了 BINAP(1,1′-联萘-2,2′-双二本膦)配位体的金属催化剂,其能够精确地将手性分子中的对映体原子、基团或对映面区分,从而使手性分子的合成纯度大大提高。野依良治以多年的努力实现了用化学方法合成手性分子的设想。

通过对野依良治生平事迹的介绍,培养学生踏实肯干的工作作风和克服困难、坚持独立创新的意志品质,告诫学生唯有锲而不舍地独立创新,才会获得巨大的成功。

案例 15-4

知识点:绿色催化剂。

思政维度:家国情怀。

教学设计:绿色催化技术是绿色化学重要的研究内容之一,教学过程中引入我国绿色化学的开拓者、"中国催化剂之父"闵恩泽院士的生平事迹。

1947 年,闵院士进入美国俄亥俄州立大学攻读硕士学位,并于 1951 年 7 月获得博士学位。由于朝鲜战争,1949 年起,美国政府不允许学理、工、农、医的中国留学生离境,闵恩泽夫妇归乡不得,只能先找工作生存下来。1951 年起,闵恩泽进入美国芝加哥纳尔科化学公司工作,担任高级工程师。在纳尔科的四年,他积累了在企业搞科研的宝贵经验,也逐渐在美国站稳脚跟,但他始终认为自己的根在中国,他要回国报效祖国。1955 年,闵恩泽夫妇在朋友的帮助下,历尽波折,终于回到了中国,进入石油工业部北京石油炼制研究所工作,从此开始了发展中国炼油工业和研制催化剂的人生历程。20 世纪 60 年代,闵院士主持开发了制造磷酸硅藻土叠合催化剂的混捏-浸渍新流程。通过中型试验,提出了铂重整催化剂的设计基础,研制出航空汽油生产急需的小球硅铝催化剂,成功主持开发微球硅铝裂化催化剂。20 世纪 80 年代开展了非晶态合金等新催化材料和磁稳定床等新反应工程的导向性基础研究。1995 年,闵恩泽进入绿色化学的研究领域,成功策划指导开发化纤单体己内酰胺生产的成套绿色技术和生物柴油制造新技术。2008 年,获 2007 年度国家最高科学技术奖。《感动中国》组委会给闵恩泽的颁奖词是:在国家需要的时候,他站出来! 燃烧自己,照亮能源产业。把创新当成快乐,让混沌变得清澈,他为中国制造了催化剂。点石成金,引领变化,永不失活,他就是中国科学的催化剂!

闵恩泽院士热爱祖国、尊重科学、开拓创新、敬业奉献,是中国工程科技界的楷模。借由闵院士的故事,告诉学生"科学无国界,科学家有祖国",是老一辈科技工作者留给我们的宝贵精神财富,他们是我们学习的榜样。

案例 15-5

知识点:绿色化学的定义。

思政维度:生态理念。

教学设计:绿色化学又可称为环境无害化学、环境友好化学、清洁化学。它是利用化学技术和方法减少或消除对人类健康或环境有害的原料、产物、副产物、溶剂和试剂的生产和应用。绿色化学的核心是源头控制,与末端治理有本质区别。以尾矿中重金属的植物修复为例,尾矿中重金属的植物修复有多种模式。如植物挥发,就是将挥发性污染物吸收到体内后再将其转化为气态物质,释放到大气中。又如植物过滤,指污染物被植物根系吸收后通过体内代谢活动来过滤、降低污染物的毒性。植物提取,则是利用植物对重金属的吸收,通过收获地上部分来达到减少土壤重金属的目的。以上均为末端治理技术,也即先污染再治理,污染物在已生成的情况下经历不同价态的转变和不同介质间的迁移,末端治理对污染问题来说仅能提供暂时解决的方案。而绿色化学可在源头上控制和消除污染,实现以低能耗、低污染、低排放为特征的低碳经济。

通过讲解这些内容,培养学生构建人类命运共同体、保护生态环境的责任意识,使学生树立"绿水青山就是金山银山"的理念。

案例 15-6

知识点：原子利用率。

思政维度：社会责任。

教学设计：在讲解原子利用率的计算方法中比较环氧乙烷、甲基丙烯酸甲酯等化合物的传统合成方法和绿色合成方法,其中融入氰化物的使用和由氰化物引起的历史上最严重的工业化学事故——印度博帕尔事件。

该事件发生的博帕尔农药厂是美国联合碳化物公司于 1969 年在印度博帕尔市建立的,主要生产西维因、滴灭威等农药。制造这些农药的原料是一种叫做异氰酸甲酯(methyl isocyanate,MIC)的剧毒液体。在博帕尔农药厂,这种剧毒化合物被冷却贮存在一个地下不锈钢储藏罐里,达 45 吨之多。1984 年 12 月 2 日下午,在例行日常保养的过程中,该公司维修工人失误,导致水突然流入装有 MIC 气体的储藏罐内。几个小时过后,一股浓烈、酸辣的乳白色气体,神不知鬼不觉地从储藏罐的阀门缝隙里冒了出来。毒气的泄漏犹如打开了潘多拉的魔盒,毒气迅速蔓延。虽然农药厂在毒气泄漏后几分钟就关闭了设备,但已有 30 吨毒气化作浓重的烟雾以 5 千米/时的速度快速笼罩 25 平方公里的地区,直接致死人数达 2.5 万,间接致死人数达 55 万,永久性致残 20 多万。

事实上,危险的种子早已被埋下。储藏罐内的 MIC 气体储量本身就值得怀疑。MIC 是一种化学过渡态物质,储藏它意味着要面临很大的危险。事发当晚负责交接班工作的工人说:"公司在管理这种气体的时候太过于自负了,从来没有真正地担心这种气体有可能引发的一系列的问题。"而据调查,当时该公司在杀虫剂销售方面出现了一些问题,于是尽力削减安全措施方面的开支。在常规检查的过程中出现险情时,杀虫剂厂的重要安全系统或者发生了故障或者被关闭了。在事发之后,该工厂仍没有尽到向市民提供逃生信息的责任,漠视市民的生命。而雪上加霜的是,公司迅速决定把灾难的严重性和影响说得轻微些,想以此来挽回形象。灾难过后的几天,公司的健康、安全和环境事务的负责人仍旧把这种气体描述为"仅仅是一种强催泪瓦斯"。甚至在灾难的即时后果——几千人死亡,更多人将一生被病魔缠绕——被公布后,公司还是继续着相同的做法。惨案发生后,该公司未向医院提供毒气信息,亦未提供关于治疗措施的信息,而公司的调查信息被视为"商业秘密"而一直没有公开。该事件最终以七位印度官员被处以 2 年以下有期徒刑和该公司 4.7 亿美元的廉价赔偿为结尾。

通过视频展示,让学生了解印度博帕尔事件始末,并通过资料的查询和补充,独立思考该事件发生的各方责任并撰写心得体会。通过讲解案例,希望学生能够尊重生命,尊重人权,重视工业生产的安全性,树立良好职业道德和社会责任意识。

3 设计安全无毒化学品的基本原理和方法

【专业教学目标】

熟悉设计安全高效化学品的一般原则和内外部原则,掌握毒理学分析、构效关系、基团贡献法、等电排置换、后代谢设计等重要的安全无毒化学品设计方法。

【思政元素分析】

　　本章主要从物质分子与生物减少接触的可能性、物质分子对生物产生毒性和预防中毒的可能性两个方面阐述设计安全无毒化学品的影响因素,讲解化合物高效无毒难以达成的原因,同时讲授毒理学分析、构效关系、基团贡献法等多种安全无毒化学品的设计方法。针对设计安全无毒化学品的一般原则、外部效应原则等知识点进行"科学素养"思政元素的挖掘,具体分析如下:

　　设计安全无毒化学品的一般原则要求化合物具有要求的使用功能,对人类和环境无害,同时兼顾分子释放于环境后的行为或释放后结构的变化。通过举拟除虫菊酯类和敌百虫的例子,说明因生物靶标的多样性、在环境中降解的潜在毒性等而使安全无毒化学品的设计困难。此外,以重金属的生物积累、滴滴涕的生物放大等例子,说明设计安全无毒化学品时不仅要考虑化合物的毒性,而且需兼顾化合物的生物积累和生物放大作用。以上例子,告诉学生辩证思维、整体思维在分析复杂问题中的重要性。

【教学设计实例】

案例 15-7

知识点:设计安全无毒化学品的一般原则、外部效应原则。

思政维度:科学素养。

教学设计:设计安全无毒化学品的一般原则之一为保证化学品具有所要求的功能,且对各类生物和环境无害。但是要使得化学品对机体的生物化学和生理过程不产生有害的影响几乎是难以实现的,其中很重要的原因在于生物多样性。

　　比如,使用量很大的广谱性杀虫剂拟除虫菊酯具有效果好、低残留等优点,且对哺乳动物的毒性远低于昆虫。以灭蚊剂中常见的成分胺菊酯为例,胺菊酯对大鼠急性经口的半致死剂量(LD50)为 5200mg/kg,雄小鼠为 1920mg/kg,雌小鼠为 2000mg/kg;大鼠急性经皮 LD50＞5000mg/kg。对皮肤和眼睛无刺激作用。动物试验未见致癌、致突变作用。但是胺菊酯对水生生物、蜜蜂、家蚕高毒,其对鲤鱼的 LC50 为0.18mg/L(48 小时)。设计安全无毒化学品时不仅要考虑化合物本身的毒性,还要考虑化合物在环境中的结构改变及其带来的影响。如有机磷杀虫剂敌百虫,对大鼠急性经口的 LD50 为 450～500mg/kg,小鼠经口为 400～600mg/kg,小鼠经皮为 1700～1900mg/kg,属于中等毒性化合物,但敌百虫在中性或碱性环境中能自行转化为敌敌畏,其毒性增大 10 倍。化合物在环境中还有生物积累和生物放大现象,即化合物在生物体内的浓度高于其在环境中的浓度或化合物在生物体内的浓度随食物链逐级富集。比如海水中汞的浓度为 0.0001mg/L 时,浮游生物体内含汞量可达 0.001～0.002mg/L,小鱼体内可达 0.2～0.5mg/L,而大鱼体内可达 1～5mg/L,大鱼体内汞的含量比海水高 1 万～6 万倍。而 DDT 从初始浓度到食物链最后一级的浓度扩大了百万倍。

　　以上有关拟除虫菊酯、敌百虫、生物积累和放大等多个案例可以体现出设计安全无毒化学品影响因素的多样性,告诉学生看待复杂问题时需要有辩证思维和整体思维。

4 设计更加安全的化学品

【专业教学目标】

掌握从原子结构和分子结构上设计可生物降解和对水生生物更加安全的化学品的基本原则和方法,重点掌握硅-碳等电排置换原则和各种基团替换在降低其化学毒性和生物毒性方面的内在机理,重点强调构效关系对化学品安全性的预测。

【思政元素分析】

讲解更加安全化学品的设计,帮助学生掌握设计原则和内在机理。在关注化学品使用安全和发现并运用事物的内在规律方面,蕴含可发掘的课程思政元素,如"社会责任",具体分析如下:

旧的化学品的毒性暴露和禁用与更安全化学替代品的研发和全面使用之间有时间差,在讲解硅取代的化学品的例子时,引导学生关注非安全化学品的使用、禁用和立法保护情况,激发学生积极投身环境保护的事业的热情,增强其主动践行环境保护的社会责任心。

【教学设计实例】

案例 15-8

知识点:硅取代的化学品举例。

思政维度:社会责任。

教学设计:发现已有化学品毒性和研发出更安全化学替代品之间有很大的时间差。即使研发出替代品,由于环境问题涉及各种利益的衡量,也并非立即就能立法禁用已有化学品。在讲解硅取代的化学品的例子时,引导学生关注非安全化学品的使用、禁用和立法保护情况。例如,我国在 1983 年禁止滴滴涕(DDT)作为农药使用,2009 年 4 月 16 日,环境保护部会同发展改革委等 10 个相关管理部门才联合发布公告,决定自 2009 年 5 月 17 日起,禁止在我国境内生产、流通、使用和进出口 DDT、氯丹、灭蚁灵及六氯苯(DDT 用于可接受用途即用于疟疾防治除外)。启发学生思考,在这个过程中,我们可以做的事情很多,比如从个人做起尽量减少有毒性非安全化学品的使用,关注更安全化学品替代物的出现等。这是学生有必要去做并且能够做到的,激发学生积极投身环境保护的事业。另外,塑料环境危害不言而喻,可降解塑料也正在研发,全面禁塑还有很长的一段历程,学生可以做的是减少塑料制品的使用,同时呼吁社会减少塑料制品的使用,甚至利用所学,研发更安全可生物降解的塑料替代品。激发学生对更安全化学品替代原则的兴趣,同时培养学生主动践行环境保护的社会责任心。

5 绿色催化剂

【专业教学目标】

理解绿色催化剂的概念和作用原理,掌握典型的绿色催化剂的结构、性能,探究催化剂选择的科学方法,了解催化剂在社会生产生活中的应用。

【思政元素分析】

本章讲的是绿色催化剂相关知识。须从催化剂的作用原理出发进行讲解,帮助学生认识催化剂的本质和对化学反应的作用。主要围绕"科学素养"这个维度发掘课程思政元素。具体分析如下:

金属有机框架材料有着比分子筛催化剂更加优越的性能,但是它的提出历经波折。在讲解金属有机框架发展史过程中,融入 Yaghi 探索稳定的金属有机框架的事例,培养学生敢于质疑和勇于创新的科研精神。

【教学设计实例】

案例 15-9

知识点:分子筛催化剂。

思政维度:科学素养。

教学设计:本章重点讲解了分子筛的各种类型和优点,引导学生思考:在此基础上,有没有更好的催化剂? 答案是肯定的,例如金属有机骨架(metal-organic framework, MOF)。但是它的提出历经波折。

Yaghi 在 1995 年最先提出 MOF 的概念,在他之前已经有很多金属-有机聚合物材料,但是稳定性较差,Yaghi 也曾用 Cu^+ 和连吡啶合成 MOF 材料,只是发表在《材料研究学会专题讨论会论文集》中。他在作大会汇报时,很多研究分子筛材料的学者对 MOF 提出了质疑,原因是 Yaghi 称这种材料为多孔材料,但并没有证明其多孔性,只是证明其拥有有序的网络晶体结构。他并没有屈服,他的目标是设计出比分子筛性能更加优越、结构更可控的功能材料。在大量的实验中,他发现金属和吡啶类配体的连接很脆弱,为了使金属和配体结合牢固,他进行了各种金属-氧、氮等配位键的计算、预测和实验验证,最后他使用带电的配体(如羧酸根配体)作为连接物,一些高价金属作为节点,这样形成的价键不仅有共价性还有离子间相互作用,金属还可以形成团簇,最终形成稳定的金属有机框架材料。通过这种方法,Yaghi 创造了很多 MOF 材料,这些材料拥有比分子筛更优越的性能。近年来,经过众多科学家的努力,MOF 材料在催化领域占有一席之地。用关键词"metal-organic frameworks catalysts"在谷歌学术中进行搜索,有近 236000 篇文章是关于催化的,很多学者在进行新的 MOF 催化剂的设计,以提高催化的效率和选择性。

基于案例分析法和启发引导法,通过讲述曲折的 MOF 研究过程,为学生树立良好的学习榜样,培养学生敢于质疑和勇于创新的精神。

6 绿色溶剂

【专业教学目标】

了解绿色溶剂的发展史,理解典型绿色溶剂的结构、性质及应用。

【思政元素分析】

本章讲的是绿色溶剂。从绿色溶剂的发展史、种类、性质以及相关应用等方面进行讲解,帮助学生理解并掌握绿色溶剂的知识点。主要围绕"科学素养""家国情怀"

这两个维度发掘课程思政元素。具体分析如下：

1. 科学素养

离子液体又叫做室温熔融盐,它的出现打破了人们对盐的传统认识,所以开始时很难被大家所接受。离子液体的发展归功于众多科学家不受固定思维限制,坚定研究信心,力排众议潜心研究。在介绍离子液体的发展史过程中,鼓励学生要敢于打破固定思维模式,培养其发散思维。

2. 家国情怀

对超临界萃取技术在中国中药精华提取中的应用案例进行介绍,使学生了解中国传统中医文化。将家国情怀融入理论教学中,使学生增强国家意识,认同国民身份,同时产生强烈的民族自信心和自豪感。

【教学设计实例】

案例 15-10

知识点:离子液体发展史。

思政维度:科学素养。

教学设计:本章从人类史上第一种离子液体的发现入手,解析离子液体发展历史。但是,保罗·瓦尔登(Paul Walden)研究离子液体的过程并非一帆风顺。

1914 年,Walden 利用浓硝酸和乙胺反应制得了人类史上第一种离子液体——熔点仅为 12℃的硝基乙胺($CH_3CH_2NH_3$)NO_3,但是该发现没有引起科学界过多的关注,这是因为其在空气中很不稳定且极易发生爆炸。此后陆续有一系列离子液体被研究发现,但其依旧未引起过多关注。1986 年赛登(Seddon)等在 *Nature* 上发表论文,其采用 N,N-二烷基咪唑鎓与氯化铝组成的离子液体作为非水溶剂,研究过渡金属配合物的电子吸收波谱。离子液体在组成上与通常概念中的熔盐相近,但又有本质的不同,如离子液体的熔点通常远远低于熔盐甚至低于室温,它的出现打破了人们对盐的传统认识,与其他刚刚出现的新事物一样,离子液体刚开始难以被大家认识和接受。当 Seddon 教授在 1986 年最初向英国政府提出开展离子液体研究的建议时,被三位项目评审专家一致否定了。幸运的是英国 BP(British Petroleum)石油公司看好离子液体,给予 Seddon 资金资助,使得 Seddon 教授能够专心研究离子液体。正是有像英国 BP 石油公司、Seddon 教授这样的机构和科研工作者不受固定思维限制,有敏锐的科研洞察力、坚定的科研信心,才有了离子液体今天的发展。

基于案例分析法,在介绍离子液体的发展史过程中,鼓励学生要敢于打破固定思维模式,培养其发散思维,培养学生不盲目服从权威,常持批判思维的科学素养。

案例 15-11

知识点:超临界萃取技术应用。

思政维度:家国情怀。

教学设计:本章介绍超临界萃取技术在中国工业生产中的应用,立足中国实践、中国自主研发,将家国情怀潜移默化融入教学活动中,使学生产生强烈的民族自信心和自豪感,激发爱国热情。

中医中药是我国古人智慧的结晶,超临界萃取在中药精华提取中起到重要的作用,推动中药的普遍使用。《本草纲目》记载,蛇脂,也就是蛇油,能"傅肿痛","摩着物皆透也"。一直秉承"振兴民族日化企业,向世界展示中国创造的力量"宏愿的民族日化企业隆力奇将超临界萃取技术运用在去除蛇油的杂质上,这一技术确保蛇油精华高纯度保留、零腥味,隆力奇推出的多款经典蛇油产品(如蛇油膏、护手霜等)因良好的渗透性和超快的吸收与滋润功效,广受消费者好评。

通过案例分析法进行教学,让学生了解超临界萃取技术在我国工业生产中的实际应用成果,增强其民族自信心和自豪感,激发其爱国热情,培养学生的家国情怀。

7　绿色原料

【专业教学目标】

掌握碳酸二甲酯、二氧化碳、过氧化氢等绿色原料的合成与应用,理解绿色原料应用前后对环境和安全的影响,能够对原料的绿色化学进行简单评价。

【思政元素分析】

本章围绕绿色原料的合成和应用进行讲解,帮助学生掌握多种原料的应用原理。在关注绿色原料应用前后对环境和安全的影响方面,蕴含可发掘的课程思政元素,如"工程伦理""家国情怀",具体分析如下:

1.工程伦理

危险化学品周知卡是实验室常见的资料,其中包含化学品的危险特性和现场急救措施,非常有利于规避实验风险与在出现危险时进行自救和他救。身为环境专业的学生,在遇到新的化学品时,应遵守用前查阅过的实验纪律和规范。

2.家国情怀

绿色原料二氧化碳转化为有用的物质不仅能解决温室效应问题,还能解决资源短缺的问题。通过向学生介绍最新的创新性科研成果,展示中国科学家迎难而上,面向国家重大战略需求,勇闯无人区,做出国际首例创新性成果的事迹,激发学生的文化自信和强烈的国家使命感,引导学生关注人类面临的全球性挑战。

【教学设计实例】

案例 15-12

知识点:原料的危害性。

思政维度:工程伦理。

教学设计:改变反应原料的一般原则之一是原料的危害性。原料的危害性从何而知?危险化学品安全周知卡是其中一种方便高效的来源。通过详细讲解危险化学品安全周知卡的内容(包含有毒危险性类别、危险性标志、危险性理化性质、危险特性、接触后表现、现场急救措施、身体防护措施、泄露处理及防火防爆措施等),使学生切实感受到实验前要查阅危险化学品周知卡的必要性,从而养成实验过程中尊重生命、尊重人权,熟知所使用化学品危险和处理方法的良好的职业道德。

例如,以实验室常用试剂丙酮为例,实验前查阅丙酮危险化学品安全周知卡,其显示危险提示词为"易燃"。引导学生继续阅读它的危险特性和接触后的表现,警示学生使用前查阅此卡的重要性,特别讲解危险化学品安全周知卡中介绍的接触丙酮后的现场急救措施及其着火后的灭火方法。让学生高度认同此卡对自己和他人生命安全的重要作用。

基于图片展示法,通过对危险化学品周知卡的介绍,引导学生在接触新的化学品时,养成查看危险化学品周知卡的习惯,谨记职业道德、遵守工作纪律和规范,保护自身安全,同时维护集体利益。

案例 15-13

知识点:二氧化碳的利用。

思政维度:家国情怀。

教学设计:二氧化碳的应用方向众多,在此内容的讲解中,详细介绍中国科学家在二氧化碳利用中所做出的努力,激发学生的家国情怀。

例如,介绍中科院天津工业生物技术研究所马延和团队在 *Science* 上发表的题为 "Cell-free chemoenzymatic starch synthesis from carbon dioxide" 的论文。通过简单的 11 步反应实现了从二氧化碳到淀粉的转化,首次实现了二氧化碳到淀粉的从头合成,这是淀粉的人工合成上的国际性重大突破性进展。关于人工合成淀粉的课题很早就有,人工合成淀粉可直接获得食物,节约耕地和淡水资源,避免农药、化肥等对环境带来的负面影响。即使其由于纯度问题而仅能作为工业原料,甚至饲料,也能缓解农业压力。但是人工合成淀粉的合成路线中所含科学问题非常复杂,有很多的不确定性,所以人工合成淀粉这一项目一直处于瓶颈期。2021 年,我国的科研工作者们,使用二氧化碳作为原料,通过反应时空分离优化,解决了人工途径中底物竞争、产物抑制等问题,实现了从二氧化碳到淀粉的人工转化,不仅解决了食物短缺的问题,也有望促进碳中和目标的达成。

以上内容基于图片展示法和课外查阅法进行教学,通过展示我国在人工合成淀粉的过程中的技术创新能力,使学生对我国科学技术进步产生民族自豪感,增强其国家荣誉感。同时也鼓励学生敢于创新,牢记习近平总书记要求,敢于走前人没走过的路,努力实现关键核心技术自主可控,把创新主动权、发展主动权牢牢掌握在自己手中。激发学生的家国情怀和强烈的国家使命感,教导学生无论以后身处何种工作岗位,都能面向国家重大战略需求,做出重大的创新性贡献。

8 绿色化学品

【专业教学目标】

掌握典型绿色化学品的种类、替代原理及应用。

【思政元素分析】

本章讲的是绿色化学品(氟利昂和哈龙的替代品的开发、可降解塑料、无磷洗衣粉、绿色农药等)相关知识。可从传统化学品出发进行教学,帮助学生认识传统化学品的危害和绿色化学品的优势。主要围绕“生态理念”这个维度发掘课程思政元素。具体分析如下:

使用绿色化学品可在源头上杜绝污染产生。引导学生对传统化学品的危害及使用后再治理的模式进行讨论,理解源头控制与末端治理的本质区别以及研发和使用新的绿色化学品的必要性,培养学生保护生态环境的责任意识,树立“绿水青山就是金山银山”的理念。

【教学设计实例】

案例 15-14

知识点:绿色化学品。

思政维度:生态理念。

教学设计:学生分组查阅资料后以 PPT 汇报的方式完成本章学习,教师在作业任务布置和打分环节进行质量管理,潜移默化地使学生树立环保意识。

教师在布置绿色化学品相关的汇报作业任务时,着重强调传统化学品(氟利昂、哈龙、塑料、含磷洗衣粉以及农药等)的使用危害和在使用过程中不会对人造成直接或者间接伤害且不会对环境造成直接或间接污染的绿色化学品。学生通过文献查阅,获得每种传统化学品的海量危害资料,比仅通过教师讲解可获得更丰富和具体的知识。更能深刻理解传统化学品的使用均为末端治理行为,也即先污染再治理,而绿色化学品的使用可在源头上控制和消除污染。从专业角度理解研发和使用新的绿色化学品的必要性,形成使用绿色化学品从我做起的责任担当。通过讲解案例,培养学生保护生态环境的责任意识,使学生树立“绿水青山就是金山银山”的理念。

基于翻转课堂,通过学生自主学习,组内分工合作,以及教师对汇报要点的过程控制,引导学生从我做起,树立从源头上预防污染的绿色生态理念。

9 绿色能源

【专业教学目标】

了解清洁燃料、燃料电池、氢能、太阳能和风能、生物质能源等绿色能源的应用和洁净煤技术。

【思政元素分析】

本章讲的是绿色能源。让学生对多种绿色能源(生物质能源、清洁燃料、燃料电池氢能、太阳能和风能等)和洁净煤技术进行资料搜集、整理、PPT 汇报等,使学生理解并掌握绿色能源的相关知识点。主要围绕“社会责任”这个维度发掘课程思政元素。具体分析如下:

绿色能源的开发和利用还存在诸多问题和挑战,身为环境专业的学生,有能力也有机会,为清洁能源开发利用出一份力,提高能源的利用率,珍惜绿色资源,维护美好的生存环境。

【教学设计实例】

案例 15-15

知识点：绿色能源。

思政维度：社会责任。

教学设计：学生分组查阅资料后以 PPT 汇报的方式完成本章学习，教师在作业点评中，培养学生维护美好的生存环境的社会责任。

在学生介绍完清洁燃料、燃料电池、氢能、太阳能和风能、生物质能源等绿色能源和洁净煤技术之后，教师在点评中提及绿色能源的使用技术，例如，洁净煤技术中的煤炭加工与净化技术、煤炭高效洁净燃烧技术、煤炭转化与合成技术、污染物控制技术、污染物处理技术、碳减排技术和综合利用技术等。每一种技术改进都是对清洁能源的能源利用率的一种提升，这里面蕴含无数科研工作者和一线使用者的智慧；而能源的使用也存在一定问题，例如风能发电时有时产量不足，有时产量过剩，风力变化难以预测。作为环境专业的学生，从事相关领域的研究工作，更应该珍惜绿色能源，承担维护美好生存环境的责任，在自己所学基础上，不断深入研究，迎接挑战，解决能源使用问题，提高清洁能源开发利用效率。

基于翻转课堂和问题讨论法，通过学生对绿色化学的讲解与教师对相关技术和挑战的点评讨论，引导学生运用所学知识，不断钻研，珍惜绿色能源，承担维护美好的生存环境的社会责任。

10 绿色分析化学和环境保护

【专业教学目标】

明确环境样品的特性，了解绿色分析化学在环境领域的应用和意义，掌握环保领域常用的绿色分析化学技术。

【思政元素分析】

本章主要针对环境分析化学中的绿色前处理技术和绿色分析技术进行讲解，对加速溶剂萃取、固相（微）萃取、QuEChERS（quick、easy、cheap、effective、rugged、safe）、毛细管电泳、顶空气相色谱、微流控分析系统等多项学科前沿技术进行详细讲述。主要围绕"科学素养"这个维度发掘课程思政元素。具体分析如下：

比较传统的绿色样品前处理方法和新的改良萃取技术，不难发现传统方法存在诸多问题。在深入讨论中，鼓励学生无论在实验步骤的设计还是在实验方法应用中都不要守旧，要勇于实践创新。

【教学设计实例】

案例 15-16

知识点：样品的前处理。

思政维度：科学素养。

教学设计：在样品前处理传统方法索式提取和新的改良萃取技术加速溶剂萃取法的教学中，让学生通过讨论比较这两种技术在样品大小、溶剂体积、溶剂-样品比、平均萃取时间上的差异,教导学生虽然索式提取应用广泛且经典,但缺点显著,应该思考、创新。同时提及实验过程中每种材料的添加都有相应的原理,要针对自己的实验样品和实验目的进行合理的设计,不能生搬硬套;QuEChERS方法并非国家标准方法,但它非常实用,通过介绍QuEChERS方法在实际中的应用,鼓励学生突破思维局限,在方法上创新,探索新的普适方法。

对以上内容基于实物展示法和比较讨论法进行教学,通过新旧绿色样品的前处理方法的对比,引导学生小到实验步骤的设计,大到实验方法的运用,都要在熟知原理的基础上善于存疑思考、大胆实践创新。

第3部分　课程思政元素案例总览

章节	知识点	思政维度	教学内容及目标
1.绿色化学产生背景	化学发展史	科学素养	讲述"现代化学之父"拉瓦锡提出氧化学说和质量守恒定律的过程。以拉瓦锡不畏权威,通过多次实验成功推翻当时居于主导地位的燃素学说的故事,引导学生要有实证求真、崇尚创新的科学精神。
	化学发展带来的问题	科学素养	通过引入滴滴涕案例,突显马克思主义哲学所说的事物皆有两面性,培养学生看待事物的辩证逻辑思维。
2.绿色化学的定义和内容	绿色化学的含义	科学素养	通过讲述绿色化学领域极负盛名的科学家——日本有机化学家野依良治的热衷化学事业、重视独立创新的事迹,培养学生踏实肯干的工作作风和克服困难、坚持独立创新的意志品质。
	绿色催化剂	家国情怀	以"中国催化剂之父"闵恩泽院士的生平事迹,突出老一辈科学家热爱祖国、敬业奉献的伟大精神,告诉学生"科学无国界,科学家有祖国",激发学生的爱国热情。
	绿色化学的定义	生态理念	以尾矿中重金属的植物修复为例,分析源头控制与末端治理的本质区别,培养学生保护生态环境的责任意识,使学生树立"绿水青山就是金山银山"的理念。
	原子利用率	社会责任	通过对历史上最严重的工业化学事故——印度博帕尔事件的发生的原因、造成的影响及后继赔付的讲述,培养学生的社会责任意识,要求学生在工程项目实施过程中尊重生命、尊重人权,具备良好的职业道德。

章节	知识点	思政维度	教学内容及目标
3. 设计安全无毒化学品的基本原理和方法	设计安全无毒化学品的一般原则、外部效应原则	科学素养	通过拟除虫菊酯类、敌百虫、生物积累和放大等例子,突显设计安全无毒化学品考虑因素的多样性,告诉学生辩证思维、整体思维对分析复杂问题的重要性。
4. 设计更加安全的化学品	硅取代的化学品举例	社会责任	通过对非安全化学品的使用、禁用和立法保护情况以及更安全化学替代品的研发和全面使用有时间差问题的讲述,引导学生关注化学品的安全,激发其积极投身环境保护事业的热情,培养其主动践行环境保护的社会责任心。
5. 绿色催化剂	分子筛催化剂	科学素养	通过讲述 Yaghi 探索稳定的金属有机骨架的经过,培养学生敢于质疑和勇于创新的科研精神。
6. 绿色溶剂	离子液体发展史	科学素养	通过对 Seddon 教授不受固定思维限制,坚定研究信心,力排众议潜心研究离子液体事例的介绍,教导学生要不盲目服从权威,常持批判思维;鼓励学生要打破固定思维模式,培养其发散思维。
	超临界萃取技术应用	家国情怀	通过民族日化企业隆力奇超临界萃取蛇油,推广中华医药的案例介绍,增强学生家国意识,使其认同国民身份,同时产生强烈的民族自信心和自豪感。
7. 绿色原料	原料的危害性	工程伦理	通过危险化学品周知卡的介绍,告诫学生在接触新的化学品时,应遵守用前查阅的实验纪律和规范。
	二氧化碳的利用	家国情怀	通过向学生介绍最新的创新性科研成果,展示中国科学家迎难而上,面向国家重大战略需求,勇闯无人区,做出国际首例创新性成果的事迹,激发学生的家国情怀和强烈的国家使命感,引导学生关注人类面临的全球性挑战。
8. 绿色化学品	绿色化学品	生态理念	通过对传统化学品的危害和绿色化学品源头上预防污染的优势的对比,引导学生从我做起,树立从源头上预防污染的绿色生态理念。
9. 绿色能源	绿色能源	社会责任	通过介绍众多科研工作者和一线使用者在清洁能源发展中所做的努力,培养学生珍惜绿色能源,承担解决清洁能源开发利用效率问题的社会责任。
10. 绿色分析和环境保护	样品的前处理	科学素养	通过传统的和新的改良的样品前处理方法的比较,突出改良方法的优势,鼓励学生勇于实践创新。

第4部分 课程思政融入教学评价

1 教学效果评价方法

本课程对思政教学效果的评价可以采用三种形式开展：

（1）在课堂上设定相关思政目标的问答题或者在课后设定调查问卷，与学生进行深入沟通，强化学生对思政目标的理解。

（2）随堂测试、作业和期末考试三项考核中，通过达成度分析定量评价对学生生态理念和科学素养等维度的思政教学效果。引导和强化学生对多重思想维度的理解和认识。

（3）通过学生主题报告来考查学生对思政目标的理解程度，全面考查学生运用课堂所学绿色化学知识理解思政目标的能力。

2 教学效果评价案例

案例 15-18

化学对人类的生存与发展意义非凡，但在应用的过程中其负面影响逐渐显现。1948年，缪勒因为发现了DDT的杀虫功能获得诺贝尔医学或生理学奖，但很多人认为这是最糟糕的诺贝尔奖。"Hero or Disaster?"或者说"Hero and Disaster?"，这样的事情在我们身边似乎并不罕见。请简单谈谈对绪论中提及的事物两面性的看法。你能再举出几个例子吗？

案例 15-19

请对未来绿色化学的特点进行简单描述，并对绿色化学发展与生态文明建设间的关系给出自己的见解。

案例 15-20

从碳中和的角度，阐述二氧化碳作为原料、溶剂的优势，试举二氧化碳在绿色化学领域中的应用的具体案例。

"土建基础与工程管理"课程思政教学设计

第1部分　课程思政融入教学大纲

1　课程简介

　　"土建基础与工程管理"是一门理论与实践紧密结合的课程,是在总结工程建设经验的基础上,从施工过程、施工技术、施工机械、施工组织与管理等方面,研究工程建设基本规律的一门课程。本课程是环境相关本科专业的必修课,由土建基础和工程管理两大部分组成。其中,土建基础部分,主要内容包括土石方工程与地基处理、施工排水、钢筋混凝土工程、水处理构筑物施工、砌体工程、市政管道工程等,学生应了解和熟悉环境工程相关的土建工程施工基础知识。工程管理部分,主要内容包括工程项目管理总述、工程概预算、施工组织计划技术、施工组织设计编制等,学生应了解工程管理的意义,熟悉工程管理的内容和方法,为毕业后从事相关环境工程项目管理工作打下一定的理论基础。

2　教学目标

2.1　专业教学目标

　　(1)熟悉和掌握土建工程施工的基本过程、方法和技术。

　　(2)熟悉工程建设的基本程序,掌握现代科学工程管理的基本概念、原理、技术和方法。

　　(3)在环境工程设计中能够综合考虑施工工艺,设计出满足施工要求,方便工程施工的环境工程构(建)筑物,提高环境工程的综合设计能力。

　　(4)能够结合工程施工的具体条件,合理进行施工组织设计,形成环境工程项目管理的初步能力。

2.2　思政教学目标

　　(1)深刻理解工程建设对人类社会和生态环境的影响,增强工程建设中的可持续发展理念,树立工程建设中的工程伦理意识。

　　(2)严格遵守工程建设中的职业道德准则和规范,提高自身工程职业道德修养,承担起工程师应有的社会责任。

3　思政元素分析

本课程主要从"家国情怀""工程伦理""生态理念""社会责任""政治认同"五个维度挖掘思政元素。具体分析如下：

1. 家国情怀

通过介绍我国工程建设领域取得的巨大成就,如三峡水利枢纽工程、沪苏通长江公铁大桥工程等,强化学生的民族自豪感和爱国热情,并结合国家的战略布局和战略性超级工程的实施,激发学生实现中华民族伟大复兴中国梦的家国情怀。

2. 工程伦理

通过讲解工程建设中施工单位、建设单位和监理单位所存在的工程伦理问题,包括工程职业道德规范和环境伦理责任等,引导学生严格遵守工程职业道德规范,提高自身职业道德修养,树立工程环境伦理意识。

3. 生态理念

基于混凝土制备和混凝土组成材料知识背景,借由全球建筑工程引发的沙子资源枯竭等案例,结合可持续发展理念,培养学生的绿色发展理念和环境保护与经济发展相辅相成的意识。

4. 社会责任

基于城市内涝等案例,引导学生对我国城市化进程中"重地上建设,轻地下建设"的问题进行思考,使学生认识到高质量城市排水系统建设的重要意义,强化学生作为未来排水工程相关专业人才在根治城市内涝顽疾时的主人翁意识和社会责任感。

5. 政治认同

引入我国著名数学家华罗庚先生优秀事迹,讲述一大批优秀人士在中国共产党领导下建设新中国的感人事迹,教导学生坚定拥护中国共产党领导和中国特色社会主义制度,为建设祖国更加美好的未来添砖加瓦。

第 2 部分　课程思政融入课堂教学

1　土石方工程与地基处理

【专业教学目标】

土石方工程是水工程施工中的主要项目之一,土方开挖、填筑、运输等工作中所消耗的劳动力和机械动力均很大,其往往是影响施工进度、成本及工程质量的主要因素。通过本章的学习,学生应掌握土的工程性质和分类、基坑沟槽开挖断面的确定和土方量计算、场地平整的土方量计算和平衡调配,熟悉施工机械的选择和土方回填,了解地基处理的施工方法和要点。

【思政元素分析】

本章内容为土石方工程与地基处理的基础知识和施工技术,主要涉及土的工程性质与分类、土石方工程的特点、土石方计算和平衡调配、土石方的开挖和回填、土石方机械化施工方法、基坑沟槽的支撑、地基处理等。对土石方工程的特点等知识点进行"家国情怀"思政元素的挖掘。具体分析如下:

量大面广且劳动繁重是土石方工程的典型特点之一,往往考验着一个国家的基本建设能力。中国从基建极度落后,到基建能力世界领先只用了短短的几十年。现如今中国有许多超级工程规模位列世界第一,有一些工程甚至被认为只有中国才能完成。基于以上内容进行教学,深化学生对中国强大基本建设能力的理解,激发学生的民族自豪感和爱国热情。

【教学设计实例】

案例 16-1

知识点:土石方工程特点。

思政维度:家国情怀。

教学设计:三峡工程是世界上规模最大的水利枢纽工程项目,也是中国有史以来建设的最大的工程项目。作为当之无愧的大国重器,三峡工程在土石方开挖工程、大坝混凝土工程、金属结构制作与安装工程、机电设备制造与安装工程等方面取得的技术进步是有目共睹的,是中国水电技术追赶并达到国际先进水平的重要标志。三峡工程主体(含导流)建筑物施工总工程量包括:建筑物基础土石方开挖 10283 万立方米,土石方填筑 3198 万立方米,混凝土基础浇筑 2794 万立方米,金属结构安装 25.65 万吨,水电站机电设备安装 34 台套、2250 万千瓦。除土石方填筑量外,其他各项指标均属世界第一。

在介绍"土石方工程特点"知识点时,基于以上案例,可通过案例分析法和启发引导法开展思政教学。具体而言,通过介绍三峡水利枢纽工程的相关土石方工程情况,展现我国对超大型工程土石方施工的建设能力,激发学生的民族自豪感和爱国热情。同时,可以让学生在课后查阅三峡工程的历史背景和对我国经济社会发展带来的重大意义,鼓励学生把人生理想与价值追求融入国家繁荣和社会进步的进程之中。

2 钢筋混凝土工程

【专业教学目标】

在水工程施工中,钢筋混凝土工程有很重要的地位,贮水和水处理构筑物大多是用钢筋混凝土建造的,还有相当多的管渠采用钢筋混凝土结构。通过本章的学习,学生应熟悉钢筋工程、模板工程和混凝土工程的程序;掌握钢筋(钢丝)的机械性能与加工,模板设计,混凝土的制备和配合比设计,混凝土抗压、抗渗、抗冻指标与实施;了解水下浇筑混凝土的施工和混凝土的季节性施工要点。

【思政元素分析】

本章主要内容为钢筋混凝土工程的基础知识和施工技术,包括钢筋工程、模板工程、混凝土的制备和性能、现浇混凝土工程施工、装配式钢筋混凝土结构的吊装、水下浇筑混凝土的施工和混凝土的季节性施工等。针对模板工程、混凝土的制备和性能等知识点进行"工程伦理"和"生态理念"等思政元素的挖掘。具体分析如下:

1. 工程伦理

在钢筋混凝土工程中,施工模板倒塌的安全事故时有发生。究其原因,往往与施工单位的安全生产意识不强,为赶工期而未严格按照规范进行施工等有关,同时也与监管单位的工程管理和建设监理不到位相关,但根本上还是与各工程建设单位相关人员缺乏职业道德和漠视工程规范等问题相关。因此,基于以上内容,可以从"工程伦理"的角度开展思政教学。

2. 生态理念

混凝土主要由水泥、水、砂子和石子等材料通过合适的配比制备而成。随着城市化的不断发展,工程建设需求不断增加,这间接导致砂子的用量与日俱增。工程建设中最常用的砂子一般都是河砂,其通常是岩石经过风化、流水冲刷等方式形成的。尽管河砂属于再生资源,但是再生非常缓慢。事实上,目前砂子的消耗速度,已经远远超过了其自然恢复的速度。基于以上内容,可以从"生态理念"的维度展开思政教学。

【教学设计实例】

案例 16-2

知识点: 模板工程。

思政维度: 工程伦理。

教学设计: 江西某电厂三期扩建工程(以下简称"三期扩建工程")由江西某股份有限公司出资建设,是江西省电力建设重点工程。三期扩建工程拟建设两座高 168 米、直径为 135 米的双曲线形自然通风冷却塔。2016 年 6 月 18 日,三期扩建工程建设由土建施工阶段进入安装阶段。2016 年 11 月 24 日,三期扩建工程发生冷却塔施工平台坍塌特别重大事故,造成 73 人死亡,2 人受伤,直接经济损失达 10197.2 万元。经调查认定,事故的直接原因是施工单位在 7 号冷却塔第 50 节筒壁混凝土强度不足的情况下,违规拆除第 50 节模板,致使第 50 节筒壁混凝土失去模板支护,不足以承受上部荷载,从底部最薄弱处开始坍塌,造成第 50 节及以上筒壁混凝土和模架体系连续倾塌坠落。坠落物冲击与筒壁内侧连接的平桥拉索,导致平桥也整体倒塌。

在介绍"模板工程"知识点时,可基于以上案例,通过视频展示法、案例分析法和启发引导法,首先在工程技术方面解析导致该事故发生的直接原因(如违规拆除模板、混凝土质量不合格等),警示违规作业的严重后果;接着,在此基础上继续启发引导学生深入分析事故背后相关工程技术人员的工程职业道德缺失、法治意识淡薄以及社会责任丧失等工程伦理问题,强化学生遵守工程职业道德规范的意识,使学生具备工程师应有的职业道德修养,激发其社会责任感。

案例 16-3

知识点：混凝土的制备及性能。

思政维度：生态理念。

教学设计：混凝土主要由水泥、水、砂子和石子等材料通过合适的配比制备而成。砂子不仅仅在建筑业领域用量巨大，还广泛应用于玻璃和芯片制造。在过去 20 年里，全球的砂子使用量增加了两倍，部分原因是城市化的迅猛发展。联合国估计，全球砂子的使用量是水泥的 10 倍。也就是说，单在建筑工程方面，全球每年就消耗 400 亿到 500 亿吨砂子。最为常见的建筑业所使用的砂子一般都是河砂，通常是岩石经过风化、流水冲刷等方式形成的。尽管河砂属于再生资源，但是再生非常缓慢。河砂消耗的速度远远超过了它的自然恢复速度。尽管联合国 2019 年将河砂短缺危机提上议程，但目前依旧缺乏可持续开采和使用河砂的详细计划，而未来工业化、人口增长和城市化都有可能推动对河砂需求的继续爆炸性增长。

在介绍"混凝土的制备及性能"中关于混凝土组成的知识点时，引入英国 *Nature* 杂志于 2019 年发布的评论文章"Time is running out for sand"（Nature 2019,571：29-31），抛出"砂石采掘速度已高于其自然恢复速度"这一话题，结合相关内容，通过启发引导法引发学生思考人类生产活动对地球生态环境的影响。然后，通过视频展示法和话题讨论法，继续引入央视视频"全球面临砂子短缺危机"的新闻报道，引导学生讨论为什么砂子会短缺，目前又有什么方法可以应对砂子短缺危机，未来获取砂石资源还有哪些好的途径等话题，强化学生在工程建设中的生态理念，使学生树立绿色可持续发展的意识。

3 水工程构筑物施工

【专业教学目标】

水工程构筑物本身的多样性、地区性和施工条件的不同，导致施工工艺和方法多种多样。本章主要介绍常见几类水工程构筑物的施工要点。通过本章的学习，学生应掌握现浇钢筋混凝土水池施工、装配式预应力钢筋混凝土水池施工和沉井施工的施工技术，同时应了解管井施工和浮运沉箱法施工的施工技术。

【思政元素分析】

本章的主要内容为现浇钢筋混凝土水池施工、装配式预应力钢筋混凝土水池施工和沉井施工的技术。基于沉井施工技术这一知识点对"家国情怀"思政元素进行挖掘。具体分析如下：

近年来，我国修建了众多世界级的跨江跨海大桥，其主桥墩大多采用沉井施工技术，而相应的沉井基础体积则屡破世界纪录，直接反映了我国在沉井施工中所掌握的先进技术和强大建设能力。因此，基于以上内容，展现国家基础设施建设的国家成就，可以从"家国情怀"的角度开展思政教学。

【教学设计实例】

案例 16-4

知识点：沉井施工。

思政维度：家国情怀。

教学设计：沪苏通长江公铁大桥工程规模之大，施工难度之大，创造了世界桥梁和中国桥梁建设的多个之最。沪苏通长江公铁大桥主跨1092米，想要"跨得稳"，就要"立得住"，主墩钢沉井就是这"跨"的关键所在。大桥沉井基础体积大，主塔墩沉井平面相当于12个篮球场大小，总高度为110.5米，为世界上最大体积沉井基础。为此，大桥相关建设单位发明了助浮结构、充气增压系统，实现了钢沉井整体制造、整体出坞、整体浮运。通过封闭部分沉井井孔，并往封闭井孔充气，巨型钢沉井就像鱼有了"鱼鳔"，不仅可以自浮，还能调节吃水深度、浮运过程中的空间姿态。为把钢沉井这个"巨无霸"准确无误地固定在设计点，建设单位开创性地采用了大直径锚桩混凝土重力锚技术，大幅提升了定位的效率和精度，解决了千吨级水流力作用下钢沉井精确定位难题。

在介绍"沉井施工"知识点时，通过引入央视《开讲啦》栏目推出的由沪苏通长江公铁大桥总工程师李军堂讲解的"修建大桥面临挑战一：深水基础"的视频节选，展示沪苏通长江公铁大桥修建过程中中国第一、世界最大沉井施工过程。结合相关内容，基于视频展示法和启发引导法，引导学生深刻体会我国在超大型沉井施工中的先进技术和强大能力，激发学生对我国工程技术创新和社会生产力进步的民族自豪感和爱国热情。同时，结合沪苏通长江公铁大桥促进长江经济带和长三角一体化国家战略发展的背景，激发学生实现中华民族伟大复兴中国梦的家国情怀。

4 室外管道工程施工

【专业教学目标】

本章的内容主要包括室外给水管道施工，室外排水管道施工，管道的防腐、防震、保温性能，管道附属构筑物施工。通过本章的学习，学生应掌握室内外管道施工技术；熟悉管道验收方法，同时了解管材和管道接口的材料和形式，管道的防腐、防震、保温性能。

【思政元素分析】

本章重点内容主要是室外给水、排水管道的施工技术，对环境工程专业学生而言，应侧重于对室外排水管道施工的相关知识的学习和掌握。基于室外排水管道施工的知识点，可挖掘排水工程相关专业技术人员在城市内涝问题解决中的"社会责任"。具体分析如下：

作为城市基础设施的重要组成部分，市政排水系统能及时排除城市地面雨水，同时还能防止城市水资源与水环境受到污染。因此，高质量的市政排水系统设计，对城市经济社会发展与生态环境保护意义重大。然而，降雨导致的我国城市内涝现象屡见不鲜。究其原因，虽然可能存在气候变化导致的极端天气增加的原因，但是从根本上讲还是由于我国城市的地下排水系统设计建设标准偏低,排水防涝能力不足。避免城市内涝或者减小城市内涝对居民生产生活造成的严重影响应该是当前排水工程领域相关专业技术人才需要重点研究的课题之一,也是相关工程技术人员应负的社会责任。

【教学设计实例】

案例 16-5

知识点:室外排水管道施工。

思政维度:社会责任。

教学设计:2012 年 7 月 21 日,北京暴雨肆虐,雨量历史罕见。气象观测显示,北京 90% 以上的行政区域降雨量都在 100 毫米以上,全市平均降雨达 190.3 毫米。由于雨量大,雨势强,京港澳高速公路出京方向 17.5 公里处的南岗洼铁路桥下严重积水,积水最严重时,平均水深达 4 米,最深处达 6 米,桥下积水 20 余万立方米,81 辆汽车被困水下。北京城区也出现严重内涝,部分中小河流和水库出现汛情。据当时北京市防汛抗旱指挥部的统计,截至 2012 年 8 月 5 日,北京区域内共发现 79 具遇难者遗体,全市受灾人口达 190 万人,因灾造成经济损失近百亿元。北京 7·21 特大暴雨事件过后,北京市和水利部的相关专家及时总结经验,北京市水务局制定了三年紧急行动方案。其中,基于海绵城市的理念,北京市设计在立交桥盘桥下面的绿地地下挖大口径竖井作为储水立坑,下大雨时将立交桥积水引入储水立坑,雨后再抽出处理。2016 年 7 月 20 日,北京又下了一场同等规模的大雨,城区平均雨量达到 200 毫米。不过,此时北京的 90 座立交桥,有 86 座已建立了储水立坑,最终北京五环以内几乎没有积水,成了海绵城市建设功效的一个缩影。然而,2020 年全国范围的强降雨使多地出现“城市看海”的景象。一些试点海绵城市的局部内涝现象相对减少,但一旦遇到持续的强降雨,仍无法从根本上解决整个“城市看海”的问题。因此,要从根本上解决城市内涝问题,还有很多工作要做。

在介绍“室外排水管道施工”知识点时,通过引入央视《经济半小时》栏目推出的“追问北京暴雨”的报道视频,介绍 2012 年北京 7·21 特大暴雨事件,接着引入央视《开讲啦》栏目推出的由水文水资源专家王浩院士介绍的北京针对 7·21 特大暴雨事件推出的三年紧急行动方案的视频节选。结合以上相关内容,基于视频展示法和启发引导法,一方面向学生警示特大暴雨导致城市内涝的严重后果和巨大损失,另一方面让学生感受北京排水工程和水利专家在解决北京城市内涝问题中担起的责任。然后,基于话题讨论法,引导学生对“城市内涝顽疾该如何根治”这一话题展开思考和讨论,提高学生作为未来排水工程相关专业人才在解决城市内涝问题中的主人翁意识和社会责任感。

5 工程项目管理总述

【专业教学目标】

工程项目管理是工程建设者运用系统工程的观点、理论和方法,对工程建设进行全过程和全方位的管理,实现生产要素在工程项目上的优化配置。通过本章的学习,学生应掌握工程项目管理的分类,工程项目的划分和建设程序,工程建设监理的基本概念、执行程序和工作内容;熟悉招标、投标以及施工合同的基本概念和执行程序;了解施工项目目标控制和生产要素管理的任务和措施。

【思政元素分析】

本章重点讲解内容包括工程项目管理的分类,工程项目的划分和建设程序,工程建设监理的基本概念、执行程序和工作内容,招标、投标以及施工合同的基本概念和执行程序。分别针对"工程项目建设程序"知识点展开"工程伦理"维度的思政教学。具体分析如下:

任何工程项目都是在一定的时间和空间范围内展开的。工程项目的建设必须按一定的阶段、步骤和程序展开,这是项目建设成功的基本保证,否则势必会给工程项目本身的质量及其周围的生态环境造成不可预知的风险。可以说,遵循工程建设的基本程序和规律也是遵循"工程伦理"的重要表现。

【教学设计实例】

案例 16-6

知识点:工程项目建设程序。

思政维度:工程伦理。

教学设计:云南绿孔雀案又称为绿孔雀栖息地保护案,是中国首例濒危野生动物保护预防性公益诉讼。2017 年 3 月,环保组织"野性中国"在云南恐龙河自然保护区附近进行野外调查时,发现绿孔雀栖息地恰好位于在建的红河(元江)干流戛洒江一级水电站的淹没区,于是向环保部发出紧急建议函,建议暂停红河流域水电项目,挽救濒危物种绿孔雀,保护其最后完整栖息地。2018 年 8 月,该案在昆明市中级人民法院环境资源审判庭开庭。2020 年 3 月,昆明市中级人民法院对云南绿孔雀公益诉讼案作出一审判决:被告水电站建设单位立即停止基于现有环境影响评价下的戛洒江一级水电站建设项目,不得截流蓄水,不得对该水电站淹没区内植被进行砍伐。宣判后,原告和被告双方均提起上诉,原告北京市朝阳区自然之友环境研究所以戛洒江一级水电站应永久性停建为由请求改判支持其全部诉讼请求,被告水电站建设单位以项目已无再建可能为由请求驳回对方全部诉讼请求。2020 年 6 月,云南省高级人民法院受理该案后,围绕双方上诉请求和争议焦点进行了公开开庭审理。2020 年 12 月,云南省高级人民法院宣判,判决驳回上诉,维持原判。云南省高级人民法院经审理认为,戛洒江一级水电站淹没区对绿孔雀栖息地和热带雨林整体生态系统存在重大风险,在生态环境部已要求建设方开展环境影响后评价基础上,戛洒江一级水电站是否应永久停建应由行政主管机关根据环境影响后评价等情况依法作出决定,原审判决并无不当,应予维持。

在介绍"工程项目建设程序"知识点时,引入江西卫视"全国首例保护野生动物公益诉讼——云南绿孔雀案"的报道视频。基于视频展示法和案例分析法,对戛洒江一级水电站的工程建设程序进行分析,让学生探讨该水电站项目建设中可行性研究和环境影响评价阶段需要注意的环境伦理问题,促使学生思考工程建设项目在实现人类自身经济发展目标的同时造成的对生态环境破坏和人类自身长远利益的影响,最终引导学生在未来的工作中要严格且规范遵守工程项目建设程序,强化学生在未来工程建设中的工程环境伦理意识。

6 施工组织计划技术

【专业教学目标】

施工组织计划技术主要用于工程建设项目的进度控制。本章主要介绍两类施工组织计划技术:流水作业法和网络计划技术。通过本章的学习,学生应掌握流水作业法基本原理、表述形式、作业参数及流水施工的基本方式;掌握网络计划技术的基本原理、网络图的基本概念、不同类型网络图的表达方式及其应用。

【思政元素分析】

本章重点讲解的内容为流水作业法和网络计划技术的基本原理和方法,其中网络计划技术产生于 20 世纪 50 年代中后期,60 年代中期由我国著名数学家华罗庚院士介绍到我国,当时命名为"统筹法"。华罗庚先生作为誉满中外的著名数学家,一生致力于数学的研究和发展。新中国成立后,他放弃国外优厚的待遇和生活条件,毅然决然回到祖国的怀抱。华罗庚先生在归国途中写下《致中国全体留美学生的公开信》,深刻体现了其对中国共产党领导下的新中国的向往和对中国共产党必将带领新中国走向富强的坚定信心。回国之后,华罗庚先生以高度的历史责任感投身科普和应用数学推广,为我国数学科学事业的发展做出了贡献,为祖国现代化建设付出了毕生精力。因此,可通过介绍华罗庚的优秀事迹,开展"政治认同"维度的思政教学。

【教学设计实例】

案例 16-7

知识点:网络计划技术。

思政维度:政治认同。

教学设计:华罗庚出生于江苏常州金坛区,祖籍为江苏丹阳,是我国著名的数学家,被称为"中国现代数学之父"。华罗庚 1931 年在清华大学数学系工作,1936 年赴英国剑桥大学访问,1938 年被聘为清华大学教授,1946 年任美国普林斯顿数学研究所研究员和普林斯顿大学教授。1948 年春,华罗庚应伊利诺伊大学之聘,任伊利诺伊大学教授。同年,其夫人吴筱元带领孩子们到美国与其团聚,这一年华罗庚一家人在美国生活得很平静。1949 年,中华人民共和国成立后不久,华罗庚毅然决定放弃在美国的优厚待遇,奔向祖国的怀抱。1950 年 2 月,华罗庚携夫人、孩子从美国抵达中国,在途中华罗庚写下了《致中国全体留美学生的公开信》;3 月 10 日,中央人民广播电台播送了公开信,他在信中说道:"梁园虽好,非久居之乡,归去来兮。"在这封信中,华罗庚喊出了"科学没有国界,科学家是有自己的祖国的"。他确信中国已经统一,中国有了和平民主建国的条件,他要为中国的数学赶上世界水平做出贡献,这是他多年的理想,他服务祖国之心非常坚定。

在介绍"网络计划技术"知识点时,基于该方法于 20 世纪 60 年代中期由我国著名数学家华罗庚院士引入我国的背景,通过播放央视《谢谢了,我的家》栏目对华罗庚优秀事迹的回顾视频节选,引出华罗庚在归国途中写下的《致中国全体留美学生的公开信》,展示华罗庚对中国共产党领导下的新中国的向往和对中国共产党必将带领新中国走向富强的坚定信心。要求学生查阅这一封公开信的全文,提交一份读后感,谈谈对这封公开信的理解。基于以上内容,通过视频展示法和启发引导法进行教学,使学生坚定拥护中国共产党领导和中国特色社会主义制度的信念,强化学生的政治认同,引导学生在未来的人生中,为建设祖国更加美好的未来添砖加瓦。

第 3 部分　课程思政元素案例总览

章节	知识点	思政维度	教学内容及目标
1. 土石方工程与地基处理	土石方工程特点	家国情怀	通过介绍世界最大水利工程——三峡工程的相关土石方工程情况,展现我国对超大型工程土石方施工的建设能力,深化学生对中国强大基本建设能力的理解,激发学生的民族自豪感和爱国热情。
2. 钢筋混凝土工程	模板工程	工程伦理	通过对江西某发电厂冷却塔施工平台坍塌特别重大事故的原因探讨与分析,警示违规作业的严重后果,解析事故背后相关工程技术人员的工程职业道德缺失、法治意识淡薄以及社会责任丧失等问题,强化学生遵守工程职业道德规范的意识,使学生具备工程师应有的职业道德修养,激发其社会责任感。
	混凝土的制备及性能	生态理念	引入英国 Nature 杂志于 2019 年发布的一篇评论文章"Time is running out for sand(Nature 2019,571:29-31)",抛出"砂石采掘速度已高于其自然恢复速度"这一话题。然后,通过引入央视视频"全球面临砂子短缺危机"的新闻报道,引导学生讨论为什么砂子会短缺,目前又有什么方法可以应对砂子短缺危机,未来获取砂石资源还有哪些好的途径等话题,强化学生在工程建设中的生态理念,使学生树立绿色可持续发展意识。

章节	知识点	思政维度	教学内容及目标
3.水工程构筑物施工	沉井施工	家国情怀	通过引入央视《开讲啦》栏目推出的由沪苏通长江大桥总工程师李军堂讲解的"修建大桥面临挑战一:深水基础"的视频节选,展示沪苏通长江公铁大桥修建过程中中国第一、世界最大沉井施工过程,引导学生深刻体会我国在超大型沉井施工中的先进技术和强大能力,激发学生对我国施工技术创新的民族自豪感和爱国热情。同时,结合沪苏通长江公铁大桥促进长江经济带和长三角一体化国家战略发展的背景,激发学生实现中华民族伟大复兴中国梦的家国情怀。
4.室外管道工程施工	室外排水管道施工	社会责任	通过引入央视《经济半小时》栏目推出的"追问北京暴雨"的报道视频和央视《开讲啦》栏目推出的由水文水资源专家王浩院士介绍的北京针对7·21特大暴雨事件推出的三年紧急行动方案的视频节选,一方面向学生警示特大暴雨导致城市内涝的严重后果和巨大损失,另一方面让学生感受北京排水工程和水利专家在解决北京城市内涝问题中担起的责任,引导学生对"城市内涝顽疾该如何根治"这一话题展开思考和讨论,提高学生作为未来排水工程相关专业人才在解决城市内涝问题中的主人翁意识和社会责任感。
5.工程项目管理总述	工程项目建设程序	工程伦理	引入江西卫视"全国首例保护野生动物公益诉讼——云南绿孔雀案"的报道视频,对戛洒江一级水电站的工程建设程序进行分析,让学生探讨该水电站项目建设中可行性研究和环境影响评价阶段的突出环境伦理问题,促使学生思考工程建设项目在实现人类自身经济社会发展的同时造成的生态环境和人类自身的长远影响,最终引导学生在未来的工作中要严格且规范遵守工程项目建设程序,强化学生在未来工程建设中的工程环境伦理意识。
6.施工组织计划技术	网络计划技术	政治认同	通过播放央视《谢谢了,我的家》栏目对华罗庚优秀事迹的回顾视频节选,引出华罗庚在归国途中写下的《致中国全体留美学生的公开信》,展示华罗庚对中国共产党领导下的新中国的向往和对中国共产党必将带领新中国走向富强的坚定信心。要求学生查阅这一封公开信的全文,提交一份读后感,谈谈对这封公开信的理解,使学生坚定拥护中国共产党领导和中国特色社会主义制度的信念,强化学生的政治认同,引导学生在未来的人生中,为建设祖国更加美好的未来添砖加瓦。

第4部分　课程思政融入教学评价

1　教学效果评价方法

本课程思政教学效果评价主要考查"家国情怀""工程伦理""生态理念""社会责任"和"政治认同"等维度的思政教学效果,通过平时评价和总体评价个阶段进行。

(1)平时评价主要基于教学过程中的课程思政案例,结合相应思政维度,要求学生针对每个案例提交一份简短的心得随感,引导和强化学生对相应思想维度的理解和认识。同时,针对所有提交的心得体会的文本,进行不同思政维度相关词语的词频统计,从而评估本课程思政教学的平时教学效果。

(2)总体评价以调查问卷的形式进行,让学生来选择一项成功的工程建设项目首先要考虑的因素。调查分两次开展,学期初和学期末各一次。通过对比两次调查问卷的统计结果来分析学生的思想认识水平的变化,评估本课程思政教学的总体效果。

2　教学效果评价案例

案例 16-8

1950年2月,华罗庚决定全家回到中国,伊利诺伊大学设法挽留他,但是华先生怀着一种"中国人应当站起来"的心情,举家成行了。他确信中国已经统一,中国有了和平民主建国的条件,他要为中国的数学赶上世界水平做出贡献,这是他多年的理想,他服务祖国之心比任何人都坚定。华罗庚曾写下《致中国全体留美学生的公开信》,信中有一句"梁园虽好,非久居之乡",请你结合华罗庚先生的优秀事迹,谈谈你对这句话的理解。

案例 16-9

江西某发电厂冷却塔施工平台坍塌特别重大事故调查报告显示,除了施工单位在7号冷却塔第50节筒壁混凝土强度不足的情况下违规拆除第50节模板这一事故直接原因之外,其他相关工程建设单位同样存在着失职失责,甚至违法犯罪行为,如该项目的工程建设监理监督不力,对拆模工序等风险控制点失管失控,现场监理工作严重失职;混凝土供应单位无工商许可、无预拌混凝土专业承包资质、未通过环境保护等部门验收批复、尚未获得设立批复的情况下违规向发电厂三期扩建工程项目供应商品混凝土。请你谈谈这些单位在工程职业道德和工程伦理方面存在的问题。

案例 16-10

电力系统是现代化社会人们生活和生产不可或缺的动力能量,水力发电是我国电力工程中重要的组成部分,由于水力发电具有清洁、高效、能量供给稳定充足的特点,水电工程受到越来越多人的重视。当然,水电站的建设可能存在对流域生态环境的影响。综合考虑,你觉得一项成功的水电工程项目首要考虑的前 4 项重要因素是哪些?(A. 建设成本;B. 建设质量;C. 建设工期;D. 安全生产;E. 经济效益;F. 人员专业素质和职业道德;G. 社会法治监督;H. 生态环境影响)

"环境污染修复"课程思政教学设计

第1部分　课程思政融入教学大纲

1　课程简介

　　"环境污染修复"围绕环境污染修复的工程任务,向学生系统介绍各种污染环境(土壤修复、污染土壤的植物修复、地下水修复、河流修复)的修复技术及原理和工程设计方案。结合理论教学和案例分析,帮助学生建立该领域的基础知识框架,使学生掌握各种污染环境修复的基本概念和基本原理,掌握污染环境修复技术的相关知识,具备污染环境修复的技术选择、方案设计及初步的科学研究能力。

2　教学目标

2.1　专业教学目标

　　(1)熟悉世界范围的土壤修复、河流治理、地下水污染修复案例中相关技术的应用,理解、掌握环境污染修复基本研究内容和方法。

　　(2)熟悉环境污染修复技术存在的问题,掌握环境修复技术的基本理论,了解环境修复技术的新动向和最新研究成果。

　　(3)能够从可持续发展的角度,掌握环境污染修复的基本方法和思路。

　　(4)能够应用数学、物理、化学、生物和工程科学的知识,根据给定污染的环境,选择、制订恰当的修复方案。

2.2　思政教学目标

　　(1)理解环境修复工程对环境、社会可持续发展的影响,并树立尊重自然的生态理念和保护环境的使命担当。

　　(2)提高修复工程建设过程中的质量、安全、经济和法治意识,遵守工程职业道德和规范。

3　思政元素分析

　　本课程主要从"生态理念""家国情怀""社会责任"等三个维度挖掘思政元素。

具体分析如下：

1.生态理念

生态理念贯穿本课程的始终，没有树立正确的生态理念，环境修复就是无本之木，无源之水。回顾我国改革开放以来生态文明建设的发展历程，介绍植物修复技术和河流修复技术方案的选择等内容，向学生展示我国生态文明建设的历史进程，让学生明确环境修复的意义不仅仅是保护环境，也是践行可持续发展、对环境和资源的合理再利用，更是助力我国生态文明建设，满足人民日益增长的优美生态环境需要。强化学生的生态价值观，使学生树立尊重自然、爱护自然、崇尚自然的生态理念。

2.家国情怀

通过《全国土壤污染状况调查公报》的解析和腾格里沙漠污染事件的回顾，以及土壤修复案例的讲解，展示国家面对环境污染的严峻形势，成功打赢污染防治攻坚战。通过展示我国政府在生态环境保护方面的决心和投入，引导学生讨论，激发学生的家国情怀。

3.社会责任

通过对环境污染事件的展示和对河流、湖泊修复案例的讲解，突出学以致用，鼓励学生了解科学技术、环保行业等发展的动态，不断学习，提升自身能力素质，以适应新时代发展的需求，增强学生的社会责任感，争做美丽环境的守卫者。

第 2 部分　课程思政融入课堂教学

1　污染场地土壤修复

【专业教学目标】

掌握土壤物理学，包括土壤分类和性质；掌握土壤修复技术与原理，包括物理/化学方法和生物修复；了解土壤修复技术的新动向和最新研究成果，理解和熟悉土壤污染修复的实例。结合理论教学和案例分析，使学生在面对土壤污染时能够有目的地选择适用的修复方法，提出适宜的工程设计方案。

【思政元素分析】

本章讲的是土壤修复相关的基础知识、原理、技术，是环境修复中最具有现实意义的部分，须从土壤污染的现状入手引发学生关注和思考，激发学生的学习热情。主要围绕"生态理念""家国情怀"这两个维度发掘课程思政元素。具体分析如下：

1.生态理念

带领学生回顾我国改革开放以来生态文明建设的发展历程，向学生展示我国生态文明建设的历史进程，使学生深入理解和把握习近平生态文明思想。同时，帮助学生明确环境修复的意义在于践行可持续发展观,建设和谐自然。培养学生树立尊重自然、爱护自然、崇尚自然的生态理念。

2.家国情怀

解析我国关于环境修复的历程和《全国土壤污染状况调查公报》,用翔实的数据展示我国土壤污染的严峻形势,强调国家对受污染生态环境修复的高度重视。展现国家环境修复的成功案例,有利于学生树立爱护家园、保护环境的理念,激发学生的家国情怀。

【教学设计实例】

案例 17-1

知识点:环境修复发展历程。

思政维度:生态理念。

教学设计:由"环境修复发展历程"的知识点引入"生态理念"的相关思政教育。环境修复的发展历程也是我国生态文明建设的发展历史,主要分为四个阶段:①探索起步阶段(1978—1991 年)。1979 年我国历史上第一部关于环境保护的基本法律《中华人民共和国环境保护法(试行)》正式颁布,标志着我国环境保护从此有法可依,法律开始为环保工作保驾护航。1983 年第二次全国环境保护工作会议召开,环境保护被确定为我国的一项基本国策,同时提出环境保护三大政策和八项管理制度,为加强环保工作奠定了制度基础。这些环境保护法律的建立,标志着中国环境保护步入法制化轨道,也是生态文明理论探索的萌芽。②初步形成阶段(1992—2002 年)。1992 年联合国环境与发展大会形成的《21 世纪议程》,提出"可持续发展"新观念新战略。党的十四大把加强环境保护列为改革开放和现代化建设的任务之一,中国环保历程中规模化环境治理由此开始。1994 年国务院常务会议通过《中国 21 世纪议程》,确立了中国 21 世纪可持续发展的总体战略框架。国家"九五"计划提出,转变经济增长方式、实施可持续发展战略。党的十五大报告明确将可持续发展战略作为国家战略;2000 年国务院印发《全国生态环境保护纲要》,明确提出全国生态环境保护的指导思想、基本原则、主要内容和目标要求。该阶段诸多战略的制定、法律的出台,标志着我国生态文明建设理论逐步形成。③发展突破阶段(2003—2011 年)。2003 年中共中央、国务院出台《关于加快林业发展的决定》,提出建设山川秀美的生态文明社会。2005 年国务院发布的《关于落实科学发展观加强环境保护的决定》倡导生态文明,强化环境法治,切实把经济社会发展转入全面协调可持续发展的轨道。党的十七大首次提出"建设生态文明"的执政理念,赋予生态文明建设与其他建设在全面建设小康社会进程中同等重要的地位。这一阶段,生态文明建设从国家决策层面不断得到重视和提升,为我国生态文明建设理论体系的建立完善奠定了重要基础。④完善提升阶段(2012 年至今)。党的十八大报告中多次提到生态和生态文明,第一次将生态文明建设作为一个章节进行阐述,第一次响亮发出"建设美丽中国"的号召,使生态文明建设地位大大升级。之后把生态文明建设作为统筹推进"五位一体"总体布局的重要内容进行顶层设计。2015 年中共中央、国务院印发的《关于加快推进生态文明建设的意见》则进一步明确了生态文明建设的总体要求、目标愿景、重点任务等,使生态文明建设在体系上更趋于系统完善。2018年5月,习近平总书记在全国生态环境保护大会上指出,加大力度推进生态文明建设、解决生态环境问题,坚决打好污染防治攻坚战,推动我国生态文明建设迈上新台阶。① 党的十九大报告在生态文明建设问题上又有新的创新,提出"像对待生命一样对待生态环境""我们要建设的现代化是人与自然和谐共生的现代化,既要创造更多物质财富和精神财富以满足人民日益增长的美好生活需要,也要提供更多优质生态产品以满足人民日益增长的优美生态环境需要"。

采用案例分析法,带领学生回顾改革开放以来我国生态文明发展的四个阶段,从探索起步到初步形成,再到发展突破,最终完善提升。随着时间线的推进,带领学生了解生态文明理念的发展历程,从最初的环境保护到现在的可持续发展,期间有曲折也有进步。回顾历史可以让学生更好地理解环境污染修复的意义,不仅仅是保护环境,也是践行可持续发展理念,对环境和资源的合理再利用,更是助力我国生态文明建设,满足人民日益增长的优美生态环境需要。树立这样的生态理念,才能明确学习环境污染修复技术的根本宗旨。

案例 17-2

知识点: 土壤污染状况。

思政维度: 家国情怀。

教学设计: 由"土壤污染状况"的知识点引入"家国情怀"的课程思政教育。2005年4月至2013年12月,我国开展了首次全国土壤污染状况调查。调查范围为中华人民共和国境内的陆地国土,实际调查面积约为630万平方公里。调查发现全国土壤环境状况总体不容乐观,部分地区土壤污染较重,耕地土壤环境质量堪忧,工矿业废弃地土壤环境问题突出,人为活动是造成土壤污染或超标的主要原因。全国土壤总的超标率为16.1%,其中轻微、轻度、中度和重度污染点位比例分别为11.2%、2.3%、1.5%和1.1%。无机污染物超标点位数占全部超标点位的82.8%。耕地土壤点位超标率为19.4%,林地土壤点位超标率为10.0%。在调查的690家重污染企业用地及周边的5846个土壤点位中,超标点位占36.3%;在调查的81块工业废弃地的775个土壤点位中,超标点位占34.9%;在调查的146家工业园区的2523个土壤点位中,超标点位占29.4%;在调查的188处固体废物处理处置场地的1351个土壤点位中,超标点位占21.3%;在调查的13个采油区的494个土壤点位中,超标点位占23.6%;在调查的70个矿区的1672个土壤点位中,超标点位占33.4%;在调查的267条干线公路两侧的1578个土壤点位中,超标点位占20.3%。

作为环境修复的重要主体之一,土壤的重要性不言而喻。采用案例分析法给学生讲解《全国土壤污染状况调查公报》,用翔实的数据展示我国土壤污染的严峻形势,

① 《习近平在全国生态环境保护大会上强调 坚决打好污染防治攻坚战 推动生态文明建设迈上新台阶》,共产党员网,https://news.12371.cn/2018/05/19/VIDE1526736901070676.shtml。

有利于学生树立爱护家园、保护环境的理念;强调全国性的土壤环境污染普查是国家对污染防治、人民生命健康高度重视的体现,激发学生对国家和人民的深情大爱,培养家国情怀。同时传递如下理念:作为环境科学与工程专业的学生,要有相应的担当,承担相应的社会责任,学以致用,把人生理想与价值追求融入国家繁荣和社会进步的进程之中,在环境保护、环境修复的事业中贡献自己的力量。

2 污染场地地下水修复

【专业教学目标】

熟悉地下水和水文地质的概念;掌握地下水中污染物的迁移、转化过程和地下水修复技术及原理;了解地下水修复技术的新动向和最新研究成果;理解和熟悉地下水修复的实例,能够根据实际情况选择适合的修复技术。

【思政元素分析】

地下水资源是水资源的重要组成部分,当前我国地下水污染时有发生。地下水污染控制与修复工作的开展对地下水资源的可持续利用有着重要意义。针对地下水修复技术复杂、地下水修复工程难度较大的问题,本章课程思政教学主要从"社会责任"展开,具体如下:

污染事件的屡次发生,显示出企业社会责任的承担不足,也体现出还有许多从业人员的环保意识淡薄,环保观念不强,环保知识不足,生态文明建设任重道远。身为环境科学与工程专业的学生,应该运用所学知识,肩负保护生态环境、宣传教育环保理念的社会责任。

【教学设计实例】

案例 17-3

知识点:地下水修复技术。

思政维度:社会责任。

教学设计:由"地下水修复技术"知识点引入"社会责任"的课程思政教育。2014 年 9 月 6 日,媒体报道内蒙古自治区腾格里沙漠腹地部分地区出现排污池。2014 年 12 月,习近平总书记作出重要批示,国务院专门成立督察组,敦促腾格里工业园区进行大规模整改。该污染事件迅速引起各级部门的重视,很快,大规模的清理工作开始。其中一个项目隶属于环保部应急处置工程,对约 46 公顷旧工业区废弃地和约 15 公顷芒硝湖场地的地下水进行修复。采用抽出-处理、渗透性反应墙技术、高级氧化技术、原位化学氧化技术、监控条件下自然衰减技术对工业区废弃地、芒硝湖场地地下水进行修复治理。2019 年,在宁夏中卫沙坡头国家级自然保护区小湖以北,紧邻该保护区的地方,发现有多处倾倒的污染场地,污染物体量大,并散发着刺鼻的气味,没有任何防渗漏措施。生态环境部就此派出工作组,赴宁夏中卫市调查处理。

采用案例教学法和启发引导,展示腾格里沙漠污染事件中,地下水修复技术在应急处置中发挥的巨大作用。同时,该事件中涌现出热心举报的群众、尽职尽责的调查记者、有担当的政府官员、技术精湛的专家学者,有许许多多的人基于社会公共利益,共同承担环境保护之社会责任。此外,在教学中强调企业应当承担的社会责任和应当遵守的道德规范。同时,不断发生的污染事件反映出还有许多从业人员的环保意识淡薄,生态文明建设任重道远。身为环境科学与工程专业的学生和未来的环境行业专业人员,不仅要用所学知识为环保事业做贡献,更肩负着提升公众环保意识的社会责任。

3 污染土壤的植物修复

【专业教学目标】

掌握植物修复类型、植物修复原理,认识超积累植物,理解重金属污染和有机污染物的植物修复技术的研究与应用。了解植物修复技术的新动向和最新研究成果,理解和熟悉植物修复的实例。

【思政元素分析】

通过植物的吸收、挥发、根滤、降解、稳定等作用,可以净化土壤或水体中的污染物,达到净化环境的目的,因而植物修复是一种很有潜力、正在发展的清除环境污染的绿色技术。本章课程思政主要从"生态理念"展开,具体如下:

生态修复是站在生态系统的角度,利用各种技术手段对遭到破坏的环境进行修复、调控、重建和管理,使其贴近自然生态系统;以典型的植物修复案例为切入点,将修复前后作对比,将修复完成后的环境与自然环境作对比,展示生态修复的内涵,培养学生尊重自然、崇尚自然的意识,同时树立人与自然和谐共存的生态理念。

【教学设计实例】

案例 17-4

知识点:重金属的植物修复。

思政维度:生态理念。

教学设计:由"重金属的植物修复"知识点引入"生态理念"的课程思政教育。米某某等在云南个旧锡矿区利用大田种植蜈蚣草、糯玉米、板蓝根和高粱,研究其对重金属 As、Pb、Cd 复合污染土壤的修复作用。蜈蚣草对 As 富集系数为 1.74 ± 0.6,表现出较好富集特性。高粱秸秆、玉米秸秆、板蓝根 Cd 富集系数均大于 1。综合考虑生物量和重金属吸收量,高粱秸秆对土壤中 As、Pb、Cd 的提取效率均高于其他 3 种植物。除 Cd 外,蜈蚣草对土壤重金属 As、Pb 的提取效率与高粱相当。综合修复效果、健康风险以及经济效益,建议引导种植较高抗性的高粱品种和套种低累积高粱品种与蜈蚣草,作为滇南矿区重金属复合污染耕地边生产、边修复的土地安全利用模式。

采用案例法讲解重金属的植物修复,阐述植物修复技术的特点和优点,包括成本低,适合大规模的应用,利于土壤生态系统的保持,对污染地景观有美学价值,对环境基本没有破坏作用。用源于自然的材料进行环境修复,取之于自然,用之于自然,这些都体现着崇尚自然、顺应自然、保护自然的生态理念。通过这样的案例教学和启发引导,可以培养学生以上相关的生态理念。

4 污染河流的修复

【专业教学目标】

了解河流生态系统中存在的生态问题,掌握河流修复的概念、河流生态学理论与修复治理的技术原则、河流生态修复的方法,了解河流修复技术的新动向和最新研究成果,理解和熟悉河流修复的实例。

【思政元素分析】

河流生态修复是指利用生态系统原理,采取各种方法修复受损伤的水体生态系统的生物群体及结构,重建健康的水生生态系统,修复和强化水体生态系统的主要功能,并能使生态系统实现整体协调、自我维持、自我演替的良性循环。河流修复内容丰富,蕴含可发掘的课程思政元素,如"生态理念"和"家国情怀",具体分析如下:

1. 生态理念

河流修复工程以新的理念、先进的数字技术和量化方法研究、设计河流景观并进行施工,将水力学的研究、河流景观设计和景观建造等不同过程环环相扣,恢复水质、维护和修复河流自然生态和自然景观。河流修复是一项系统工程,需要统筹谋划,不仅仅修复被破坏、被污染的河道,还要综合考虑其生态效应,最终实现人与自然和谐共存。

2. 家国情怀

通过播放大型河流修复工作的相关视频,展现我国河流修复的建设能力,激发学生爱国情怀,鼓励学生了解科学技术、环保行业等发展的动态,不断学习,提升自身能力素质,争做美丽环境的守卫者。

【教学设计实例】

案例 17-5

知识点:河流修复方案中技术的选择。

思政维度:生态理念。

教学设计:由"河流修复方案中技术的选择"知识点引入"生态理念"的课程思政教育。以附近典型的河流修复为例,从所在流域的整体性出发考虑,首先对河道水系的基准情况进行调研。通过详细的水文生态、河流水力学特性、生物多样性调查等,进行综合性的指标分析和计算,包括河道形态的确定、稳定性计算、生态需水量确定、河流河谷的水位波动、生态护岸的构建等,使河流的各组成要素接近自然河流的指标。考虑采用巨石固床斜坡生态鱼道等形式,建立"陆地-河岸带-河道"完整的断面生态模式。

采用案例教学和启发引导教学方法,讲解河流修复多学科之间的交叉,也同样提醒学生河流修复是一项系统工程,需要综合统筹污染修复与生态环境平衡。案例中修复方案的确定有很高的技术含量,尊重了前期调查结果和河流实际情况,不仅考虑了防洪排涝,还建设了生态鱼道,最终实现人与自然的和谐相处。方案中处处体现尊重自然、保护自然的理念,引导学生树立学习目标和榜样,实现生态理念的课程思政教学目标。

案例 17-6

知识点:河流修复方案中技术的应用。

思政维度:家国情怀。

教学设计:由"河流修复方案中技术的应用"知识点引入"家国情怀"的课程思政教育。以杭州的大运河亚运公园生态河流建设为例,河流修复工程完成了河流两岸石笼驳岸,笼子石头缝隙间的淤泥有利于植物生长,给鱼虾提供良好的栖息场所,可与周围自然环境融为一体。具有良好的渗透性,可防止由流体静力造成的损害。建设河流生态缓冲带:一是实施河道清淤,去除负氧物质和黑臭水体,提高整体水质;二是挡墙基础采用松木桩,减少水泥用量,有利于提高水质;三是挡墙底部砌筑鱼巢,有利于鱼群的繁衍和嬉戏,从而改善水质;四是园路路面采用透水混凝土和透水砖,不仅可以避免初期雨水直排河道影响水质,而且可以增加地下水位,形成海绵城市建设体系;五是园路路边设置的植草排水沟,为海绵体系建设的一部分,作用在于当雨量较大,园路渗透不及时时植草排水沟可以吸收过滤。

通过播放大运河亚运公园生态河流建设的相关视频,展现我国河流修复的建设能力。通过讲述浙江的"五水共治"行动中的河流修复典型案例,特别是展现政府对于黑臭水体生态修复的高度重视和成功案例,讲解河流修复的复杂性、科学性、先进性,激发学生的爱国情怀。帮助学生了解科学技术、环保行业等发展的动态,鼓励学生提升自身能力素质,为祖国的环境保护事业贡献自己的力量。

第3部分　课程思政元素案例总览

章节	知识点	思政维度	教学内容及目标
1.污染场地土壤修复	环境修复发展历程	生态理念	带领学生回顾改革开放以来我国生态文明发展的四个阶段,使学生了解生态文明理念的发展历程,从最初的环境保护到现在的可持续发展。展现国家对环境修复的高度重视。
	土壤污染状况	家国情怀	讲解《全国土壤污染状况调查公报》,用翔实的数据展示我国土壤污染的严峻形势,有利于学生树立爱护家园、保护环境的理念,激发学生的家国情怀。
2.污染场地地下水修复	地下水修复技术	社会责任	讲解地下水修复技术原理、应用以及重要性,同时展现党中央国务院推进生态文明建设的力度和决心。在腾格里沙漠污染事件中起着推动作用的举报者、记者、科学家、政府官员共同承担了社会责任。污染事件反映出企业社会责任的缺失,也展示了专业人员应当具备的社会责任意识。